中国蜂业科技丛书

武陵山区中蜂饲养技术

张新军　罗立波　主编

中国农业科学技术出版社

图书在版编目（CIP）数据

武陵山区中蜂饲养技术/张新军，罗立波主编 . --
中国农业科学技术出版社，2022.6
ISBN 978 - 7 - 5116 - 5729 - 9

Ⅰ.①武… Ⅱ.①张… ②罗… Ⅲ.①中华蜜蜂—蜜
蜂饲养 Ⅳ.① S894.1

中国版本图书馆 CIP 数据核字（2022）第 059480 号

责任编辑　张国锋
责任校对　李向荣
责任印制　姜义伟　　王思文

出 版 者　中国农业科学技术出版社
　　　　　北京市中关村南大街 12 号　邮编：100081
电　　话　（010）82106625（编辑室）　（010）82109702（发行部）
　　　　　（010）82109709（读者服务部）
传　　真　（010）82106625
网　　址　http://www.castp.cn
经 销 者　各地新华书店
印 刷 者　北京地大彩印有限公司
开　　本　170 mm×240 mm　　1/16
印　　张　18.625
字　　数　300 千字
版　　次　2022 年 6 月第 1 版　　2022 年 6 月第 1 次印刷
定　　价　98.00 元

编者名单

主　编：张新军　罗立波

副主编：李　翔　尹文山

编　者（按姓氏笔画排序）：

文　牧　尹文山　张新军

张杰山　李　翔　罗立波

前　言

　　武陵山是云贵高原向东延伸的大山体，武陵山区是我国南方及长江流域连片大山区，包括武陵山、雪峰山、大娄山在内，武陵山区总面积17.5万km²，覆盖湘、鄂、渝、黔四省市71个县市。武陵山区是我国亚热带湿润季风气候区，生态环境十分优越，植被资源、中蜂资源十分丰富，也是自然界中蜂分布的密集区之一。

　　中蜂是我国本土蜜蜂，它在生物多样性形成、生态环境保护和生态修复中发挥重要作用。几千年来，中蜂饲养是我国古代原居民农耕劳作中一种非常有效的生产活动。山区原居民都有春日收蜂、秋寒割蜜的习俗，每年收获的土蜂蜜都用作治病良方、皇室贡品，并用于制作甜品糕点、酿造蜜酒，招待客人。中蜂现代饲养与蜂产品生产已成为我国山区现代农业的重要组成部分。中蜂饲养在山区生态环境建设、农业授粉和养蜂生产中起到十分突出作用，在中蜂优质成熟蜂蜜生产和林、药、蜂立体生态产业模式推广应用等方面，取得较好的经济效益、生态效益和社会效益，很大程度上促进了地方特色产业品牌形成，助推乡村振兴和美丽乡村建设。

　　中蜂饲养管理和中蜂优质成熟蜂蜜生产是专业性和技术性很强的工作，主要涉及山区中蜂资源、森林资源、药材资源、农业资源的有效保护和协调利用，以及中蜂饲养管理与成熟蜂蜜生产关联技术、中蜂养蜂生产与生态资源关联技术、中蜂生物特性与病虫害防治关联技术等。《武陵山区中蜂饲养技术》一书，是作者长期对武陵山区、秦巴山区、大别山区、罗霄山区生态环境条件、植被条件、蜜粉植物分布、水资源环境、野生中蜂生境及中蜂资源利用、中蜂养蜂生产、中蜂病虫害发生与防治实践等方面综合调研，结合在武陵山区、秦巴山区、大别山区、罗霄山区中蜂饲养管理和优质成熟蜜生产技术培训与技术推广中，解决各地和广大学员在中蜂生产实践中遇到困难和问题基础上，经过多年撰写与反复修改而成。

编著《武陵山区中蜂饲养技术》一书，旨在指导武陵山区合理利用丰富的中蜂资源，发展中蜂养蜂生产，提高养蜂生产技术和优质中蜂成熟蜜生产水平，实现山区生态环境建设和中蜂产业发展多重效益。该书适合农业、林业、蜂业管理人员、技术人员和养蜂人员的技术培训使用，也可供农业院校相关专业师生和中蜂爱好者参考使用。

在编写和出版过程中，《武陵山区中蜂饲养技术》一书得到湖北省五峰县中蜂产业领导小组，重庆市畜牧科学院经济动物研究所，贵州省南方生态环境监测站，湖南省怀化市鹤城、新晃、通道、沅陵、洪江、石门、泪罗和湖北省恩施州、五峰、秭归、夷陵、远安、兴山、建始、来凤、利川、鹤峰、罗田、英山、麻城、黄梅、钟祥、崇阳、通城、通山，重庆市彭水、武隆、南川、万州、云阳，贵州省江口县、梵净山自然保护区，以及在中蜂技术培训中所涉及县市农业、林业、药材、农业技术培训机构等单位的支持。值此，一并感谢！

本书在编写过程中，引用了不少专家、学者发表的论著和照片、资料，在此表示真挚的谢意！由于作者水平有限，在编著该书过程中，难免出现疏漏和不到之处，敬请广大读者指正。

张新军

2021 年 8 月 15 日

目　录

武陵山区中蜂饲养技术

第一章　武陵山区中蜂资源

蜜蜂是人类利用的一种资源昆虫。第一，蜜蜂是植物开花授粉的传媒昆虫，给森林群落、草原群落授粉，带来植物繁荣，创造生物多样性。蜜蜂为农业授粉，带来农业增产，农产品提质增效。第二，蜜蜂在自然界采集花蜜、收集花粉，制造花粉团，酿造蜂蜜，生产蜂王浆，给人类带来营养丰富的纯天然健康食品蜂蜜、蜂花粉和蜂王浆。第三，蜜蜂采集的花蜜和花粉中含有地区空气粉尘样品和植物花朵中化学品残留样品以及土壤中的矿物质样品，成为大气环境监测的生物昆虫。一旦采集区环境污染，蜜粉源被空气中化学分子严重污染，蜜蜂第一决定就是迁飞，离开植被污染区，使得污染区蜜蜂消失。第四，蜜蜂是一种社会性昆虫，其飞行、采集行为、信息传递行为、劳动分工行为、雌性退化、孤雌生殖与单倍体个体遗传等一系列生物学现象和遗传学现象，为我们研究自然科学提供了大量生物依据。

第一节　中蜂的自然分布

一、中蜂分布范围

中蜂是中华蜜蜂（*Apis Cerana*）的简称。中蜂是我国本土的蜜蜂品种，也是东方蜜蜂的一个亚种。我国中蜂资源十分丰富，中蜂生态分布受生态环境、植被条件及气候因素影响，主要生活与栖息在热带、亚热带、暖温带和中温带东部山区，热带雨林边缘、亚热带常绿阔叶林、暖温带落叶常绿阔叶林和阔叶、针叶混交林及灌木丛中。中蜂分布区域范围主要在北纬 18°10′ ~ 53°33′，东经 103° ~ 133°15′，位于世界昆虫区划的古北区和东洋区内。

中蜂适应性很强，分布也很广。在南方藏南地区、滇南山区、海南岛五指山、台湾岛玉山热带雨林边缘有中蜂分布，在北方小兴安岭东南部及长白山、张广才岭、千山冬季寒冷地区有中蜂分布。自 2007 年以来，大兴安岭有部分蜂场引入，人工定地饲养中蜂，每年转场生产中蜂蜂蜜。在青藏高原向东南延伸与四川盆地间 3 000m 以下的山区也有中蜂分布（如川西北阿坝中蜂）。

我国大陆地势地貌复杂多样，从北向南，除喜马拉雅山东延山脉的南部藏南地区以外，贺兰山、祁连山东端、岷山东部、邛崃山东部、大雪山东部、横断山脉东部连成一线以西地区，是极度高原气候及特高山极寒地区，不适宜于中蜂生存，这些地区不具备中蜂栖息与繁衍的植被条件、气候条件和生态环境。

二、中蜂分布地理特征

中蜂的形成与分布受地球上第五次造山运动影响，即白垩纪晚期第三纪喜玛拉雅运动之后，以适应地理环境的亚种——中华蜜蜂，便从东方蜜蜂中分化出来。而中国岛屿中蜂的形成是受地球上400万～600万年的亚冰期、间冰期交替环境影响，海岛逐渐脱离大陆，海岛脱离大陆后便分化出海岛中蜂，海岛中蜂有台湾中蜂、海南中蜂等。

中蜂的分布与地理环境条件和植被资源条件密切相关，我国中蜂分布表现出如下特征。

（1）中蜂主要分布在我国大陆400mm等雨线以东和以南的大陆地貌第一阶梯和第二阶梯降水量500mm以上的湿润、半湿润季风气候区。

（2）中蜂分布在我国亚热带、暖温带以及温带东部的山区，部分分布在海南岛、台湾岛、云南的边缘热带。中蜂分布区内的丘陵、岗地、湖区边缘只有过渡性栖息场所。

（3）中蜂密集分布在我国亚热带常绿落叶阔叶林、常绿阔叶针叶落叶林和灌木丛中，野生中蜂主要集中筑巢栖息在海拔500～2 000m悬崖断壁上入口小的崖洞、岩石洞、动物弃洞和原始森林中疏林古树洞中。它们可上山采集2 500～3 500m高山蜜源植物的花蜜，但随时会遇到冷空气侵袭。

（4）野生中蜂主要选择坐北朝南、背风向阳、前面开阔的崖洞、古树洞中筑巢酿蜜、贮备蜂粮、繁衍后代。它们的栖息地偏僻安静，在附近水源条件好的河流峡谷和原始森林中，周围开花泌蜜供粉植物多。

（5）我国400mm等雨线以西、以北的温带、暖温带的干旱区、青藏高原的温带、高原寒带没有中蜂分布；西部荒漠、岩漠、戈壁和东北平原、北方草原没有中蜂栖息地，这些环境也阻隔了中蜂迁移。

第二节　武陵山区中蜂资源与生态环境

一、地理地貌资源环境

武陵山区包括武陵山、雪峰山和大娄山东部连片大山区，位于湘、鄂、渝、黔四省市交界地带，它的北面长江以北是秦巴山区。武陵山区是云贵高原的东部延伸地带，北纬27°10′～31°28′，东经106°56′～111°49′，总面积达17.5万km²，地处中国大陆地势地貌第二阶梯，一般海拔1 000～1 500m，1 000m以上山区占70%以上；属于亚热带湿润气候区，位于中亚热带中心，山地地貌特征为典型喀斯特地貌，山地地貌结构为印支运动和燕山运动形成的特征，地表露出地层主要有震旦系、寒武系、奥陶系、三迭系、志留系、泥盆系、二迭系、二迭系和新生代的第三系、第四系，白垩系褶皱带和断裂带，地下溶洞、暗河与地表缘水河溪滋养着各种植物、动物、微生物。武陵山区大多数地区森林覆盖率达85%以上，植被为华中常绿阔叶混交林植物区系，是我国亚热带森林系统核心区，也是我国生物质资源的重要山区，形成植物、动物、微生物赖以生存的栖息环境与生物多样性，被称为"华中动植物基因库""中华蜜蜂分布密集区"。

武陵山区是位于华中腹地，我国中部长江流域一个连续大山体系，主峰梵净山，最高山峰海拔为2 572m。在贵州江口县境内的凤凰山，自东北向西南走向，东南角与雪峰山之间有一座无名山体（武雪山）相连，西南角与四川盆地东部大娄山相连。

二、气候条件与水资源

武陵山区气候地处亚热带湿润季风气候区，具明显的中亚热带季风山地湿润气候，地势起伏大，地表切割深，山高谷深，溶洞伏流，原始森林密布而广泛，植被垂直带谱明显，属亚热带向暖温带过渡类型，山区垂直落差大，立体气候特征明显，小气候效应明显，具有一山有四季，十里不同天的气候特征。受森林植被调节，四季分明，日照充足，夏无酷暑，冬无严寒。年平均温度在13～16℃，1月平均温度在-0.8～1.9℃，最低气温-8～-5℃，7月平均温度在19.6～21.1℃，最高气温28～31℃，年降水量在1 100～1 600mm，无霜期在210～300d，日照时间1 100～1 700h。中、低山积雪日数20d，高山北坡积雪日数分别为49d与63d。

武陵山区属长江流域水系，水资源十分丰富，是长江流域重要的水源涵养区和生态屏障，境内沟壑纵横、河流峡谷交错网织，北部、东部主要水系有长江流域中游的清江、沅江、溇水河、澧水河、武水河、辰水河、酉水河、资江八大水系，西部、南部水系主要有长江流域上游包括三峡库区在内的黔江、锦江、乌江及乌江水系郁江、芙蓉江、普子河六大水系。武陵山区有20km以上大小河流达2 000余条，大中型水库近400座。武陵山是我国白垩纪中晚期第

一次造山运动时期形成，并产生原始植物区系，在第二次造山运动时期形成典型喀斯特地貌特征，植物区系更加完善，丰富的水资源带来了植物繁荣发展，各种植物、动物、微生物形成典型生物多样性，为野生中蜂生存与繁衍奠定了丰厚的生物基础和食物条件。

三、动、植物资源与种类

武陵山区属亚热带植物区系，植物种类繁多，分布面积广阔，植被覆盖率高，滋养着各种动植物和人类。武陵山区有3 000多种植物，800多种动物，国家一级、二级保护植物31种，国家一级、二级保护动物35种之多，是我国亚热带植物区系的森林核心区，占68%～81.3%，生物多样性既典型又有特色，素有"华中动物植物基因库"之称。动物种类有210科810多种，包括云豹、金钱豹、熊、华南虎、猕猴、黔金丝猴、黑叶猴、树猴、短尾猴、原猫、灵猫、崖羊、飞鼠、獐、麝、水鹿、猫头鹰、胡兀鹫、金雕、红腹锦鸡和穿山甲、大鲵、中华鲟、娃娃鱼、虎纹蛙等野生动物，还有宽尾凤蝶、枯叶蝶、中华虎凤蝶、纹蛱蝶、暗赭三线蝶等珍稀动物和昆虫。植物种类有277科、795属、3 000余种，其中种子植物有144科460属1 200种，占全国种类数的46%，是一个既古老又丰富的暖温带、亚热带的植物区系。武陵山区植物种类最典型代表地区是梵净山，植物种类集中，植被覆盖率高，森林是整个梵净山区生态系统的主体，其特殊的植物层次结构，形成动物、微生物赖以生存的栖息环境地。森林类型有栲树林、珙桐林、黄杨林、青冈栎林、高山柏林等，以及次生的桦木林、枫香林、响叶杨木、马尾松林、毛竹林等44个森林类型。典型的植物种类有珙桐、连香树、红豆杉、水青树、黄杉、水杉、铁坚杉、杜仲、拐枣、刺楸、鹅掌楸、滇楸、猫儿屎、伞花木、毛红桩、巴山榧树、鞘柄木、柃属野桂花。经济林植物种类有柑橘、乌桕、核桃、板栗、漆树、油桐、青桐、六通木、木桐子、杜仲、厚朴、黄柏、雪花皮、青钱柳、油茶、青茶等；药用植物种类有黄连、五味子、苏麻、黄芪、牛膝、党参、玄参、白芨、五倍子、十大功劳、薄荷、藿香、菊花等。武陵山区国家一级、二级保护植物种类有珙桐、光叶珙桐、鹅掌楸、半枫荷、香果树、榉木（原生种）、黄连木、伞花木、白辛树、楠木、连香树、刺楸、漆树、八角莲、华榛、五针松、马尾松、野生稻等。国家三级及省级保护植物有山拐枣、华南栲、桢楠、五针松、毛花猕猴桃、古青钱柳、山乌桕、野生柃属野桂花、七叶树（梭椤果）等。

武陵山多地被联合国生物组织列为"人与生物圈MAB保护区网"成员，成为第四个国际生物圈保护区。典型的中亚热带植物区系，在我国植物区系的

15 个地理成分中，武陵山除"地中海成分""西亚至中亚成分"以外，其他 13 个地理成分均不同程度具有，成为多种植物区系地理成分汇集山区。

武陵山区国家级、省级、县市级自然保护区 113 个，其中国家级自然保护区和森林公园有 40 多个，是国家级自然保护区和森林公园分布最多、最集中的连片山区。比较著名的有梵净山国家自然保护区、张家界国家自然保护区、壶瓶山国家自然保护区、后河国家自然保护区、星斗山国家自然保护区、高望界国家自然保护区、金佛山国家自然保护区、麻阳河国家自然保护区、木林子国家自然保护区、黄桑国家自然保护区、鹰嘴界国家自然保护区等。

梵净山国家自然保护区，位于武陵山区西段贵州省江口、印江、松桃三县交界处，总面积 416km²，梵净山主峰海拔高度 2 573m，也是武陵山主山脉的主峰。

张家界国家自然保护区，位于武陵山南麓湖南省张家界市境内，总面积 133km²，主峰斗蓬山海拔高度 1 961m。

壶瓶山国家自然保护区，位于武陵山脉东段湖南省石门县境内，与湖北省后河国家自然保护区相邻，总面积 666km²，主峰 2 098.7m。

后河国家自然保护区，位于武陵山脉东段湖北省五峰土家族自治县境内，与壶瓶山国家自然保护区相连，总面积 409.6km²，主峰海拔高度 2 252.2m。

星斗山国家自然保护区，位于武陵山中部湖北省利川、恩施、咸丰三县市境内，与重庆市万州区交界，总面积 683km²，主峰海拔高度 1750m。

金佛山国家自然保护区，位于武陵山北部与大娄山脉东北段交汇重庆市南川区境内，总面积 419km²，主峰海拔高度 2 251m。

木林子国家自然保护区，位于湖北省恩施州鹤峰县境内北部，总面积 208km²，海拔 1 100 ~ 2 095.6m，主峰在牛池山最高点。

高望界国家自然保护区，位于湖南省湘西古丈县境内，总面积 171.7km²，海拔高度在 460 ~ 1 146m。

麻阳河国家自然保护区，位于贵州省沿河土家族自治县西北部，总面积 311.1km²，海拔高度为 800 ~ 1 000m。

黄桑国家自然保护区，位于雪峰山脉南段湖南省绥宁县境内，总面积 53.3km²，最高峰在牛头坡，海拔高度 1 913m。

鹰嘴界国家自然保护区，位于雪峰山脉西支南段湖南省会同县境内，总面积 159km²，主峰最高海拔 938m。

在武陵山、雪峰山、大娄山连片山区还有重庆市武陵山、湘西地区城步苗族自治县沙角同、桃源县乌云界、保靖县白云山、贵州省石阡县佛顶山等一

批国家级、省级自然保护区和柴埠溪国家森林公园、八大公山国家原始森林公园、双桂山国家森林公园、仙女山国家森林公园、石佛山国家森林公园、大熊山国家森林公园、借母溪原始森林等一大批森林公园。

完善的生态系统、优质的植被资源、国家重要的生态环境系统保护措施，为野生中华蜜蜂在中亚热带西南部大生态系统的生存奠定了非常好的基础，武陵山区既是我国西南山区和中亚热带一座神奇的绿洲，也是华中地区最大的"中华蜜蜂之舟"，是十分适合中华蜜蜂栖息与繁衍的山区。

武陵山区71个县市区位见图1。

图1 武陵山区71个县（市）区位

武陵山区包括武陵山、雪峰山、大娄山在内，覆盖重庆、湖北、湖南、贵州的71个县市，国土面积17.5万 km^2。

武陵山区共有113个国家、省、市（县）级自然保护区，其中国家级自然保护区和森林公园40多个。

第三节　武陵山区中蜂利用历史

一、古代中蜂史料

武陵山区是我国中蜂分布重要区域之一。3 000 多年以前，武陵山区居民"聚落嘉禾"，过着"男耕女织"、深山捕猎和攀岩割蜜的生活。古代楚国爱国诗人屈原（公元前 339 年—前 278 年）在《楚辞·招魂》中载："粔籹蜜饵，有餭餭些""瑶浆蜜勺，实羽觞些"。记述了 2 300 年前长江三峡流域和家乡秭归县居民以蜂蜜及米面制成的蜜糕，有饴糖的味道，让人难以忘怀，以蜂蜜酿制晶莹如玉的蜜酒，可以斟满酒杯，乘兴畅饮。屈原年轻时候，身处战国时期，深知战乱带来百姓的生活困苦，用蜜蜂的力量来表达自己的情感。他在楚辞中写道："蜂蛾微命，力何固？"蜂虫那么小，为什么蜇人时力量那么大呢？武陵山区有 2 000 多年的中蜂利用与养殖历史，历史上，武陵山区就有养蜂的记载和向皇宫进贡蜜、蜡的记载，从唐代开始向皇宫进贡蜜、蜡、茶、麻、药、硝等贡品。

先秦典籍《世本》和《后汉书·南蛮传》"巴氏"条注云："武落钟离山，一云难留山，在长阳县西北七八十里，一云即夷陵巴山也，夷陵郡巴山县清江水，又名夷水。"巴族约在夏周时期发祥于长江中游南岸支流清江下游的武落钟离山，后来逐渐向清江上游四五百公里扩展，便在鄂西南、川东建立了巴国，定都江州，现在重庆。清江长达 423km，是土家人的母亲河，清江流域一直广泛流传着土家情歌。其中，土家情歌"穿号子"就将蜜蜂采花酿蜜比喻男女婚嫁，梗子："一树樱桃花，开在岩脚下，蜜蜂不来采，空开一树花。"叶子："一个姑娘十七八，哭哭啼啼回娘家，娘问儿女哭什么？女婿太小难当家。"后来，土人在唱情时，把梗子和叶子穿插着唱。

我国古代东汉时期曾以巫山白帝城建郡为巴东郡，隋唐五代州郡制时巴东郡郡治永安县（又称白帝城），今为重庆奉节县。巴东郡所辖重庆万州以东和巫山以西一带，包括现今重庆万州、云阳、奉节，四川万县，湖北恩施、建始、利川、巴东等县市。

据谭其骧《中国历史地图集》记载，隋大业八年（公元 612 年）沿河、印江和思南、德江、松桃、铜仁及玉屏局部均属巴东郡。唐武德四年（公元 621 年）巴东郡为归州所辖。归州建州于今湖北省宜昌市秭归县。巴东郡管辖地则为今重庆市奉节县（古为永安白帝城和巫山县）和湖北秭归县、巴东县、兴山

县一带。重庆市石柱县《石柱沿革》载，石柱"晋属施州"。施州乃当今重庆石柱、万州、云阳、四川开县、巫溪，湖北恩施、来凤、利川、建始一带。

据史料记载，唐玄宗天宝元年（公元743年），施州清化清江、建始等地土贡有麸金、犀角、黄连、蜡、药实。

《琅环记》载，唐代天宝元年间（公元742年—755年），湖南湘西桃源县女子吴寸趾山中养蜂，富甲一方。"有蜂飞入花丛，吴女取而养之。此后，恒引蜜蜂至女有甚众，其家竟以作蜜兴，富甲里中。"

《唐六典·户部》载，江南道贡："施、宣二州，贡蜜、黄连。"

《元和郡县图志·江南道六》载，施州贡赋，"开元贡：清油、蜜、黄连、蜡。元和贡：黄连四十斤，药子二百颗。"

《唐书·地理志》载，"归州巴东郡土贡：纻、葛、蜜、蜡。""峡州夷陵郡土贡：茶、蜡、芒硝。"说明三峡地区秭归与巴东、奉节等一带和宜昌宜都、长阳、夷陵、兴山一带，土贡中有土蜂蜜和蜂蜡。

1697年，清康熙时代，鄂西南武陵山东部向江汉平原过渡地域宜都的《宜都县志》（物产篇）将蜜蜂列为"货属目"5种土特产"木棉、苎麻、土丝、柏油、蜂蜜"之一和"虫属目"第二位，"虫属：蚕、蜂……"

《北史·华皎传》载，"皎起自下吏，善营产业，湘川地多出土产，所得并入朝廷粮运，竹木委输甚众，至於油、蜜、糖、果脯、枣之属，莫不营办。"在湖南湘西和四川川东（今重庆）交汇处一名官府小吏名称华皎，极善经商，经营土特产很多，且一并搭在朝廷运粮船上，竹、木、禾很多，乃至乌桕油、蜂蜜、果脯、枣之类，没有他不办理经营的山货。

《本草纲目》第三十九卷虫部，收录大量蜂子、蜂蜜、蜂蜡药性及主治功效、治疗方法。收录蜂蜜、蜂蜡产地则有甘肃武都、安徽宣城、怀安、河南雍水、洛河、枯城和陕西关中、江南向西都山处湖南湘西、湖北宜昌、恩施、重庆。"食蜜亦有两种，一在山林上作房，一在人家作窠槛收养之，蜜皆浓厚味美。""近世宣州有黄连蜜，色黄，味小苦，主目热。""雍洛间有梨花蜜，白如凝脂。""亳州太清宫有桧花蜜，色小青，味微苦。""枯城有何首乌蜜，色更赤。并蜂采其花作之，各随花性之温凉也。"

《天工开物·蜂蜜》载，"凡蜜无定色，或青、或白、或黄、或褐，皆随方土花性而变；如菜花蜜、禾花蜜之类，百千其名水止也。"

《华阳国志》载，"涪陵郡，巴之南鄙。无蚕桑，惟出茶、丹漆、蜜、蜡。"

《汉书·货殖传》载，"蜀汉江陵千树蜜，渭川千亩竹，此其人与千户侯等。"

二、古代中蜂养殖

武陵山原居民一直利用竹编箩筐、空心树段、圆桶、方箱等传统方式饲养中蜂，武陵山区与大巴山、巫山的三峡一带，很早就流传三峡桶收蜂、割蜜的习俗。地处湖北鄂西南、湖南湘西、四川川东（今重庆）2 000多年前就有原居民用蜂蜜和荞麦粉制作糕点招待宾客，一直传承到现在。在《容美纪游》《长乐县志》《五峰县志》《中国民俗志·五峰卷》等史料中，均记载有1704年清代文学家顾彩同向总把游武陵山石门、鹤峰、五峰期间，从容美土司南府到五峰湾潭境内时的情景："二十八日，抵湾潭，与南府仅隔一坡，路皆高平，人烟稀少，皆缚柳茸蒲以为筐菹，家家养蜂，做粉。流水小桥，榆柳映带，桃熟柳细如火齐。宿山涛阁，彭百户以蜂蜜荞粉来馈，向总把以足疾辞归。"充分说明了当地原居民家家户户缚柳、茸蒲为筐用于养蜂，有以荞粉制作的糕点和蜂蜜招待宾客的礼节习俗。

在五峰土家族自治县自明清时期至今流传着几百年男女对唱的情歌："半崖一树花，山都映红哒，蜜蜂不来采，空开一树花""桐子开花当心红，悄悄交情莫露风；燕子衔泥紧闭口，蚕儿挽丝在肚中……"。记述土家族以花朵和蜜蜂比喻年轻男女的爱情，表达自己对情人的期盼。

第四节 中蜂技术应用与三峡桶养蜂

一、中蜂技术与资源利用

武陵山区各县市利用自然资源优势，着力发展中蜂产业，并根据自然资源条件和中蜂生态条件，建设地方中蜂种质资源保护区，进行中蜂种质资源的保护。如贵州遵义市正安区中蜂保护区、湖南石门县太浮山中蜂种质资源保护区等。有些县市在中蜂保护区内兴办中蜂种蜂场、保护场和扩繁场。湖南省石门县和重庆市彭水县先后建立了中蜂种蜂场，湖北省五峰县在后河自然保护区开展中蜂品种资源保护，兴办保种场，保护武陵山区优良地方蜂种。

贵州省《正安县志》记载，正安百姓素有养蜂习俗，清代养蜂盛行，至民国末年养中蜂七八十群30余户，三五群者各地普遍。20世纪50年代，贵州省遵义市推广中蜂活框饲养，是最早推广中蜂活框饲养技术的县市。1964年冬，全市中蜂改良蜂场1个，改良蜂群42群。1973年，正安县中蜂新法饲养参加北京农展馆展出，获得全国农业科技成果奖。1974年，全县改良蜂场65个，

改良中蜂蜂群 8 520 群。

1979 年湖北省恩施州鹤峰县开始改良传统方式，用活框饲养中蜂。于 1979 年 8 月，在容美镇张家村兴办了一家国营中蜂改良实验场，时任场长李庆辉，年近 50 岁，带领 4 名养蜂员开始进行活框饲养中蜂试验，取得成功。全场活框饲养蜂群最多时有 300 多群。时任农业部畜牧司蜂业专家杨冠煌专程来鹤峰检查中蜂养殖工作，并对中蜂传统方式改良进行技术指导。后因中蜂囊状幼虫病暴发，于 1988 年中蜂改良实验场解散。一批中蜂改良实验场老技术骨干和养蜂员返乡后，一直在当地利用活框养殖中蜂。

1980 年湖南省湘西怀化市沅陵县兴建武陵山区沅陵县中蜂种蜂场，1982 年 12 月底正式建成，沅陵县中蜂种蜂场位于沅水江畔，占地面积 176 亩。1989 年，随着市场经济的深入，种蜂场后期人员变动，资金困难，中蜂种蜂场业务基本停止。

20 世纪 90 年代开始，湖南省冷水江市大力发展林下经济、循环经济、生态经济，开展林药、林果、林蜂的种养模式。石柱县村民杜志民承包山地 100 亩，种植杨梅、樱桃、葡萄和板栗等果树，在果园养中蜂 120 群，种养结合，实现果实增产，蜂蜜增收。湖北省建始县小漂村村民李玉国利用传统方法在河流山坡地和疏林地养殖中蜂 150 群，生产优质的中蜂成熟蜂蜜，家庭年收入 20 余万元，成为当地养蜂生产能手。

石门县添坪村村民张玉梅，女，104 岁，传承家中祖辈养蜂习俗，常年养蜂，秋冬季节割蜜出售，长期留适量蜂蜜家人食用。五峰土家族自治县苏家河村民汤朝发，男，102 岁，终身养蜂 10 余桶，习惯春季收蜂家养，寒露季节收割土蜂蜜，一边从事农业生产，一边养蜂。

至今，武陵山区各地充分利用优质山区蜜源植物资源，根据山区林木、作物、果树、蔬菜、药材等种植业结构，开展蜂—药—蜂立体产业模式应用，并应用蜂—林、蜂—田、蜂—果、蜂—药种养结合的产业模式发展中蜂产业，既完善山区生态，又实现林、果、药、田产品的提质增效、农业增产、农民增收。

怀化市鹤城区在凉亭坳乡板栗坪建设一个中蜂庄园，占地面积近千亩，开展林、药、蜂立体产业模式应用，成为怀化市中蜂养殖示范基地。

二、野生中蜂资源

武陵山区野生中蜂资源十分丰富，在峡谷、河流、沟溪、悬崖的绝壁石洞、岩洞、古树洞和土洞中有大量野生中蜂生活，有的在人类古棺木中生存与繁衍。在海拔 300 ～ 800m 人烟稀少的中低山区和海拔在 900 ～ 2 000m 的中高山区，气候温暖、植被丰厚、百年古蜜源植物群落、原始森林，生态环境适宜，生物多样性十分典型，到处有优良的野生中蜂长期生存、繁衍或在本生态区内迁息。

1. 绝壁"蜂桶崖""蜂桶寨""蜂子湾"

武陵山区深山区居民几乎都有在深山峡谷、悬崖绝壁中收捕野生中蜂和养殖中蜂，增加家庭收入的传统习惯。位于湖北省宜昌市五峰县牛庄乡横茅葫村，与湖北巴东县交界，隔河相望，坐落在四周大山围成一个铜锣状崖头上方，称为锣圈崖，在锣圈崖的上方有一大片土地，种植有油菜、玉米、荞麦农作物和贝母、白芨、川牛膝、党参等药材。锣圈崖脚下是一条河，称为潭子河，河岸落差数百米高的高山悬崖上，有一"绝壁蜂桶崖"，坐北朝南，东、西两侧都是山，南面则是一个开口向阳处，呈现"凹"字形状，犹如一个蜂桶状，故名"蜂桶崖"。原居民收捕野生中蜂又在坐北朝南的悬崖上，习惯称之为"绝壁蜂桶崖"（图2）。当地居民每年都可以从这里收捕到几十桶野生中蜂，有的年份甚至可以在这里收捕到 100 桶以上。

横茅胡村村民邹承青，家住"蜂桶崖"上方，距"蜂桶崖"仅300m，祖祖辈辈都有传统养蜂习惯。2012 年，他外出打工后回乡创业，每年都要在这里收捕十几桶（群）野生中蜂（图3），在住宅前后和山上饲养，每年养蜂生产收入 6 万～ 8 万元。2017 年，邹承青和村民在"蜂桶崖"用传统的圆蜂桶，收捕野生中蜂 126 群，这也是收捕到野生

图 2　武陵山绝壁蜂桶崖（张新军 摄）

图 3　原居民用三峡桶收蜂（张新军 摄）

中蜂蜂群最多的一年。

武陵山区绝壁悬崖收捕野生中蜂，开展中蜂养蜂生产，是当地一种传统习惯，高山岩洞、崖头下收割野生蜂蜜也是一种历史文化传承。湖南省湘西州古丈县高望界当地原居民长期习惯在绝壁悬崖上收捕与饲养野生中蜂，生产悬崖野生中蜂蜂蜜。湖北恩施州来凤县旧司镇岩蜂窝村因在附近峡谷中，分布与栖息有野生中蜂而取名岩蜂窝村。重庆市丰都县武平镇蜂子山村，同岩蜂窝村生态环境相同，也分布与栖息着野生中蜂。贵州省仡佬族原居民每年惊蛰节气前后，在高山悬崖上收捕野生中蜂用于家养。

重庆市万州区长江南岸蜂子湾，海拔 700～900m，野生中蜂资源丰富，人工饲养中蜂历史悠久。同时，万州区、云阳县分别在长江沿岸种植枇杷面积几十万亩，为中蜂提供了优质冬季蜜源。

秦巴山区，四川省东北部万源市蜂桶乡，就是在黑熊沟、龙潭河、黑宝山一带古代原居民用三峡桶收蜂养蜂而得名。位于四川省的川西邛崃山山系的夹金山南麓宝兴县境内蜂桶寨国家自然保护区，在南部 2 500m 以下分布有野生中蜂。

2. 高山"野蜂崖"

在五峰县后河自然保护区的百溪河湿地公园周围原始森林密集分布，古老大树群落层层叠叠，在七娘子山和棋盘山脚下夹龙沟两侧，悬崖断壁，周围分布着大量层崖、崖洞、岩洞，落差在 300～400m。在一处海拔 900m 层层叠起的崖头，称为野蜂崖。原居民每年春、秋季节都要爬上崖头，收捕野生中蜂。2017 年 5 月，75 岁的唐纯祥老人告诉我们，他们家几代人都居住在这里，从他爷爷开始就用圆桶（三峡桶）在这崖头上收蜂，每年收捕十几桶，甚至二十几桶，带回他们住房前后饲养。近些年来，村民杜志民在这个长 400m 左右，宽约 4m、窄的只有 1m 宽左右的崖头收蜂，最多的一年收了 60 余桶野生中蜂。当地居民把野蜂崖当作村子里的财富崖，大家都非常珍惜和保护它。

武陵山区像这样的蜂桶崖、野蜂崖、蜂子湾和各种坐北朝南、三面环山、一面向阳、水源较充沛的地方，栖息着大量的品优良质的野生中蜂。

3. 百溪河——黑熊偷袭中蜂蜂场

武陵山区国家级壶瓶山自然保护区和国家级后河自然保护区、百溪河湿地公园连成一片原山、原水，居住着原始居民的大山。这里原始森林密布、河流纵横、深山幽静，高山悬崖上的绝壁岩洞到处栖息着大量野生中蜂。境内在七仙女山和棋盘山脚下的夹龙沟一带，长期演绎着大黑熊深夜偷袭蜂场，破坏蜂巢，猎食蜂蜜的故事。它们每年都会寻找机会，深夜到百溪河夹龙沟一带，偷袭蜂场。

20 世纪 70 年代初期的一天傍晚，村民沈昌连、沈少华父子正在家中准备吃晚饭时，突然听到房屋的侧面有异响声，父子俩出门一看，一只大黑熊正在自家养蜂场找吃的，他们立即回家找来近两米长的铁锹，父亲沈昌连悄悄地来到大黑熊的背后，用尽全身力气，向大黑熊的后腿猛地一砍，大黑熊受到突袭，一声嚎叫，向黑黑的原始森林逃去。沈昌连父子俩回到家中，心魂未定，全身发抖。

2017 年 5 月中旬，我们专家组一行在五峰县政协主席文牧和县畜牧局局长张杰山、办公室魏晓畔陪同下，一行 6 人在白溪河湿地公园的上坡村夹龙沟调查野生中蜂生境时，75 岁村民唐纯祥老人对我们讲，大黑熊经常深夜 2 ~ 3 只结队而来，每只黑熊抱着蜂桶，摇摇摆摆地逃至原始森林中，它们砸开蜂桶，再开始嚼食蜂巢蜜和蜂子。很巧的是，就在专家组调查夹龙沟一带野生中蜂资源存量与生境的当天夜晚，黑熊再次袭击了唐纯祥家中的中蜂蜂场。

在后河自然保护区境内，养蜂技术人员黄大钱为了防止大黑熊偷袭蜂群，自行设计了一个防熊盗自动报警器（图 4、图 5），只要大黑熊掀开蜂箱盖板，自动报警器就会响起报警，大黑熊听到报警器的叫声，便逃之夭夭。

图 4　蜂箱盖板下弹簧开关（张新军 摄）　　图 5　树上警报器（张新军 摄）

在我国大巴山、巫山、秦岭曾多次发生过黑熊偷袭蜂群的事件。21 世纪初，神农架林区徐家庄林场曾经发生过 3 只黑熊在一个晚上，抱走林场职工 5 个蜂箱，逃进大森林中的事件。2013 年 5 月，林场职工周承林在自己蜂场与大黑熊相遇，并试图夺回蜂箱，结果被大黑熊用前爪猛地一抓，抓破腰背，造成腰背留下一个深深的疤印。

4. 收捕迁飞中蜂——赶蜂锣

中蜂虽然野性强，但害怕噪声，喜欢安静、避静，在生态环境优良的场所筑巢。中蜂发生迁飞，一是蜂群躲避饥饿和不良环境，避开动物敌害和人为干扰而另择新居的一种蜂体迁居行为。二是中蜂在气温适宜、蜜源丰富季节，强

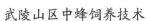

大蜂群发生分蜂，分蜂群迁飞，选择新居筑巢的过程。

武陵山区原居民对中蜂迁飞时间、地域、路线比较了解，便有人用一种铜锣驱赶与收捕迁飞中蜂蜂群。中蜂迁飞时，一般第一次飞往附近的低矮树干上结团，稍作停留，有时会停留半小时甚至时间还略长一点。这时，收捕人在短时间将收蜂桶置迁飞途中的略高处山坡上或绑在离地面高 2m 左右的树干上。然后，在迁飞蜂群第一次结团的蜂群一侧，用敲锣棒敲击铜锣，铜锣发出响声，噪声可达 80 ~ 120dB，中蜂害怕噪声，它们会躲避噪声，朝着收蜂人设置的收蜂桶方向飞逃，收蜂人就可以顺利地收捕到迁飞或飞逃的中蜂蜂群。

一般中蜂飞行与采集产生的分贝，在 20dB 左右，中蜂能适应 20dB 以下的声响，害怕 50dB 以上的噪声。所以，在山区公路、道路两旁村民住宅和矿山、机械厂区周围不宜饲养中蜂。

5. 收捕迁飞途中蜂群

合理收捕野生中蜂与科学饲养中蜂也是扩大种群的一项措施。处理好中蜂种质资源保护与人工收捕饲养关系，对崖洞中蜂、岩洞、土洞和古树洞中生存的野生中蜂保护是一举多得的方法。这是我国山区特定条件中的中蜂种质资源，不能损坏野生中蜂巢穴，不破坏野生中蜂生态环境，收捕中可采取诱捕方法，对保护生态环境、创造生物多样性、造福人类有着重要意义。

武陵山区原居民在大山深处、悬崖上、山坡上、沟谷边、房前屋后收捕野生中蜂有 2 000 多年的历史，到处都沿用"以蜜涂桶，举群悉至"方法收捕野生中蜂。晋代张华《博物志》记载山区以桶聚蜂家养，"远方诸山蜜蜡处，以木为器，中开小孔，以蜜蜡涂器，内外令遍。春月，蜂将生育时，捕取三两头著器中，蜂飞去，寻将伴来，经日渐益，遂持器归"。描述山区居民收捕野生中蜂的全过程。

一般野生中蜂收捕点选择，应在坐北朝南、避风向阳的南山坡，三面有悬崖断壁或岩洞，正面较开阔，周围 2 ~ 3km 蜜源植物较丰富，附近有较优质的水源。

在收捕野生中蜂和人工饲养分蜂蜂群以及飞逃蜂群时，用空蜂箱或收蜂笼等器具收捕飞逃中蜂群和中蜂蜂团。有经验的收蜂人在收捕迁飞或飞逃的中蜂蜂群时，将空蜂箱内涂上蜜蜡，放置在中蜂结团的前方山坡上，安放位置高于蜂团高度，这样，可使迁飞或飞逃中蜂蜂群下一路线会比较好地朝着安放点的蜂箱内飞去。

6. 明末清初的"三百峰"与"三百蜂"

"三百蜂"是武陵山区东北部宜昌市点军北角距城区 9km 处的碾子湾镇

三百蜂村。清代初期之前，原名为"三百峰"村。

据《三峡地理》载，明末清初，清兵入关后，明朝被灭，明朝官僚试图反清复明。明朝年轻幕僚易姓官员，因反清复明无望，为躲避追杀，便逃到武陵山区清江一带地势险恶而偏僻的碾子镇三百峰村，准备招兵买马，反清复明，因大业未成便定居三百峰村。而后，便开始收捕中蜂进行家养。几年后，收捕到299群野生中蜂。深山原居民刚开始不敢多接近他，后来看见他年轻，有学问，平易近人，待人和善，便称他为易先生。

据当地原居民讲，传说一天夜晚，易先生梦见在一个深山石洞中，一条巨蟒出洞，后面接着走出一位白发苍苍的老者，易先生即拜为师，并把他心中反清复明大业的想法告诉师傅。此后长期身居山中，师徒情深，传为佳话。在一个大雾笼罩山村的夜晚，师傅踪影全无，不知去向。次日夜晚，易先生再次梦见师傅，师傅告诉他："清军势力日趋强盛，复明机会已经没有了。你就带着一帮人，在这深山中以养蜂为生计吧。我送你299桶蜜蜂，你爱心善待它们，让它们为你收集这里奇花异草的花蜜，酿造世间最香甜的蜂蜜。"从此之后，易先生就长期看管好这299桶蜜蜂，每年九月、十月就收割很多浓香的蜂蜜。易先生养蜂总是想达到300群，但是，怎么也达不到300桶蜂。于是根据他的愿望，当地就把"三百峰"村村名更名为"三百蜂"村。

三百蜂村原居民用三峡桶收集野生中蜂蜂群，每年秋季割蜜，1年1次，一直延续至今。

三、中蜂三峡桶的起源与流传

1. 三峡桶起源

中蜂三峡桶是用土法饲养中蜂的木制蜂桶，它起源于我国东汉末年至隋唐年代，长江流域中游的湖北宜昌段西陵峡和重庆段巫山峡、瞿塘峡一带，故称之为三峡桶。三峡桶初为圆桶，后发展有方桶和扁桶。唐代开始，三峡地区和武陵山区、巴巫山区施州、归州、巴郡、巴东郡、夷陵郡就有向皇室进贡土蜂蜜的历史记载。

长江三峡是由长江南岸武陵山区和长江北岸大巴山、巫山高大山脉相对应形成。2300多年以前，三峡地区原居民以伐木漂排和下江、河捕鱼，上山捕猎、养蜂为生。长江三峡两岸原居民在房前屋后用竹篓、藤编、空心树段、箩筐等工具收捕与驯养野生中蜂。后来他们发现家中和长江木排、木船上用木棍插成十字架手柄的木桶，空置时，盖上盖子或搭上草帽以遮盖灰尘，经常会有野生中蜂飞进去筑巢酿蜜。于是，三峡居民便开始在空心树段和木桶中间穿插

十字架养蜂，这就是原始中蜂三峡蜂桶的起始（方桶、圆桶、扁桶见图6、图7、图8）。

图6 三峡桶方桶　　　　图7 三峡桶圆桶　　　　图8 三峡桶扁桶
（张新军 摄）　　　　　（张新军 摄）　　　　　（张新军 摄）

2.三峡桶流传

进入东汉末年，在长江三峡两岸沿途湖北宜昌、宜都、长阳、秭归、典军、夷陵、建始、利川、巴东和重庆的巫山、奉节、云阳、万州等开始流行三峡桶养中蜂。到了唐末宋初年间，便有能工巧匠用木板制成直径45cm、高50cm的圆木桶，上有盖板，下有底板，圆桶1/2处打孔，用小圆木棍或小方木条在蜂桶中间钻孔处穿插十字架，用于支撑蜜蜂巢脾。在圆桶上、下端靠近桶盖处，开有3～5个小孔，用作蜜蜂进出的巢门孔，使用时将上部小孔用新鲜牛粪或泥草封堵，仅留下部小孔供蜜蜂出入。人们每年春天用它收捕野生中蜂，秋天寒露前后割蜜，这就是长江三峡居民利用三峡桶饲养中蜂的来源。宋末明初时期，三峡桶由三峡发源地传遍武陵山区向恩施州宣恩、鹤峰、咸丰、来凤，湖南湘西的石门、桑植、龙山、武陵源区、沅陵、古丈、保靖，重庆石柱、丰都、武隆、彭水、黔江、酉阳、秀山，一直到贵州的道真、正安、务川、平水等县、市（区）。三峡桶在长江北部向大巴山、巫山山区湖北宜昌的远安、兴山，神农架林区和重庆的忠县、未都、涪陵、巫溪，四川泸州、开县、梁平、长寿等县、市（区）流传，并向北部秦岭山脉、大洪山、桐柏山和西南大娄山、东南雪峰山、罗霄山传播扩散。

明朝时期，在武陵山区、巴巫山区、秦岭山区已广泛使用三峡桶收集野生中蜂。三峡桶所产的土蜂蜜在长江沿岸宜昌、秭归、巴东、夷陵、奉节、巫山、重庆等各个码头和集镇出售，非常俏销。明末清初期就有很多家庭土法饲养中蜂达百余桶，过上富裕的生活。康熙和乾隆时期，重庆奉节、巫山和宜昌秭归、夷陵、宜都、长阳每年都会定期向皇宫进贡蜂蜜。

清代，宜昌县令每年收刮百姓从三峡桶割出蜂蜜，向康熙皇帝进贡，康熙十分喜爱三峡蜂蜜，每年都会令宜昌府向宫廷进贡土蜂蜜。

第二章　中蜂生物学与生物特性

第一节　中蜂个体生物学

一、蜂群的组成

中蜂是蜜蜂科蜜蜂属东方蜜蜂的一个种类，是一种营社会生活的昆虫。中蜂以蜂群为单位，它们过着群居生活，在洞穴中筑巢，造脾酿蜜，繁衍后代。每个蜂群有蜂王、工蜂和雄蜂三型蜂为家庭成员。一般每个蜂群，1 只蜂王、两万只至数万只工蜂及繁殖季节会产生数百只、甚至上千只雄蜂。

中蜂蜂群是一个分工严谨、合作高效、生活有序的群体。蜂群中每个家庭成员都在其中担任不同的职责，按照分工相互合作，使整个蜂群不断更新换代，繁衍生息。学习与掌握中蜂生物学知识，对于中蜂饲养管理、人工育王、培育适龄蜂、组织生产蜂群等有重要的实际意义。

二、蜜蜂的外部形态

蜜蜂是全变态昆虫，在分类学上属于节肢动物门，昆虫总纲，膜翅目，蜜蜂科，蜜蜂属。个体发育经过卵、幼虫、蛹及成蜂 4 个发育阶段。蜜蜂不同发育阶段有显著不同的形态，工蜂卵 3d 后孵化成幼虫，7 ~ 8d 幼虫孵化成蛹，8 ~ 10d 蛹羽化成蜂。

1. 卵

蜜蜂卵为乳白色，初期略透明，圆形细长，呈香蕉形，一端略粗，一端略细，略粗的一端为头部。卵长1.3 ~ 1.7mm，直径 0.35 ~ 0.38mm。电子显微镜下观察，卵由卵壳、细胞膜、卵黄膜、卵黄、卵核和精孔等构成（图 9）。卵是由每个蜂群中交尾后

图 9　中蜂巢脾上工蜂房内初卵（张新军 摄）

的蜂王产下的，蜂王产卵时，卵立起，端部粘着巢房底部。从蜂王产卵当日开始，卵一日站立、二日倾斜、三日侧卧于巢房底，并孵化成幼虫。

2. 幼虫

蜜蜂幼虫乳白色，初呈现月牙状，渐成 C 状，后期弯曲呈蠕虫状。初期不具足，平卧房底，3d 期幼虫身体周围被哺育蜂分泌的王浆乳包围。3d 之后，哺育蜂饲喂工蜂幼虫时改用蜂蜜、蜂花混合蜂粮，直至封盖。工蜂每日对幼虫饲喂达 1 300 次，约每分钟饲喂 1 次。工蜂若饲喂 3d 后的处女王幼虫，则继续用鲜蜂王浆饲喂，直至封盖。蜜蜂幼虫体表有横纹环分节，有一个较小的头部和 13 个分节。幼虫期蜕皮 4 次，每蜕皮 1 次虫体显著长大。直至工蜂用蜂蜡、蜂胶混合物，将 6 ~ 7 日龄大龄幼虫房封盖，房盖上有很多小孔，便于空气流通。封盖后 1 ~ 2d，幼虫继续生长，并由曲卷逐渐站立，腹腔内积累粪便，一次性排泄于房底，然后，吐丝作茧，进入蛹期（图 10）。

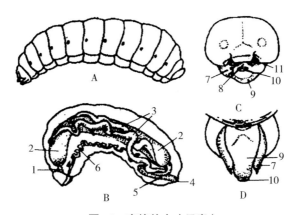

图 10　蜜蜂幼虫（示意）

A. 成熟幼虫　B. 幼虫内部形态　C. 幼虫头部正面观　D. 幼虫头部底面观

1. 口道；2. 中肠；3. 马氏管；4. 肛门；5. 后肠；

6. 丝腺；7. 下颚；8. 舌；9. 下唇；10. 吐丝器；11. 上颚

（引自 Dadant and Sons，1975）

3. 蛹

蜜蜂的蛹分幼蛹（或称预蛹）和成熟蛹。幼蛹期仍保留老熟幼虫发育阶段形成的器官和外部形态，并进一步完成触角、足、翅、复眼、成虫口器发育。在进入成熟蛹之前，第 5 次蜕去老熟幼虫表皮，进入成熟蛹期，头部、胸部、腹部及口器、复眼、足、翅、后足跗节已发育成熟并显露出来。当成熟蛹各种器官完善，后期前胸分泌脱皮液，溶解部分表皮，蛹壳破裂，脱去蛹壳，幼蜂咬破房盖，便羽化出蜂（图 11）。

图11　工蜂封盖蛹期（李志勇　摄）

4. 成蜂

蜜蜂的成蜂是蜜蜂生长发育4个阶段的最后阶段，也是最高级的阶段。刚从蛹期羽化出房的成蜂，躯体外骨骼较柔软，体色较淡，工蜂体表刚毛密稠丰富。经过数天发育，外骨骼逐渐骨化变硬，体内器官发育成熟。头部、胸部、腹部布满刚毛，触角、足、翅膀、复眼、喙、气门均有绒毛。老龄蜂刚毛脱落，头部、腹部和背部呈现光亮。成蜂的外部形态由头部、胸部和腹部3个部位组成，每个部位结构如下（图12）。

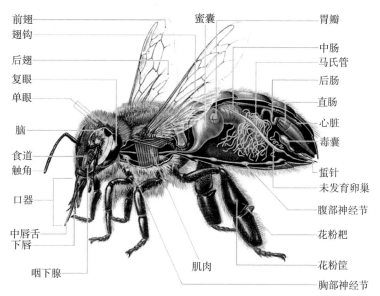

图12　蜜蜂外形与内部结构的立体解剖

（引自 Nipponica E., 2001，蜜蜂的内部解剖马氏管等，常志光仿绘）

（1）头部

蜜蜂的头部是感觉、视觉和摄食的中心，着生1对复眼、3只单眼、1对触角和1套嚼吸式口器。三型蜂头部外观形状有所不同，从正面看，蜂王和工蜂头部外形相似，呈现倒三角形，蜂王略圆、大一些。雄蜂因其复眼大而突

出，体型则呈现方圆形。蜜蜂的1对复眼起到观看与成像作用，每个复眼由很多小眼组成，每个小眼都能对外界物体产生成像。蜂王复眼有 3 000 ～ 4 000 个小眼，工蜂复眼有 4 000 ～ 5 000 个小眼，雄蜂复眼则有 8 000 个以上小眼。蜜蜂头部有 3 个单眼，主要是协调复眼起感光与视觉作用。

蜜蜂的1对膝状触角，着生于颜面中央的触角窝，由柄基、柄节、梗节和较长的鞭节 4 个部分组成。蜜蜂的触角上着生与密布着毛形感觉器，起到感受触觉、味觉和嗅觉的作用。

蜜蜂的口器为嚼吸式口器，位于头部下方，由上唇、上颚、下颚、下唇组成，既能夹咬物体，咀嚼花粉等固体食物，又能吮吸花蜜、水等液体，清理蜂巢、攻击小型敌害。

（2）胸部

蜜蜂的胸部是蜜蜂的运动中心，由前胸、中胸、后胸和并胸腹节 4 个胸节组成。在前、中、后胸腹板两侧分别着生 1 对足，即 1 对前足、1 对中足和 1 对后足；在中胸、后胸背板两侧各着生 1 对翅膀，即 1 对前翅和 1 对后翅。

蜜蜂的翅膀为透明的膜质，前翅长宽大于后翅，翅上有支撑展翅的翅脉和翅毛，前翅后缘有褶边，飞翔时钩连后翅前缘，增强飞翔力。蜜蜂翅膀主要用于飞行、振翅发声、传递信号和扇风，调节巢内温湿度。

蜜蜂的前足短而灵活，基跗节内侧有密生的硬毛，称跗刷或花粉刷，可清理与收集触角及头部、胸、腹部的花粉和黏附在身体上的其他杂物。中足基跗节的跗刷可清理与收集胸部和气门上的花粉，中足胫节末端与跗节结合部位，着生 1 根能活动的长刺状胫，可将后足花粉篮中花粉团铲落在巢房内。后足长而宽大，胫节端部宽扁，呈三角形，外表光滑而凹陷，形成一个可携带花粉的花粉篮。

（3）腹部

蜜蜂腹部是由多个可见环节组成，工蜂和蜂王有 8 个环节，雄蜂有 7 个环节。每个环节分别由背板和腹板构成，节间有连接膜，能够自由伸缩和弯曲，腹腔内有消化、吸收、呼吸和生殖系统，整个腹腔充满着血液。工蜂的第 4 至第 7 节腹板前一节后缘遮盖部分，各具 1 对光滑、透明的卵圆形蜡镜，是工蜂筑巢、封盖成熟蜂蜜时凝固蜡液成蜡鳞片的地方。工蜂的螫针包埋在第 7 背板下的螫针腔内，是蜜蜂自卫的武器。

三、蜜蜂三型蜂的外部结构

蜜蜂蜂群中三型蜂有蜂王、工蜂和雄蜂（图 13）。

图 13　中蜂三型蜂
（薛运波 摄）

1. 蜂王

蜂王与工蜂一样，是由受精卵发育而成的二倍体个体，在王台中发育而成，是雌性器官与生殖系统发育完全的雌性蜂。其职能是负责产卵，将父母遗传基因传给后代，从处女王交尾成功后，便终身产卵。健壮优质的中蜂蜂王一昼夜可产 1 000 ～ 1 200 粒卵（图 14）。

图 14 中蜂蜂王
（薛运波 摄）

中蜂蜂王腹部发达，体型较圆润饱满，在蜂群中体型最长，为 18 ～ 22mm，超过工蜂体长 40% 左右。蜂王的体重为 170 ～ 220mg，优质的产卵蜂王在 200 ～ 250mg，是工蜂体重的 2 ～ 3 倍。蜂王前翅长 8 ～ 10mm，只有体长的 1/3 ～ 1/2。蜂王蜡腺退化，蜇针成为产卵器。

2. 工蜂

工蜂与蜂王一样，是由受精卵发育而成的二倍体个体。但工蜂是在工蜂房发育而成，因食物质量和蜂房生境不一样，工蜂卵巢退化，卵巢数量减少，缺乏贮精囊，是雌性器官发育不完全的雌性蜂。但是，当蜂群失王时间长，工蜂卵巢也会重新发育，并可在工蜂房产下未受精卵，可培育成为单倍体雄蜂。工蜂是蜂群中劳作蜂，在蜂群中其职能分工是筑巢、哺育、清巢、采集、酿蜜、贮粉和守卫等各种劳作活动（图 15）。

图 15 工蜂
（薛运波 摄）

三型蜂中，工蜂个体最小，体长 10 ～ 13.5mm，体重 80 ～ 90mg。中蜂工蜂吻较长，4.5 ～ 5.5mm。工蜂为了适应采集劳作，其身体结构发生了一系列的特异化变化。工蜂全身长满绒毛，用于粘花粉和传粉，三对足，后足跗节间有一凹陷花粉篮，用于收集花粉（图 16）。工蜂胸腔内前胃嗉囊特化成蜜囊，用于贮存花蜜。工蜂头部呈现三角形形状，腹部 8 个腹节，第 4 至第 7 节腹板前部有 1 对膜质蜡镜，蜡镜内部各附有蜡腺，用于分泌蜡液。工蜂体末端具臭腺和蜇针，蜇针与腹内的毒囊相连。工蜂体色多为黑、黄相间，随温度变化体色发生变化，高山、春季和冬季，中蜂体色偏黑，低山、夏季和秋季体色偏浅黑或浅黄。

花粉筐
刚毛
耳状突 花粉耙
基跗节

图 16 工蜂后足（李志勇 摄）

3. 雄蜂

雄蜂是由雄蜂房未受精卵发育而成单倍体个体，是蜂群中的雄性蜜蜂。在蜂群繁殖

期间，外界蜜粉丰富，蜂王在雄蜂房产下未受精卵，由工蜂饲喂哺育，培育成为雄性个体，主要职能是完成季节性交配，实现传种接代。雄蜂个体体形宽厚，体长 11 ~ 14mm，头部两侧具有 1 对突出的复眼和 3 个单眼，单眼着生于头部前额上。复眼中小眼数量多于工蜂 1 倍以上。腹部外表有 7 个腹节，背板宽厚，第 8 背板已特异化成膜质，藏于第 7 背板内；两侧特化成深褐色骨片，末端无螯针，具两片阳茎瓣，阳茎藏于两片阳茎瓣中间（图 17）。

图 17　雄蜂
（薛运波 摄）

　　雄蜂头部近似圆形，体色多为黑色或黑褐色，偶有极少数偏黄色。在蜜粉丰富季节和繁殖季节，雄蜂会在每个蜂群中出进，等候处女王出房。低温季节，交配期已过，工蜂便会将雄蜂驱赶出巢至蜂箱外或蜂箱底部。冬季雄蜂被赶出蜂巢后会因饥饿和寒冷而死。

四、三型蜂的生殖器官

1. 蜂王的生殖器官

　　蜂王是蜂群中具有完整生殖系统的雌性母蜂。产卵蜂王的生殖器官由 1 对较发达的卵巢和侧输卵管、中输卵管、受精囊、阴道等构成。蜂王的卵巢，是由很多细长的卵小管组成的两个巨形球体，卵小管数量的多少与蜂王初生重和产卵量呈正比，初生重越高，卵小管数量越多，产卵量就越大。中蜂蜂王每侧卵小管有 110 根以上，据许少玉等（1985）测定中蜂蜂王卵小管最多达到 131 根，两侧卵巢连接着两侧输卵管。两侧输卵管在阴道口附近汇合，成为一个总输卵短管，末端宽大，连接着阴道。在阴道壁与阴道瓣状褶对应有一受精囊管，连接着受精囊。在受精管的中端有一贮精囊管阀瓣，靠近贮精囊有 1 对受精囊腺。蜂王产卵时，当输卵管排出卵子时，如遇上贮精囊释放精子，精子就会从卵孔进入卵细胞，实现受精，形成受精卵（图 18）。

　　蜂王在工蜂房中产下受精卵，发育成工蜂；在王台台基内产下受精卵，发育成处女王；在雄蜂房中产下未受精卵，发育成雄蜂。

2. 工蜂的生殖器官

　　工蜂生殖器官与蜂王近似，但卵巢退化严重，仅有少数几根卵小管。工蜂受精囊、受精管等器官均已退化。在正常情况下，工蜂是不会有生殖功能的。但蜂群中一旦失王太久，蜂群中缺乏蜂王信息物质，部分工蜂卵小管发育成熟，它们会在工蜂房产下未受精卵，并发育成为个体小、甚至畸形生长的雄蜂。这些雄蜂是不能用于繁殖后代的，不能用于养蜂生产。

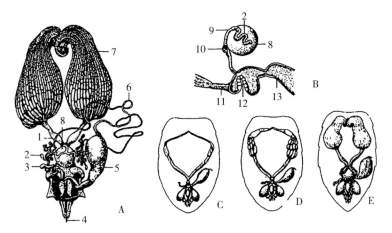

图18　雌性蜜蜂生殖系统

A.产卵蜂王生殖器官；B.蜂王受精器官；C.正常工蜂生殖器官；

D.产卵工蜂生殖器官；E.处女王生殖器官

1.侧输卵管；2.受精囊腺；3.附腺；4.螫针；5.毒囊；6.毒腺；7.卵巢；8.受精囊；

9.受精囊管；10.受精囊管阀瓣；11.中输卵管；12.阴道瓣状褶；13、阴道

（引自 Winston 1987）

3. 雄蜂的生殖器官

雄蜂的雄性生殖器官发育完全，是由 1 对睾丸、2 条输精管、1 对贮精囊、1 对黏液腺、1 条射精管和 1 个能外翻的阳茎组成（图 19）。

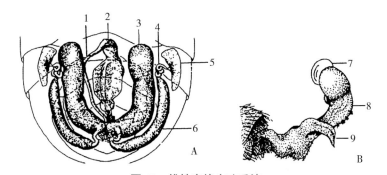

图19　雄性蜜蜂生殖系统

A.腹腔中生殖器官；B.外翻的阳茎

1.射精管；2.阳茎；3.附腺；4.输精管；5.睾丸；6.贮精囊；7.精液；8.阳茎；9.角囊

（引自 Winston，1987）

睾丸偏平，位于腹腔两侧，是产生精子的器官。当精子成熟后，便经过一段细管道进入管状贮精囊。1 对贮精囊与 1 对黏液腺基部细口相连，黏液腺

分泌黏液滋润精子。贮精囊与射精管相连，射精管与阳茎相连。阳茎平时藏于腹腔内，故又称内阳具。当雄蜂与处女王交配时，阳具外翻伸出，插入处女王的阴道内，射精时，精子在黏液的润滑下，进入处女王的贮精囊内。射精结束后，交配完毕，雄蜂阳茎同生殖器官其他部分便脱落在新蜂王的阴道口，由蜂王阴道口通过收缩、松开和其他工蜂帮助消除。

五、蜜蜂的内部构造

工蜂是蜂群中生产劳作的蜜蜂，其内部构造是一个十分完善的大系统。蜜蜂是一种营社会性昆虫，群居生活和高度协调的个体分工，以及与自然界生存环境高度适应，与蜜蜂中枢神经系统、感觉器官密切相关。蜜蜂还有发达的呼吸系统、分泌腺体、消化系统等。

1.蜜蜂的呼吸系统与分泌腺体

蜜蜂的呼吸系统，由前胸两侧 3 对气门、腹部两侧 7 对气门连接着身体内的气管和微气管进行呼吸。

蜜蜂的中枢神经，由大脑神经和分布全身的腹神经索组成，指挥与协调全部感觉器官和运动器官。蜜蜂的交感神经，由前肠侧面和背面神经节与分布在前肠、中肠、气管、心脏等内部器官的神经构成，是调节呼吸、消化、循环活动的中心。蜜蜂的周缘神经，由中枢神经传入神经纤维和传出神经纤维通往全身感觉器官的细胞，构成全身感觉器官的反应中心。

蜜蜂的腺体很多，有内分泌腺和外分泌腺两大类。内分泌腺有前胸腺、咽侧体等。外分泌腺有唾液腺、上颚腺、王浆腺、蜡腺、臭腺、毒腺等。

前胸腺：位于幼虫前胸与中胸之间，分泌蜕皮激素，控制与调节幼虫发育过程蜕皮。

咽侧体：位于脑下的食道壁上，分泌保幼激素，控制与调节雌性个体级型分化。

唾液腺：由 1 对头唾腺和 1 对胸唾腺两个部分组成。头唾腺在头内后部脑的上面，胸唾腺位于胸部，两对腺体导管汇集成一根总管，连接舌下表面管导槽，管导槽通往舌前端舌尖。唾液腺分泌物中大量转化酶用于水解蔗糖和溶解糖分。

上颚腺：工蜂上颚腺是一对囊状腺体，位于头内上颚基部两侧。工蜂上颚腺分泌的乳白色糊膏状王浆，主要成分为水分、蛋白质和 10- 羟基 –α– 癸烯酸（简式 10-HAD，也称王浆酸）。用王浆酸饲喂蜂王，能促进蜂王卵巢发育。工蜂上颚腺分泌物还能软化蜡质和溶解蜂胶。蜂王上颚腺分泌物能抑制工蜂卵巢退化，阻止工蜂筑造王台，工蜂通过饲喂蜂王，从蜂王口中获得这些物质。处女王婚飞时，其上颚腺分泌物能招引雄蜂追逐，与之交配。

王浆腺：工蜂王浆腺是一对葡萄状腺体，位于工蜂头部内两侧。王浆腺能分泌出蜂王浆（或称蜂乳），用于饲喂蜂王和工蜂与雄蜂小幼虫，故王浆腺又称营养腺。每个腺体中轴导管分别开口于底部的口片侧角上，口片属于舌部，故王浆腺也称舌腺和咽下腺。

蜡腺：工蜂蜡腺有4对，位于工蜂第4至第7腹板前端的蜡镜片下。蜡腺分泌出蜂蜡是液体状，通过蜡镜分布的微孔中渗出，在蜡镜表面凝固成小蜡鳞，经加工成片状小蜡片，用于筑造巢脾和封盖成熟蜂蜜。

臭腺：工蜂臭腺位于第7腹节背板内侧一个隆起的腺体，又称纳氏腺。表面光滑，中间略下陷。腺体细胞分泌物主要成分为萜烯衍生物等芳香物质，向同伴发出信息素，如：在处女王婚飞前和蜂群幼蜂认巢时，工蜂都会在门前通过举腹振翅发臭，散发气味，引导蜂王出房和幼蜂认巢。工蜂在飞往采集点途中散发气味，以引导本群其他采集蜂一道同往目的地，故中蜂蜂群采集出现一道蜂路。

毒腺：工蜂毒腺位于尾部螫针的基部，由碱性腺和酸性腺共同组成。其中碱性腺产生酯类芳香物质，当蜂群遇上危险时，工蜂立即从螫针基部排出气味，快速向蜂群报警，故又称这种芳香气味为报警信息素。酸性腺产生蜂毒，贮存在螫针基部毒囊中。当蜂群遇上侵犯时，工蜂立即迎战螫刺来犯者，并从毒囊中排出毒液，通过螫针注入侵犯者机体，且分泌出报警信息素，引起其他工蜂共同攻击来犯敌害。

蜂王也有发达的毒腺和毒囊，雄蜂则无毒腺。

2. 蜜蜂的消化与排泄器官

蜜蜂的消化系统是由前肠（咽部、食管、蜜囊）、前胃、中肠、后肠（小肠和直肠）构成，排泄系统是由马氏管、脂肪体和后肠构成。消化系统与排泄系统有摄食、消化、呼吸和排泄4种功能。

食物由口进入咽部，通过食管进入蜜囊和前胃，再进入中肠进行消化，经消化吸收后，食渣进入小肠，进一步消化与吸收。废渣进入大肠，经直肠、肛门排出体外。工蜂的咽喉前部有吮吸式口器，咽喉连接细长的食管和后部蜜囊，蜜囊是外出飞行采集的花蜜和蜂蜜的临时贮存间，中蜂工蜂一般外出采集花蜜时，每次可存放 20 ~ 30mg 花蜜，最大存量达 60mg。前胃和中肠是消化食物与养分的主要器官。后肠由小肠和直肠两部分组成，小肠是一个弯曲而细小的管道，可以将前胃和中肠没有完全消化的食渣继续消化与吸收，未被小肠

消化吸收的废渣进入直肠通过肛门被排出体外（图20）。

马氏管也是蜜蜂的排泄器官，是由近100条细长、两端开口连接着中肠和小肠的盲管组成。它们弯曲交错，浸浴在血液中，从血液中分离含氮物和盐分，送入后肠，混入粪便，往肛门排泄。蜜蜂代谢废物也有一部分贮藏在脂肪体内，当蜜蜂体内营养严重不足，脂肪体便可提供一些贮备的养分。

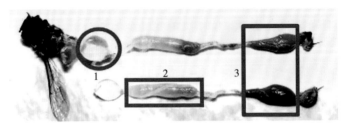

图20　蜜蜂消化与排泄器官
1.蜜囊；2.中肠及食糜；3.后肠及后肠中食糜残渣
［照片资料引自王颖、马兰亭 刘振国等．《应用昆虫学报》，2020（575）］

六、三型蜂的发育

蜜蜂是完全的变态昆虫，个体发育都要经过卵、幼虫、蛹和成虫4个不同发育阶段。了解三型蜂发育的条件、时间是掌握人工培育蜂王和雄蜂的时间依据、人工调控蜂群繁殖、培育适龄蜂（包括春繁、度夏、秋繁、越冬和生产采集蜂）、发展蜂群群势、组织养蜂生产的重要依据。

1.蜂王的发育

蜂王是由前蜂王在王台中产下的受精卵发育而成。整个蜂王幼虫期全部食用工蜂分泌的蜂王浆，经过15d蜂群中工蜂的精心培育呵护，发育成为成熟的处女王，处女王咬破茧盖而出，成为新的处女王。

王台中培育蜂王的卵，经过3d孵化成小幼虫，整个幼虫期5d，在蜂王幼虫发育期第5d工蜂会用蜂蜡将王台口封盖。封盖后老熟的幼虫化蛹，蛹期7d。在处女王出房前2d，工蜂为迎接处女王出房，先将王台蜡盖咬薄，让处女王破茧穿孔出房。处女王出房后，若蜂群中还有其他王台在培育新蜂王，先出房处女王用上颚从王台侧壁下方咬一小孔，再用它的短蜇针将其一一蜇死。

处女王出房后3d认巢飞行，熟悉蜂巢环境。处女王出房后6～9d性成熟，发情时尾部生殖器一开一闭，腹部不断伸缩。这时期，当外界气温在20℃以上时，工蜂就会簇拥着处女王飞离蜂群，在半径3～5km的空中，飞入雄蜂圈。当处女王飞入雄蜂早以布设的雄蜂圈时，雄蜂追逐处女王。健康、强壮的雄蜂追上处女王，便可与处女王交尾。处女王交尾时，可与多只、十几只、甚至二十多只雄蜂交尾。若1d未完成贮精囊中的贮精量，可在第二天再次婚飞交尾。

当蜂王完成交尾贮精后，飞回蜂巢，倍受呵护，第2～3d即可产卵。如遇天气因素影响，处女王会推迟婚飞交尾。处女王最佳交尾期6～12d，处女王延期15d以上交尾，产卵质量就会下降。一般蜂王的寿命4～5年，但1年以后的蜂王产卵力开始下降。

2. 雄蜂的发育

雄蜂是由蜂王在雄蜂房产下未受精卵发育而成。整个雄蜂幼虫期，前3d幼虫食用工蜂饲喂的蜂王浆，后2d幼虫食用工蜂用蜂蜜、蜂花粉调制的蜂粮。雄蜂幼虫食量比工蜂幼虫食量大3～4倍。雄蜂房封盖有帽状突起，封盖上有小气孔通气。从卵至蛹的发育为23d，第23d破茧穿盖而出。

雄蜂房的卵期为3d，经过3d孵化成小幼虫，幼虫期6d。封盖后老熟幼虫化蛹，蛹期14d。第23d羽化成雄蜂成虫。雄蜂出房后，要等到第7～8d才开始认巢，一般雄蜂认巢飞行3～4次，于第11～12d性成熟进入青春期，生殖器外翻突起，出入其他蜂群，寻找处女王，经常在有处女王即将出房的蜂群巢门前聚集。在晴朗的天气，雄蜂经常几百上千只在空中飞行，释放信息素，形成"雄蜂圈"，招引处女王。当处女王飞进雄蜂圈，雄蜂会蜂拥而至，追逐处女王，强壮雄蜂追上后与之交尾。交尾后，雄蜂生殖器脱落在处女王阴道口，处女王收缩阴道口挤出和被其他工蜂清理，雄蜂便从空中落下而死亡。

雄蜂最佳交尾期是雄蜂出房后第12～19d。一般雄蜂的寿命3～4个月，深秋以后，外界蜜粉缺乏时，往往被工蜂赶到巢脾的边脾，冬季被赶出巢外，躲到蜂箱底部，最终饥饿死亡或冻死在外。

3. 工蜂的发育

工蜂是由蜂王在工蜂房产下受精卵发育而成。整个工蜂卵至幼虫期、蛹期为20d。前3d幼虫食用工蜂分泌的蜂王浆，后3d幼虫食用工蜂用蜂蜜、蜂花粉调制的蜂粮。工蜂幼虫房第9d封盖，第20d出房。

工蜂的受精卵卵期3d，经过3d孵化成小幼虫，幼虫期5.5d，老熟幼虫封盖后化蛹，蛹期11.5d，第20d羽化成工蜂。工蜂出房后，3～5d选择晴朗天气，下午13:00—15:00集中认巢飞行，并进行第一次排泄。认巢飞行时，在巢门前上方飞行，全部幼蜂头部一致向巢门，认巢蜂越来越多逐渐向外扩散。工蜂出房后，4～10日龄工蜂调制蜂粮和分泌王浆饲喂幼虫和蜂王，10～17日龄工蜂泌蜡筑巢，清理巢房，酿造蜂蜜，守卫蜂群，成为"内勤蜂"。18日龄

以后，外出采蜜、采粉、采水等劳作，成为"外勤蜂"。同时，外勤蜂也参与酿蜜、筑巢、清巢和保卫等，外界大流蜜时，许多13～15日龄幼蜂也会提前出巢采集。

工蜂的寿命，在采集季节，平均寿命35～40d。越冬蜂结团保温，处半休眠半饥饿状态，能存活3个月以上。在寒冷的北方，越冬中蜂可存活5个月以上。

第二节　中蜂群体生物学

一、蜂巢与巢脾

1. 蜜蜂蜂巢

中蜂是过着群居洞穴营巢性生活，它们通常在周围有不间断的蜜粉源和优质水源的附近岩洞、崖洞、大树洞或人工器具中筑造巢脾，贮存蜂粮，繁衍后代。

中蜂蜂巢位置选择在坐北朝南、避风向阳、不遭受阳光直射和雨水淋浸的地方。春季，中蜂喜好巢穴温暖向阳、避风，地势高于地表面的蜂巢；夏季，中蜂十分适应通风透气、微风徐徐、避开强光的宽敞蜂巢；秋季，中蜂喜好阴凉通风、贮蜜丰富、子脾充足、蜂巢大、蜂量大的蜂巢；冬季，中蜂适宜黑暗保温、无破孔洞、透气性好、巢脾优质、蜂粮充足的蜂巢。

中蜂蜂巢的大小，因蜂群大小和蜜粉源供应条件各异而不同。蜂巢一般的容积为15～80L，正常的中蜂蜂群巢脾5～12脾，足蜂量（图21）。强群蜂量3万～4万只蜜蜂，弱群蜂量几千只或万只以内蜜蜂。蜜源条件好，加上四季有不间断蜜源流蜜，易出现9～12脾的蜂巢，甚至出现13～14脾超强群蜂群。蜜源条件一般，时有间断蜜源流蜜，辅助蜜源稀少，易产生3脾以下的弱群；人工饲喂不当，单个放蜂点饲喂蜂群数多，密度大，易产生弱群。传统养蜂的木圆桶、小方箱，强群蜂量大，贮蜜量大，蜜压子脾，往往易飞逃（图22）。

中蜂在自然界大树洞、岩洞和山区居民住宅空心墙体、大衣柜、粮柜（仓）、棺木中筑巢，因蜂巢冬暖夏凉、通风条件好，能造大量巢脾，贮藏大量蜂粮。有时因当年未收割蜂蜜，第二年在大流蜜期蜂群不离不弃，又重新造脾贮蜜，使蜂群巢穴中贮蜜脾向一侧再次增加。武陵山区恩施州建始县业州镇一村民家中的闲置棺木中，发现有一个中蜂强群造脾达10脾以上。建始县高坪镇八角村一村民家中粮柜中发现一强群有9脾，每张脾宽都在30cm以上，

50% 以上脾的高在 32cm 以上。宜昌市宜都县一村民房檐下，一个中蜂蜂群造脾酿蜜，无任何人工饲喂，30 年在一个固定地点筑巢酿蜜，繁衍后代，不离不弃，说明中蜂只要各种生存条件具备，环境优越，蜂群是不会迁飞的。

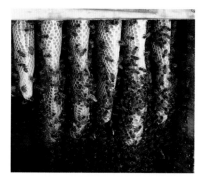
图 21　中蜂巢脾（张新军 摄）

图 22　三峡方箱中蜜子满巢（张新军 摄）

蜂群在迁飞和分蜂时，中蜂蜂群会寻找新的蜂巢。首先，蜂群中有 10 ~ 30 只的侦察蜂飞离蜂群寻找新的筑巢点。侦察蜂找到新的筑巢点，会在新的巢穴内爬行几圈测量巢穴大小，确定适合筑巢条件后，它们返回蜂群，以跳舞的方式向蜂群传递信息，表示已找到新的巢穴。跳舞节奏急快与兴奋度高的侦察蜂获得蜂群认同，其他侦察蜂便会随其一同飞往筑巢点，再次确认新的筑巢点。当它们返回蜂群，发出嗡嗡的强烈信息后，便领着蜂群飞往新的筑巢地点，在新巢穴前稍作停留，侦察蜂先进入巢穴，并在巢穴入口处用臭腺释放气味，引导蜂群进入，很快蜂群跟随其后蜂涌而入。蜂群进入新的巢穴后，便开始忙碌起来，筑造巢脾，营造新巢。

2. 蜜蜂造脾

当蜜蜂选择合适的巢穴后，蜂群为了繁衍后代，酿造与贮备蜂蜜，便进行筑造巢脾，开始洞穴式蜂居生活。蜜蜂造脾时，首先是由 10 ~ 17 日龄青年工蜂第 4 至第 7 腹节蜡腺分泌蜡液，遇空气冷凝成小蜡鳞，工蜂用咀嚼方式将上颚腺分泌物混入小蜡鳞，加工成片状小蜡块，再用小蜡块筑造棱柱状六边形巢房孔。蜜蜂的巢脾是由很多排列整齐一致的棱柱状六边形巢房孔组成，每个棱柱状六边形巢房孔的 6 个边都与相邻的六边形巢房孔的边共用，没有任何间隙。这样的建筑，既节约材料又节省空间，使得蜂群的蜜脾贮存蜂粮的库容量最大（图 23）。法国天文学家马拉尔奇曾测量许多蜜蜂的蜂房，发现蜜蜂蜂房的每个正六边形棱柱状巢房的底，都是由 3 个全等的菱形组成一个尖头房底，每个菱形的钝角都等于 109°28′，锐角都是 70°32′。后来，许多数学家的

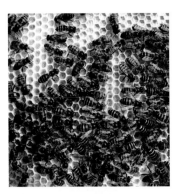

图23 中蜂工蜂筑造新巢脾
（张新军 摄）

测量计算，其结果一致。1713 年，著名数学家马克劳林根据蜜蜂蜂房的结构，经过反复计算，得出一个令人震惊的结论：蜜蜂建筑出最经济蜂巢房孔，每个菱形的钝角都是 109°28′16″，锐角都是 70°33′44″。蜜蜂筑造的这种蜂房，既节省材料，又坚固耐用。

中蜂巢脾有蜜脾、粉脾、子脾，各自的厚度不完全一致。蜜脾贮蜜封盖厚度为 25 ~ 30mm，大量流蜜期，有的蜜脾厚度超过 30mm；粉脾厚度与子脾厚度相近，大多在 23mm 左右。繁殖区工蜂子脾厚度为 22.5 ~ 24.5mm（周冰峰，2002）。中蜂蜂房有工蜂巢房、雄蜂巢房和处女王台，各自因位置不同，而功能不同，形状大小不一致。工蜂房在整张子脾的位置上，每张子脾上有 7 000 ~ 10 000 个工蜂巢房，产卵与抚育高峰期，一次性可培育 6 000 ~ 9 000 只工蜂。若每张脾可群集 3 000 只蜜蜂，繁殖高峰，1 张全封盖子出房后，蜂群的新蜂量就能增加 2 ~ 3 脾。

中蜂因新蜂增加，巢穴已满或巢脾贮蜜已满，蜂群就开始筑造新脾，往往在新造的巢脾上产卵与贮蜜和贮粉同步进行。蜂群贮蜜在每张脾的上方形成蜜环，蜂王在中部产卵，并逐渐向下、向上扩散，形成子环，将采集花粉存放于子环与蜜环之间，形成粉环。当外界蜜粉充足，蜂王产卵后孵化成幼虫，蜜蜂将花粉、蜂蜜用于饲喂幼虫。子脾面积不断扩大，蜂群不断消耗蜂蜜，不断将中间粉环上移。若正是繁殖季节，人工可用割蜜刀削开蜜环蜜盖，让蜂群搬运或消耗贮藏的蜂蜜，清理巢房，供蜂王产卵。

图24 中蜂在竹编筐中筑造
巢脾（舒劲松 摄）

中蜂新造的巢脾，颜色呈现乳白色或蜡黄色，经过产卵、育儿和贮蜜、贮粉后，呈现茶黄色或棕褐色。由于管理不善，长期暴露在阳光和空气中的巢脾，极易氧化变脆，发干发黑易断裂。蜂群密集对巢脾保护有利，低温贮藏巢脾可以延长其使用寿命（图24）。

二、蜂群温度、湿度调节

1. 蜜蜂对温度的适应性与敏感性

中蜂外出采集活动温度一般在 9 ~ 33℃，最适采集温度 12 ~ 25℃，蜂巢正常温度 20 ~ 35℃，中蜂繁殖期蜂巢幼虫房内最适温度 33 ~ 34.5℃。冬季外界气温低于 9℃时，蜂王停止产卵，工蜂停止出巢采集，蜂群结团保温，进入断了越冬期。夏季外界气温高于 35℃，中蜂外出采集活动减少，中蜂蜂箱暴露在太阳光照下，中蜂巢门口出现胡子蜂，中蜂会向蜂巢内扇风散热。

蜜蜂是一种变温动物，体温会随自然温度变化而变化。蜜蜂卵孵化最适宜温度为 35 ~ 36℃。当气温较低时，蜜蜂张开翅膀，运动肌肉，提高胸腔热量，并密集在子脾上，增加卵、虫、房孔保温性能，减少热量散失。当气温较高时，蜜蜂就会散开，让卵、虫房通风透气，部分工蜂在巢门内外，头朝外，振翅扇风，以降低蜂巢内温度，增加氧的供应。

温度对中蜂蜂儿生长发育影响很大，一般卵、虫、蛹羽化成虫最适温度在 34℃左右，当温度在 27℃时，卵、幼虫、蛹羽化成虫，推迟 5d 出房。当温度低于 27℃时，羽化的工蜂几乎没有采集力，温度在 30℃时，卵、幼虫、蛹羽化成虫，推迟 4d 出房。而温度在 37℃时，卵、幼虫、蛹羽化成虫，也会缩短 3d，但会出现封盖子死亡。严重时，蜂群群势衰退。所以，蜂群度夏期，经常出现夏衰。夏天蜂箱应尽量通风，宽敞阴凉，减少阳光直射。夏季要加强蜂群降温，保持适当群势，防止蜂群衰退。

2. 蜜蜂对湿度的调节

蜂群在正常日常生产时期，蜜蜂蜂巢中央空气相对湿度在 77% ~ 84%，在外界大流蜜期，中蜂蜂巢中央空气相对湿度在 55% ~ 60%。在蜂群进入越冬期巢内相对湿度应控制在 50% ~ 60%，往往早春季节和夏季空气湿度太大，中蜂就会用翅膀扇风，让水分蒸发。秋季和冬季空气湿度小，中蜂就会采水，制造水珠，然后展翅扇风，让水分蒸发，增加蜂巢湿度。当蜂群进入越冬期，水分蒸发快，蜂巢内因缺水而干燥，巢内贮蜜水分蒸发，中蜂新陈代谢中体内缺水。所以，冬季要适当地给蜂群饲喂清洁水和 0.1% ~ 0.2% 无机盐水，减少蜜蜂外出采水活动。

三、亚家庭"亲属优惠"现象

蜜蜂蜂群是由 1 只蜂王、若干只雄蜂、几万只工蜂组成的亚家庭。蜜蜂亚家庭形成，主要是蜂群中蜂王与多雄交配形成。

在一个正常蜂群中，蜂王是一个性器官发育完全的雌性蜂。当处女王性成熟时，一次与若干只雄蜂交配。处女蜂王完成交配后，腹中贮精囊贮存着多个雄蜂的精子，飞回巢中，第 3d 以后，便可开始产卵，繁殖后代。它的后代，便是多个雄性蜜蜂和蜂王共同的孩子。它们是同母异父的家庭成员，这种同在一个蜂巢内的同母异父成员组成的蜜蜂家庭称为亚家庭。

自然界蜜蜂这种亚家庭的生活，在外看来是一个团结、合作、勤劳的群体，蜂王负责产卵，卵孵化成幼虫，蜂王不负责饲喂，由工蜂来承担全部饲喂、哺育任务。工蜂也是雌性蜂，但它们性器官发育不完全，所以工蜂不会婚配、生子，它们承担着蜂群中的清理巢房，哺育幼虫，采集花蜜、花粉、水和树胶、树液、分泌物，以及酿造蜂蜜、泌蜡封盖保存成熟蜂蜜，守卫蜂巢等劳作任务。雄蜂则不承担劳作和哺育，它们是典型保留上代遗传物质，在与处女王交配后，将这种遗传物质传递给下一代。

但是，在这个亚家庭的生活中，蜂群需要培育新蜂王，饲喂与哺育蜂王后代的幼虫时，蜂群中就会出现"亲属优惠"的现象。一是在哺育幼虫时，工蜂会优先饲喂同胞姐妹幼虫。Noonan 等（1989）用 2 种不同颜色的雄性精液给 1 只蜂王进行人工授精，蜂王产下后代，就是 2 个雄蜂的后代建立的亚家庭蜂群，后代在饲喂与抚育全同胞和半同胞姐妹时，就会更多地饲喂与哺育自己的全同胞姐妹。二是亲缘关系越近的，气味越接近。工蜂可以通过全同胞姐妹气味，优先选择全同胞姐妹。三是工蜂都希望培育与自己是全同胞姐妹为蜂王。在培育新蜂王时，往往蜂群中占主导地位作用的亚家庭成员培育全同胞姐妹蜂王的成功率最高。

四、蜜蜂的信息传递

1. 侦察蜂与被召集蜂

蜜蜂群中担负采集任务的蜜蜂，都是 15 日龄以上的青壮年工蜂，又称为采集蜂。蜜蜂的采集行为是蜂群的社会性协作行为，每个强蜂群有近 40% ~ 50% 的工蜂参与采集，它们分为"侦察蜂"和"被召集蜂"。

"侦察蜂"是指当外界有蜜源植物在适宜的温度条件下开花泌蜜时，蜂群中首先外出寻找蜜源的工蜂。

"被召集蜂"是指"侦察蜂"采集新的花蜜或花粉后，带回巢中分享给其他工蜂，并通过舞蹈语言将信息传递给其他采集蜂，这些一同跳舞和一同外出采集的工蜂称为"被召集蜂"。当"侦察蜂"带回某种花蜜和花粉的蜜源芳香气味时，获得分享"侦察蜂"新蜜源花蜜信息后，"被召集蜂"就会随同"侦察蜂"一道飞往具有相同芳香气味的蜜源，采集同一种芳香气味的花蜜。并且"被召集蜂"在采集某种植物花蜜时，准确率高达95%以上（图25）。蜜蜂的这种高准确采集率，为农业生产、种子制种中利用蜜蜂授粉创造了十分优越的条件。

图25　工蜂间食物、信息传递
（薛运波 摄）

据研究表明，当同一蜂群采集蜂在同一个蜜源地采集时，采集蜂不会同在一朵花上重复采集。因为同群采集蜂采集某一朵花的花蜜时，足跗节和身体分泌的气味会留在花朵上，也称为蜜蜂信息素，表明此花已被同群采集蜂采过。那么，同群其他采集蜂在同一花朵上就不会重复采集。这样，蜂群访花采集和授粉效率更高。

在蜂群繁殖季节，蜂王产卵积极，工蜂抚育积极性高涨，蜂群中幼虫数量增加，则采集花粉的采集蜂数量迅速增加。当蜂群中幼虫数量减少，则采集花粉的采集蜂数量就会减少。蜂群这种自动调节采集和通力协作行为，是由一系列社会分工和信息传达而自动调节的社会行为。

2. 蜜蜂的舞蹈语言

在自然界能分泌花蜜的蜜源植物开花时，蜜蜂就会先有一批侦察蜂飞出，寻找可采集的蜜源。一旦侦察蜂发现有蜜源植物开花，它们会首先用长吻采集花蜜储存在前胃蜜囊中，带回蜂巢，分享给内勤蜂和其他采集蜂，然后它们会在巢脾上开始跳起舞蹈。

蜜蜂舞蹈是一种"肢体语言"，侦察蜂舞蹈往往有两种，一种是"∞"舞，一种是"O"舞。"∞"舞表示蜜源的方向，"O"舞表示蜜源植物泌蜜量和蜜源的距离。

"∞"舞，又称"摇摆舞"。当侦察蜂返巢后，它们一边在巢脾上振动着翅膀一边扭动着腹部跳起"∞"舞。它们先在巢脾中间从起点开始再向一侧跳一个半圆，继续向前方反方向跳半个半圆，然后，再沿着两个半圆圈线向起点方向跳舞，并且一边摇摆一边前进，跳到起点，再急转向起点另一侧跳一个半圆，这样反复跳"∞"舞，使两个半圆中线同太阳射线形成一个"α"角，这种中线就是 α 角的切线，它表示蜜源的方向。其他被召集蜂跟随着侦察蜂一起跳，于是它们便得到蜜源植物方向的信息。蜜蜂在跳摇摆舞同时，还会用翅膀发出一系列的脉冲声音，频率在 250 ~ 300Hz，每次发音20ms，每秒30次。

蜜蜂在跳舞时，十分兴奋，发出声音信号，而声音持续时间的长短，表示食物源距离远近。跳"∞"时，头部在两个半圆中心轴线的前方则表示蜜源的

方向。

"O"舞，又称圆舞、圆圈舞。当侦察蜂返巢时把采集来的花蜜或花粉分享给其他工蜂，开始跳"O"舞。"O"舞是侦察蜂在巢脾中间，跳舞时一会儿向顺时针方向转圈，一会向逆时针方向转圈，有些被召集蜂跟随其后，并用触角触碰侦察蜂身体，用长吻去品尝侦察蜂身上花粉的花香气味，这样，采集蜂便获得了蜜源花蜜芳香气味。一般"O"舞是表示在蜂巢附近50m以内有蜜源，只表示出蜜源的距离，不表示蜜源的方向（图26）。

图26　蜜蜂发达的通信系统
A. 圆圈舞；B. "∞"型舞（引自苏松坤 2008）

当跳舞的侦察蜂和召集蜂突然飞出巢门采集花蜜花粉，蜂群就会有部分蜜蜂跟随出巢，一同采集。

"镰刀舞"，又称"新月舞"。这种舞蹈语言是蜜蜂"O"舞向"摇摆舞"过渡形式。当食物距离蜂巢在 50 ～ 100m 时，侦察蜂跳舞则由圆舞变为镰刀舞，随着食物距离增加，镰刀舞的两端则彼此逐渐靠近，直至变为摇摆舞。

生物学家 Karl Von Frish 和他的学生长期研究蜜蜂的"舞蹈语言"，Karl Von Frish 研究蜜蜂"舞蹈语言"颇有成就，于 1973 年荣获诺贝尔生理学奖。他的研究发现了蜜蜂以舞蹈来表达食物的数量、方向和距离等，并在蜂群中传递这些信息。同时，他还发现蜜蜂复眼能感知偏振光和太阳在空中的位置、地球的引力以及具有学习记忆能力等。

五、蜜蜂的采集

1. 蜜蜂采集与飞行

蜜蜂为了蜂群的生存，采集花蜜、花粉、水和树液、树胶。花蜜是蜂群用来酿造成熟而耐贮存的糖饲料；花粉是蜜蜂采集并用来贮存的蛋白质饲料；水分是蜜蜂用于机体代谢、溶解与稀释贮存蜂蜜和蜂花粉；树胶是蜜蜂用于建造巢房，加固蜂脾，修补蜂箱的破损缝隙。

一般每个中蜂群 2 万 ~ 4 万只蜜蜂，有机生命体重总量 1.8 ~ 3.5kg。蜂群中始终保持世代交替，卵、虫、蛹、成虫均衡比例。每年培育 12 万 ~ 17 万只新生的蜜蜂个体。每个蜂群每年需要消耗蜂蜜 35 ~ 50kg，消耗蜂花粉 25 ~ 30kg。每群蜂中 15 ~ 30 日龄采集蜂约占 30%，每只采集蜂飞行外出采集一次访问 100 ~ 200 朵花，每次采集 20 ~ 30mg 花蜜，当花蜜糖溶液浓度为 40%，要酿造成 80% 糖溶液的蜂蜜，每年采集总量与酿造总量为 40 ~ 60kg，采集需要飞行 200 万 ~ 300 万次。每次采集约 15mg 花粉，则采集飞行需 130 万次。每个蜂群生存与繁衍的正常生活需要，必须进行数百万次飞行采集，飞行总里程超过 1 亿 km，相当于绕地球飞行 1 250 圈。那么，一只蜜蜂每天飞行外出，采集 8 ~ 12 次，每次采集带回花蜜 20 ~ 40mg，每次若按 4km 的里程，采集 1kg 花蜜或花粉，飞行总里程超过 200 万 km，相当于绕地球飞行至少 25 圈。蜜蜂这种勤劳采集与飞行距离总量十分惊人，在动物界也是罕见的。

2. 花蜜的采集与酿造

一般蜂群中 15 ~ 30 日龄工蜂为适龄采集蜂，在大流蜜期 13 日龄以后工蜂都可以投入采集劳作。采集蜂采集前先取食 2 ~ 5mg 蜂蜜作为能量贮备，飞行半径 3 ~ 3.5km，飞往蜜源，用长吻吮吸花蜜，每次采集 20 ~ 30mg 花蜜，混入分泌物和转化酶，贮存在蜜囊中，带回蜂巢，采集蜂用吻对吻地传递给内勤蜂，内勤蜂接受经过采集蜂一次酿造后的花蜜，便找到空巢房前，头部向上，将花蜜再次混入分泌物，反复开合口器，酿制花蜜，促进蔗糖转化。经过 5 ~ 10min 的口腔酿制后，从口腔中一小珠一小珠将这些未成熟蜂蜜吐出，挂在几个空巢房壁上方或暂存放在卵巢房、小幼虫巢房。同时，内勤蜂用翅膀扇风，进一步蒸发水分。经过再次收集，反复酿制，直至蜂蜜即将成熟，再转移至贮蜜巢房孔中贮存起来。

当蜂蜜酿制基本成熟，内勤蜂将蜂蜜转移至子脾卵圈上部和边脾上空巢房孔中，待蜂蜜在巢脾有了一定贮量时，蜜蜂用蜂蜡将其封盖。初封盖时，在每个巢房蜡盖上会留有一小孔，用于蜂蜜进一步挥发水分和后熟，待蜂蜜完全成熟，再用蜂蜡将小孔封上，成熟蜂蜜便可在蜂群中长期贮存。在大流蜜期和繁殖高峰期，蜂群会扩大贮藏蜂蜜空间，在空蜜脾中酿造与贮藏蜂蜜。一般人工养蜂生产出完全成熟蜂蜜，应在蜜蜂将贮蜜巢脾完全封盖后，仍然存放在蜂群中 7 ~ 9d 再取蜜，才会采收到含水量低、浓度高、活性酶高的完全成熟蜂蜜。

3. 花粉的采集与贮存

植物的花粉是蜜蜂生命运动和幼虫、幼蜂生长发育中所需要蛋白质食物的重要来源，采集蜂在采集植物花蜜同时，也采集植物花粉。

蜜蜂在采集花粉时，用翅膀振动花朵，用全身绒毛粘带花粉，用前足梳刷收集全身花粉，且用口器分泌物湿润花粉，再用前足和中足将湿润花粉粘放在后足跗节的花粉篮中，形成花粉团。采集蜂每次携带花粉团 10 ~ 25mg，粉源充足时，每天外出可采集花粉 10 次左右。采集蜂携带花粉团回巢后，用中足基跗节铲下后足花粉篮中的花粉团，内勤蜂将花粉团嚼咬，并混入蜂蜜和分泌物，放置卵虫子圈与上方蜜圈之间空巢房内，用头部向下顶，夯实花粉，待巢房花粉存放 70% 左右，蜜蜂在上面表层涂上一层蜂蜜，将花粉保存起来。贮存的花粉经过发酵后，便成为蜂群的蜂粮。

4. 水分的采集与使用

水分是蜜蜂个体生命运动新陈代谢的介质，也是蜂群用来调节蜂巢温湿度的物质。蜂群活动，水是不可缺少的。幼虫生长发育时，蜂巢内湿度最大。冬季蜜蜂可用水分溶解蜂蜜和花粉，以利摄食。

蜜蜂每次的采水量 25 ~ 50mg。高温时，每天采水量大大增加，比采集花蜜所耗时间更多。夏季蜜蜂采水回巢后，置巢房内，然后用翅膀扇风，蒸发水分，降低巢温。哺育蜂在哺育幼虫时，用水稀释蜂蜜和蜂花粉，调制蜂粮，饲喂 3d 以后的幼虫。

5. 蜂胶的采集与使用

蜂胶是蜜蜂用上颚与口器采集植物生长点、小树干、树皮和组织破损处分泌的树脂、树胶、树液，混合自身分泌物一起，形成具有黏性的胶体状物质，带回巢中，由内勤蜂帮助收集，并用于蜂群中。

蜂胶主要是蜜蜂用来修补蜂箱裂缝，粘牢巢箱上梁与巢脾的缝隙，粘牢副盖和纱网上覆布等。西方蜜蜂采胶量远比东方蜜蜂采胶量大，中蜂也会少量采集树胶，根据不同用途与蜂蜡混合使用，其硬度和黏性大小不同。高山和北方中蜂比低山和南方中蜂采胶量略大。

第三节　中蜂生物特性与生活习性

我国山区中蜂生物特性和生活习性有地域生态系统之间的区别。一般来说，中蜂生物特性和生活习性大同小异。

一、中蜂生物特性

1. 群居生活社会性

中蜂群居性生活。它们筑巢造脾、采集、哺育、酿蜜、贮蜜、清巢、守卫等一系列劳作，分工明确，协调合作。中蜂蜂群有上万只、几万只蜜蜂，蜂群中蜂王、工蜂和雄蜂功能明确，蜂王终身产卵，每天产卵 600 ~ 1 000 粒，新的强壮蜂王，在外界条件优越时，有时 1d 可产 1 000 ~ 1 500 粒卵。蜂王在工蜂房产下受精卵为工蜂卵，在雄蜂房产下未受精卵为雄蜂卵，在王台中产下受精卵，经蜂群培育后成为蜂王。工蜂根据不同日龄，分工为清洁蜂、抚育蜂、采集蜂、守卫蜂。雄蜂是未受精卵发育羽化形成，雄蜂不具备采集和劳作功能，仅用于与处女王交配，但大多数雄蜂连交尾机会都没有，在春繁、夏繁和秋繁季节，雄蜂可以出入其他中蜂蜂巢（图 27），寻找与处女王交配机会。在冬季和缺蜜源时，往往被蜂群中工蜂赶出巢门外。因为，它们是消耗食物的家庭成员，除了交配授予处女蜂王精子外，就没有其他劳作。古代称所谓"相蜂遇冬，蜂巢必空"，蜂群为了满足幼虫和蜂群越冬食物，只得将雄蜂驱赶出蜂巢。

图 27　工蜂与雄蜂食物与信息传递
（薛运波　摄）

2. 巢穴生存依赖性

中蜂是依赖洞穴筑巢酿蜜贮粮与繁衍后代，借助自然界崖洞、岩洞、树洞、土洞、动物弃洞及人工器具作为巢穴，并在巢穴内生存与繁衍。野生中蜂居所选择在周边蜜粉源丰富、水源优质的巢穴，洞口避风向阳、巢内通风干燥、地处干净的高山悬崖洞穴或古树洞，巢脾悬挂于洞顶。这种生存特点，为保护野生中蜂遗传品质资源和野生中蜂生存环境条件提出了重要思考。

3. 食物贮藏向上性

中蜂在蜂巢内造单行竖式排列复式脾，自然界中蜂一般造 7 ~ 12 脾，最大强群也有 13 脾以上。蜂群在一张巢脾上中部贮存花粉，贮蜜具有向上性，中部贮存花粉，下面供蜂王产卵。一个新的蜂群在一个洞穴造脾筑巢，当第一张脾造好后，首先在脾的上方酿蜜、贮蜜和贮备花粉。当贮蜜越来越多，蜜脾逐渐向下扩大延伸，中间花粉逐渐消耗，子脾不断下移。一定程度时，中蜂就造第二张脾，第一张就成蜜脾，蜂王在新造巢脾中间积极产卵，第二张脾成为新子脾。人工饲养中蜂，当外界气温适宜，大流蜜期，中蜂大量贮蜜贮粉，蜂

王能产一张满脾子。巢脾越来越多，子脾则总是在内侧，受到保护。故人工饲养中蜂时，便要根据中蜂的这些特性，按子脾在内、蜜脾在外、巢脾在下、蜜脾在上的自然规律布置巢房。多箱体继箱饲养，继箱贮蜜，巢箱产卵。

4. 采集活动季节性

中蜂的采集活动局限于当地蜜粉源植物分布量和开花期，有些地区开花季节性特强，有些地区蜜源集中，连续花期长，还有些地方冬季有典型开花植物，比如南亚热带和中亚热带冬季有枇杷、野菊花、鹅掌柴、野桂花等植物开花泌蜜供粉，在北亚热带深秋有野菊花开花泌蜜供粉，在中温带东部中蜂就要度过漫长的冬天。因此，中蜂采集活动季节性很强，中蜂采集、酿蜜、贮藏蜂粮预备过冬。在养殖中蜂时，一些地区在缺蜜源季节就应加强中蜂饲喂，在中蜂越冬前做好贮备越冬蜂粮的准备。

5. 中蜂具有抗寒性

中蜂随着植物区系和生态系统的变化，十分适应我国各植物区系和生态系统的气候环境。在亚热带冬季气温 9 ~ 10℃，仍能正常采集，比如南岭、罗霄山、武陵山、雪峰山、大娄山、大巴山、巫山、罗霄山、大别山等冬季野桂花 10℃左右开花泌蜜，天气晴朗无风，中蜂仍然采集野桂花花蜜和外界少量花粉。在武陵山区，有些年份中蜂群单产可产野桂花蜂蜜 20kg 左右。中蜂结团是中蜂抗逆性表现特征之一，当气温下降至 7℃以下，中蜂结团越冬。在暖温带和中温带东部，气温下降 -30 ~ -10℃，甚至气温还要低，中蜂在自然界崖洞、岩洞和树洞中结团，处于半饥饿半休眠状态，度过漫长的冬季。所以，中蜂在自然界中极具抗寒性。

6. 中蜂具分蜂性

在气温适宜、外界蜜粉源较好的季节，中蜂群势增长很快，到一定阶段，蜂群个体数量增加，群势强大，采集力高，蜜粉脾量大，哺育蜂多，大龄幼虫和封盖子脾多，巢内拥挤，蜂王信息素不能影响巢内所有工蜂。这时，蜂巢内雄蜂增多，工蜂就会在成熟子脾下方建造台基，引导蜂王在台基中产下受精卵，培育新的处女王。处女王即将出房后，时机成熟，工蜂便会减少对原蜂王饲喂，当原蜂王腹部缩小，可以飞离，蜂群便可择日分蜂。蜂群在分蜂前工蜂吸饱蜂蜜，簇拥老王，飞出巢门，去新的居所筑巢酿蜜。它们留下幼蜂和蜂儿，等待新处女王出房交尾成功，蜂群便开始清巢，让新蜂王产卵，整个蜂群便在老巢内形成新的蜂群。在分蜂当天，分出的蜂群先在附近低矮树枝或树干上结团（图28），稍作停留，待休整好，继续远飞，到新的地方重新筑巢安家，蜂群分蜂成功。中蜂在春季、夏季容易产生分蜂情绪，这种情绪一旦转化为

"分蜂热"，则很难消除。蜂群发生自然分蜂时，大多数成年蜂与原蜂王飞离老巢。所以，人工饲养中蜂要注意在分蜂季节防止分蜂蜂群飞离，特别要防止因闷热气候产生"分蜂热"。在自然界，往往一个生态系统内蜂群产生分蜂也是自然增殖现象。

图28　树干上中蜂分蜂团（赵德海 摄）

中蜂分蜂是中蜂物种特殊的增殖增群方式，也是对环境适应性的典型表现。分蜂一般发生在春末夏初季节，特别是几天雨期过后，天晴易发生分蜂。有时产生分蜂热后，还会出现连续分蜂现象，分蜂原群出现第二次分蜂、第三次分蜂，一直到蜂群已经没有再分蜂能量为止。故分蜂也会带来蜂群个体数量减少，群势减弱。

7. 中蜂具较强恋子性

作为一个生物物种，遗传基因的延续是物种生存的本能。中蜂蜂王交配产卵是中蜂世代交替的重要途径，也是种群发展必然结果。中蜂工蜂哺育饲喂蜂儿是种群繁育的重要环节，中蜂蜂群和哺育蜂有责任哺育好中蜂幼虫，实现世代交替。因此，中蜂蜂群和哺育蜂有较强的恋子性，故民间有"中蜂爱子如命，有子则恋，无子则离"的经验之说。在人工新收捕的野生中蜂蜂群中，调入新子脾，尤其是健康未封盖子脾，新收捕的野生中蜂蜂群很快就会安定，不会产生飞逃意念。在人工新分出的中蜂分蜂群中，调入子脾，新分出的蜂群就会进入正常的哺育与采集活动。在人工饲养中蜂蜂群，蜂王有产卵的空间，蜂群中有蜂儿，蜂巢有蜂粮贮备，外界有蜜粉源，蜂群无疾病，蜂群处于安静无噪声、无干扰的环境下，中蜂就不会飞逃。一旦蜂王停产断子，蜂群无子可喂，工蜂采集消极，随着时间延长，中蜂蜂群随时可能飞逃。

8. 中蜂受扰具攻击性

一般中蜂正常生活和劳作时，性情安定，不攻击人畜和其他动物。植物开花泌蜜供粉，气候适宜，通风条件好，中蜂不具攻击性。中蜂怕闷热天气，在闷热天气时，若巢内狭窄拥挤，外界缺蜜粉源，中蜂表现出野性，烦躁不安，具攻击性。中蜂清晨野性突出，夜晚表现安定。风和日丽、天高气爽表现安定。大气压低的灰色天气，阴天刮西北风时野性突出。环境安静，采集、哺育正常时表现安定，中蜂生活受到干扰和蜂群受到侵害时表现出野性。因此，人工饲养中蜂在分蜂季节和闷热气候要适当调整巢脾和巢门，增加通风，尽量减

少对蜂群正常生活的干扰。

9. 中蜂成熟蜜耐贮性

中蜂在蜜源充足条件下，与意蜂相比，采集时间长，消耗量小。酿造蜂蜜时，一方面是生物酿造过程，它们将采集的花蜜存放在巢房，口腔分泌果糖酶、葡萄糖酶等各种转化酶，调和到花蜜中，进行酿造，促进花蜜中糖转化；另一方面是物理酿造过程，则用翅膀扇风去蜂蜜中水分，直至蜂蜜酿造成熟，中蜂用腹部分泌蜡液，将其封盖。蜂蜜不完全成熟时，中蜂不封全盖，它们会在蜡盖中间留下一小孔，进一步脱水，直至完全成熟，才用蜡全部封上，全封盖的蜂蜜与蜡盖之间便有 1 ~ 2mm 的间隙。中蜂成熟蜜蜡盖色泽乳白，为干白型，平整一致，清洁无裂痕。成熟蜜中还原糖含量 ≥ 63%，含水量 ≤ 19.0%，甚至只有 17%，活性酶 ≥ 10，有的高达 23 以上。这种成熟封盖中蜂蜂蜜极具耐藏性，自然界的蜂蜜在绝壁崖洞、岩洞和高山古树洞中能贮藏几年以上，甚至十几年、几十年不会变质。

10. 中蜂其他生物特性

（1）中蜂具有趋光性

中蜂对白光、荧光有趋光性，无论白天或夜晚都容易撞击白色幕墙和玻璃墙，夜间容易飞赴白灯光。中蜂对红光表现色盲或反应不灵敏，人工收蜂过箱和传统蜂箱过箱绑脾或寻找蜂王时，可以在红光下操作。中蜂对黑色光具有恐惧感，中蜂蜂群安置应避开较大的黑色物体。

（2）中蜂认巢能力差

在自然界中，中蜂蜂群分布较分散，蜂巢穴较隐蔽，巢前石块、树木、草丛等物体较典型，它们生存与自然环境长期相适应。中蜂在人工饲养时，认巢能力不如意大利蜜蜂，易投错蜂巢。所以，人工饲养中蜂蜂群布置不能排得整齐一致，要交错排放。山区可在小草、石块、坡岗、崖洞、岩石旁布置蜂群，蜂箱可外表染成绿色和浅蓝、浅黄、木纹色、乳白色等，有利于中蜂认巢。由于中蜂对红色为色盲，中蜂蜂箱外表不宜染成红色。

（3）中蜂易离脾、易偏巢

中蜂虽然性情躁，但胆小，蜂群遇到蜂箱的经常移动和振动，蜂群就会离开蜂儿区，纷纷爬到巢脾上方躲避。若遇到强烈振动，蜂群就会离开巢脾，集中到蜂巢的顶端一角躲避起来。蜂群遇到烟雾，也会离巢躲避。用木棒轻轻敲击蜂箱和烟雾驱蜂割蜜，割收蜂蜜时间长了对蜂儿不利。所以，传统方法取蜜，容易伤害蜂儿和蜂卵，不利于中蜂正常生活和哺育。

（4）中蜂避让能力强

中蜂在飞行、采集、排泄的往返途中，经常遇到胡蜂和其他空中敌害攻击，它们个体小，嗅觉灵敏，飞行敏捷，容易躲避敌害，减少死亡。但是，胡蜂等敌害往往会直接到蜂巢前攻击、咬杀中蜂。

（5）中蜂群体斗争和群体围攻能力强

当中蜂蜂群遭遇胡蜂和其他小动物天敌侵害时，巢门前守卫蜂数量增加，排成横列阵势，对胡蜂及敌害进行阻拦。当胡蜂侵犯时，守卫蜂、青年蜂也会一拥而上与胡蜂在巢前撕杀。一旦胡蜂靠近巢门，它们立即蜂拥而至，与胡蜂撕打成一团，胡蜂往往也会被中蜂围攻或抱团产热闷杀致死。

（6）中蜂失王易出现工蜂产卵

中蜂群一旦失去蜂王，在1d以内，蜂群生活与劳作秩序表现较正常，但若中蜂失王超过24h，蜂群开始出现恐慌情绪。为稳定蜂群，部分工蜂卵巢发育，时机成熟，它们在工蜂房产下未受精卵。初期工蜂产卵1房1粒卵，后期出现1房多卵，卵的位置不正，较混乱。工蜂产下的卵都是未受精卵，出房后个体都是不正常的单倍体雄蜂。工蜂产卵严重时蜂群混乱，容易出现攻击人和牲畜。失王蜂群工蜂不接受介入王台，初期失王蜂群能接受处女王，但时间太长，不易接受外来蜂王或处女王。所以，失王太久出现工蜂产卵的蜂群，介入蜂王和处女王都难接受。

二、中蜂生活习性

1. 喜好幽静、僻静环境

中蜂筑巢往往喜欢选择山清水秀的幽静场所，僻静环境、入口小而隐蔽干净的洞穴。人们寻找到野生中蜂的巢穴时，发现蜂巢周围有一种"轻风吹叶绿、蜂飞催花红、水清歌山涧、蜜熟崖洞中"的境界。

2. 环境不适易迁飞

中蜂长期生存在大自然生态条件优越的环境中，对环境的适应有选择性。一旦空气被污染，植被花朵泌腺退化，开花泌蜜供粉条件缺乏，喧闹噪声、汽车尾气、矿区粉尘等生态环境被破坏，都会引起中蜂栖息地迁移，重新选择新的居住场所。另外，中蜂巢穴经常性受到动物侵害或人为干扰，也会造成中蜂迁飞。

3. 人工饲养不当易飞逃

中蜂喜欢蜂巢清洁干净，通风干燥，夏日遮阴，秋冬温暖，巢内贮粮充足，产卵巢房整洁，蜂群不遭受破坏等。若蜂巢内出现严重病害和巢虫破坏，

巢内无粮、外界无蜜源和经常高糖浆饲喂引起应激反应等，人工饲养的中蜂群认为蜂巢已经不适应生存，就会出现飞逃。无论是传统桶养中蜂或活框饲养中蜂，当外界大流蜜，巢内贮蜜已满，又无新的产卵脾，出现蜜压子脾，蜂王无处产卵，蜂群也会飞逃。

中蜂在自然生态较好的条件下，除受动物侵害逃跑以外，一般不易飞逃。人工不当的饲养方式、饲喂方法、过大的饲养密度、较差的饲养环境和病虫害侵入、动物侵害、长期噪声、空气污染等都会产生中蜂蜂群飞逃。

4. 喜啃老巢脾，善造新巢脾

第一，经过反复使用，而成为变形的旧巢脾，从遗传学角度，反复使用的陈旧巢脾，茧衣堆积，巢房变小，对中蜂后代个体发育不利，蜂王不喜欢在旧巢脾的巢房内产卵。所以，工蜂就会将老巢脾咬掉，重新在原基上造新巢脾，供蜂王产卵。这样，有利于中蜂幼虫生长发育。第二，夏末秋初，中蜂旧巢脾往往成为巢虫或其他寄生蝇、寄生蜂类敌害侵入的对象，工蜂往往将巢脾咬掉，驱赶巢虫和其他寄生蝇、寄生蜂敌害，待认为安全时，中蜂重新造脾供蜂王产卵。第三，巢脾过旧老化，容易碎裂，作为蜜脾不能贮藏蜂蜜。所以，中蜂会啃掉老巢脾，重新造脾贮蜜。第四，旧巢脾保温能力差，不适合幼虫生长发育，中蜂会啃掉老巢脾。第五，老巢脾易吸潮，易发霉变黑，对蜂群生活产生不利影响，中蜂必须啃掉老巢脾，重新筑造新巢脾。

三、人工饲养中蜂注意事项

中蜂在自然界分布与生态系统间维持一个总体平衡，包括分布密度、蜂群数量和个体数量、自然界蜜粉营养总量等形成相对稳定生物链。依据自然法则"优胜劣汰"，每个生态系统内留下的野生中蜂群都是优良的蜂种。而人工饲养中蜂则打破了这种平衡，造成中蜂易受巢虫侵害、易飞逃、易起盗、易患幼虫病，难以维持大群等诸多不足。

1. 易受巢虫侵害

中蜂人工饲养易受巢虫侵害。一是由于人工饲养管理不善，中蜂在造脾、啃咬旧巢脾时造成蜡渣、脾屑散落在蜂箱底部，巢虫的成虫从巢门飞进来，将卵产在沉积的蜡渣内，一旦孵化成幼虫，通常称为巢虫（也称为蜡螟），就会爬上巢脾，在巢脾浅层凿隧道，破坏中蜂卵、幼虫、蛹巢房，造成蜂儿死亡。二是若中蜂蜂群中个体数量较稀少，巢脾长期暴露在蜂群外，随着时间延长，巢脾破裂，散落于箱底，又未及时清理，蜡螟螟蛾将卵产于破损的老旧脾，孵化成幼虫，爬进蜜脾、子脾，破坏蜜粉脾和子脾，造成蜂儿死亡。严重时，造成蜂群逃离蜂巢。

2. 缺食物时易起盗蜂

中蜂个体小，飞行快捷，嗅觉灵敏。在缺蜜源季节或人工饲喂不当时，引起中蜂盗蜂发生。一是在外界没有蜜粉源的季节，蜂场开始出现个别蜂群起盗，后期会发生多群起盗，相互攻击和撕杀。二是进入天黑之前，人工饲喂时，蜜糖饲料招致盗蜂。特别是蜜糖饲料洒落在蜂箱外和地面，其他蜂群的采集蜂过来抢食，引起守卫与掠夺斗争，导致撕杀。盗蜂一般是本场强群盗弱群，缺粮群盗有粮群，无病群盗有病群，蜂场外来采集蜂盗本场蜂群。

盗蜂发生初期，个别蜂群起盗，若不及时控制，会造成多群互盗和互抢，后期会蔓延全场，造成大量守卫蜂、采集蜂伤亡，严重时造成围攻蜂王、集体飞逃等局面。

3. 中蜂易争抢食物

中蜂生性机灵，行动敏捷，长期饥饿的蜂群，人工饲喂糖饲料时容易产生争抢食物现象。特别是在外界缺蜜源期，人工饲喂糖时，动作要轻，在饲喂器内放置一些干净的小草或枯树枝干，防止中蜂吃食物时掉进糖液中淹死。与意大利蜜蜂相比，饥饿的中蜂吃食乱糟糟，意蜂吃食静悄悄。

4. 中蜂清巢拖子

人工饲养中蜂蜂群，中蜂会长期清理巢房。一是春季繁殖期间，由于缺乏保温，气温不稳定，时冷时热，经常遭遇寒潮，造成 3 ~ 6 日龄幼虫和前蛹死亡或伤残，工蜂常常要清理巢房，拖弃蜂儿。二是蜂群群势不强，蜂王连续产卵，蜂群哺育力不足，弱群快繁、抚育失衡，造成工蜂拖子。甚至啃破封盖，拖出缺乏营养的大幼虫和前蛹。这种抚育失衡、清巢拖子现象往往在春、秋季节容易发生，导致蜂群产生"春衰"或"秋衰"。

蜂群发生轻微幼虫病，中蜂也容易清除少量患病蜂儿。

5. 易患囊状幼虫病

人工饲养中蜂蜂群，由于蜂群在采集活动中蜜源、水源共用，食物传递、幼虫抚育、蜂具混用、盗蜂传播等引起中蜂囊状幼虫病害传播与发生。中蜂囊状幼虫病是一种病毒性疾病，也是一种疫病，严重时会使整个蜂群垮败。有时会大面积发生，引起区域疫病暴发。

第三章 中蜂饲养技术基础

第一节 中蜂巢穴与巢穴空间

一、中蜂巢穴

1. 自然巢穴

中蜂是一种洞穴群居性昆虫，洞穴是中蜂生活、繁衍、世代交替所依赖的巢穴，也是筑造巢脾、贮备蜂粮的场所。中蜂生存与栖息的自然巢穴种类很多。中蜂根据自然界食物供应条件，选择附近的洞穴筑巢，如古树洞、崖洞、岩石洞、土洞、古棺木及少数动物弃洞，筑巢酿蜜、生存繁衍。中蜂在避风向阳、坐北朝南、冬暖夏凉，在直径 3 ~ 4km 范围内有稳定的食物供应和良好水源的地方筑巢。

中蜂自然筑巢因洞穴大小、内部环境不一致，也会影响蜂群栖居时间。自然界中较小的岩洞穴、土洞穴仅有 20cm×15cm×15cm，容积在 4 500cm³，在迁飞途中的中蜂群只能作短时间停留。洞穴太小，容易使蜂群暴露在外，不利于蜂群繁殖和发展。中蜂也不会选择深山里较大的崖洞中筑巢，较大崖洞空洞、阴冷，长期低温潮湿，不利于蜂群中幼虫生长发育和冬季保暖。中蜂可在高大的古树洞中筑巢，古树洞条件优越，冬暖夏凉，易避风雨。较大的干燥树洞和古树洞都是中蜂生存繁衍的好场所，且能长期栖居。

据葛凤晨（1998 年）调查，发现长白山中蜂在洞深 150 ~ 350cm，直径 43 ~ 50cm 的古树洞中筑巢，造脾达 10 ~ 14 脾。说明中蜂在环境优越的巢穴中，能维持较大群势和贮备更多的蜂粮。自然界野生中蜂分布密度与外界食物供应成正比，能发展成为大群、强群。这也是人工饲养中蜂时值得借鉴的，可以作为人工饲养中蜂、制作蜂器具、安放蜂群场所与密度的依据。

2. 人工巢穴

（1）传统蜂器具

我国中蜂饲养区有几千年的养蜂历史，人们因地制宜，因材施用，用各种不同的人工器具作为中蜂巢穴，用于驯养中蜂和供蜂群筑巢酿蜜。传统的养蜂器具种类很多，有各种不同材质、不同形状、不同规格，如：竹编、草编蜂篓、空心树段蜂桶、立式圆木桶（包括武陵山区、秦巴山区、三峡地区古代使用的三峡桶）、立式方木箱、扁木桶、卧式圆木桶、卧式对开空心树段等，大都在6 000 ~ 10 000cm³。很多传统蜂器具在山区民间养蜂中起到了较好作用，生产出较优质的蜂蜜。有些人工饲养中蜂器具内空大多是在3 500 ~ 5 000cm³的小型蜂器具，作为中蜂巢穴，蜂群只能筑造相应小巢脾，难以养殖大群。

（2）活框蜂箱

我国西蜂饲养区利用现代活框饲养技术已有120多年的历史。在中蜂技术改良过程中，各地根据本地实际情况制作各种不同规格的中蜂活框蜂箱。最常见的有朗氏蜂箱（十框意蜂标准箱直接换上中蜂巢础）、中蜂十框蜂箱，也有20世纪七八十年代各具地方特点的蜂箱，如沅陵式、从化式、河源式、中一式、中笼式、GN式。武陵山区也有两群共有双王群超长蜂箱（12 ~ 15框中蜂高窄箱）（图29）、子蜜连脾的横卧式高箱等（图30）。

图29　双王群超长蜂箱（张新军 摄）　　图30　横卧式高箱中子蜜连脾（张新军 摄）

这些蜂箱在各个山区中蜂饲养生产中表现出较好优势，起到了技术示范与推广应用的作用。但是，中蜂饲养蜂箱品种多且杂，给中蜂标准化养蜂生产技术推广带来很大难度。一是在任何一种蜂箱中蜂群发展、蜂群生产与当地蜜源供应总量、蜂群数量、群势强弱以及养蜂管理技术水平是分不开的。那么，同一种蜂箱在不同蜂场之间、不同技术水平之间其产量是不一样的。二是蜂巢穴大小、巢外条件、巢内环境、蜂群素质等将直接影响蜂群生产力。所以，同一种蜂箱在不同的环境条件、不同蜂群之间其生产力是不一样的。因此，使用蜂箱要以中蜂生物学特征、生物特性以及当地条件为依据。

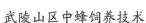

一般应选择满足中蜂能繁殖大群、饲养强群的技术条件，不宜用过小的蜂器具让中蜂强群在较小的空间内筑造巢脾、贮藏蜂蜜。朗式蜂箱加继箱、中蜂十框蜂箱加继箱和横卧式高长蜂箱都能在蜜源充足同等条件下，饲养成大群，并表现出较强的生产优势。也有很多蜂箱在同等条件下的蜂场，减少饲养蜂群数量，降低空间密度，较好的养蜂技术都具有较好的生产性能。

二、巢穴空间

中蜂在巢穴中筑造巢脾，在一定空间范围和环境条件中，巢内空间大一点有利于蜂群繁殖发展和蜂粮贮备，中蜂造脾由上往下扩展。在自然条件下，一个新的中蜂巢穴，蜂群首先造一张巢脾，然后在巢脾的上方贮蜜，形成弧形蜜圈，蜂王在巢脾下方产卵，形成卵（子）圈，在蜜圈与卵（子）圈之间有5 ~ 7cm宽的贮粉带，形成粉圈。当上层蜜圈不断扩大，中间粉圈不断下移，下方子圈受到影响，蜜蜂就会造第二张脾供蜂王产卵。一般大的巢穴给蜂群较好的造脾条件，可以贮存更多的蜂粮。葛凤晨（1998）报道，对长白山154群野生中蜂和家养中蜂蜂巢、群势与蜂巢体积占包围物（巢穴）容积比例进行调查，并将调查结果与数据对比，长白山区不同形式、不同规格、不同群数的中蜂蜂巢对比情况见表1。

表1　长白山不同形式、规格、群势的中蜂蜂巢对比

中蜂蜂巢形式	群数	蜂巢包围物规格（cm）			蜂巢占包围物容积（%）	脾数（框）	最强群势	蜂巢透光程度
		长	宽	高				
空心树野生	14		43 ~ 50	150 ~ 250	25 ~ 50	10 ~ 14	6 ~ 11	较小
	15		21 ~ 32	60 ~ 150	35 ~ 100	5 ~ 8	3 ~ 5	较小
石洞野生	3	76 ~ 162	59 ~ 113	55 ~ 122	5 ~ 40	10 ~ 13	5 ~ 10	较小
	2	34 ~ 45	23 ~ 31	19 ~ 26	60 ~ 100	6 ~ 7	3 ~ 5	较小
坟墓野生	4	150 ~ 200	40 ~ 50	40 ~ 60	410 ~ 40	9 ~ 12	6 ~ 12	较小
树桶家养	27		41 ~ 52	120 ~ 150	40 ~ 70	9 ~ 15	5 ~ 9	较小
	55		18 ~ 34	80 ~ 120	50 ~ 90	5 ~ 8	3 ~ 5	较小
砖坯巢家养	8	83 ~ 101	40 ~ 55	53 ~ 80	15 ~ 20	11 ~ 14	8 ~ 15	较小
木桶家养	24	14 ~ 46	37 ~ 38	26 ~ 27	50 ~ 100	4 ~ 9	3 ~ 6	较小

（引自葛凤晨，1998）

第一，中蜂蜂巢体积占巢穴包围物容积比例小、巢脾数多、群势强。例如，在调查野生中蜂的 40 个样品中，其中 21 个样品的蜂巢体积占巢穴包围物容积的比例为 10% ~ 50%，蜂巢脾数在 9 ~ 14 脾，最强群势 5 ~ 14 脾。在调查人工树桶家养和砖坯巢家养蜂群有 35 个样品，蜂巢体积占包围物容积的比例在 15% ~ 70%，蜂巢脾数在 9 ~ 15 脾，最强群势 5 ~ 15 脾。说明巢穴空间大，蜂群生存发展空间大，群势强，贮蜜量大。第二，中蜂蜂巢体积占巢穴包围物容积比例人，巢脾数相对少，群势相对弱。例如，在调查野生中蜂的 40 多个样品中，其中 19 个样品蜂巢体积占包围物容积比例 35% ~ 100%，蜂巢脾数 4 ~ 9 脾，最强群势只有 3 ~ 5 脾。在调查人工树桶家养和木箱家养的 79 个样品中，蜂巢体积占包围物容积的比例 50% ~ 100%，蜂巢脾数 4 ~ 9 脾，最强群势 3 ~ 6 脾。说明巢穴空间小，蜂群生存发展空间小，群势与贮蜜量小。第三，中蜂个体小、蜂群体积小，不等于巢穴小。巢穴过小，仅能容纳一小群中蜂，不符合中蜂生物特性的特定要求。因此，在中蜂养蜂生产中不提倡使用小型蜂箱。相对来说，只要有充足的食物，空间大的巢穴，通风条件好，蜂群易维持大群，形成强群。无论是野生中蜂，还是人工饲养中蜂的巢穴，都应根据中蜂生物特性和中蜂对自然环境要求，保持通风、避光、向阳、干燥、阴凉和足够的发展空间。

第二节　中蜂蜂场建设

一、中蜂蜂场选址

在中蜂养殖生产中，中蜂蜂场选址是一个十分关键的环节，是决定中蜂养蜂生产成功的第一步，中蜂蜂场必须选择有良好的蜜粉源、优质的水源、适宜的小气候、方便管理等优越场所。一个优越的中蜂蜂场场址，能节约 50% 以上人工耗时，能获双倍于一般蜂场的收益。一个没有优越自然条件的蜂场，往往投入劳动和管理成本比其他蜂场会高出很多。因此，中蜂蜂场选址应是中蜂养殖生产的首要问题。

1. 良好的蜜源和粉源

在中蜂蜂场半径 2.3 ~ 3.5km 范围内，有 2 ~ 3 个一定面积主要蜜源或每年有 1 ~ 2 个主要流蜜阶段，一年中有不间断的辅助蜜源和零星蜜源。蜂场周围 5km 以内无有毒蜜源，或少许有毒蜜源易被人工控制或铲除。

专业蜂场周围应有耕种地 2 ~ 3 亩（1 亩 ≈667m²），用于人工培植农作物、

药材、瓜、果等蜜粉源植物，可补充种植中蜂春季、夏季和秋季繁殖季节的粉源植物，保证能分期分批播种的条件。比如，分期分批播种油菜、向日葵、玉米、荞麦及瓜果和药材类蜜粉源等。武陵山区特别是在秋季前期种植秋季玉米、向日葵、荞麦、野菊花和反季节油菜等，保证五倍子花开以后的1～2个月供中蜂采粉，确保秋季第二阶段中蜂繁殖的粉源，用于培育适龄越冬蜂。

2. 优质的水源

蜜蜂生长发育和蜂群哺育、生活、劳作都离不开水，没有充足的水源，蜜蜂就很难生存与繁衍。建设蜂场可选择在潺潺流水、微微清风的小环境，水源干净清澈，水质符合饮用水质量指标。

中蜂蜂场不宜安置在大型湖泊、水库、池塘周围。一是防止蜂王交尾落入水中；二是避免中蜂采集返巢时，遇到刮风天气或深秋、冬季采集飞行返巢而掉入水中。

3. 适宜的环境

中蜂蜂场建设应选择避风向阳，坐北朝南的南坡，避开高压线和配电站。环境优良、前方开阔、阳光充足、而夏季又不暴晒的疏林间，深秋与冬季能避开风口。一个中小型蜂场规模，能布置20～50群中蜂蜂群。蜂场周围4～5km范围内无糖厂、香料厂、化工厂、矿场，蜂场附近2～3km无大型畜禽养殖场。若蜂场有地下泉水条件，可凿小沟渠，让泉水环绕蜂场周围，营造夏日蜂场小环境。

二、蜂群布置与安放

中蜂群的布置与安放，应根据中蜂生物特性和生活习性。中蜂认巢能力差，回巢易迷投他巢。中蜂嗅觉灵敏，易引起盗蜂和撕斗。而且在缺蜜季节，人工饲喂不当易发生中蜂盗蜂。因此，中蜂蜂群布置不宜密集和整齐摆放。应充分利用疏林间的小灌木、坡岗土丘、石墩等自然条件安放蜂群，蜂箱近处有简单易辨别的标记，蜂群之间间隔距离2～3m，巢门朝向略错开。中蜂对净白色和白炽光趋光，对红色色盲。因此，蜂群不宜安放在玻璃幕墙或一片白色墙体下方，蜂箱不宜涂上红色，以免返巢蜂无法识巢，也不宜涂上有光亮的净白色，以免工蜂返巢飞行撞击。中蜂喜好自然色泽草绿、翠绿、深绿、淡黄、蜡黄、青灰色、浅蓝色等。按照中蜂与自然环境相适应的自然规律，中蜂蜂箱体适宜涂上迷彩色、正面涂上草绿色，巢门四周涂上宽2～3cm淡绿色。

中蜂蜂巢易被蚂蚁、蟾蜍侵害，蜂箱在地面时间长易受潮，易被白蚁蛀食。因此，安放中蜂蜂箱时，应用竹木桩或金属方管、圆管、角铁制成高

20 ～ 30cm 四脚蜂箱支架，将蜂箱支撑起来，以免遭受敌害。可用金属啤酒罐下半部制成 4 个金属杯，将蜂箱支架 4 个脚分别放进金属杯中，再向杯中注入清水，以防蚂蚁和其他敌害（图 31）。

图 31　木支架四脚防蚁害装水塑料瓶（张新军　摄）

三、蜂群规模确定

中蜂定地养蜂场初始蜂群规模的确定，应根据养蜂场半径 3.0 ～ 3.5km 范围内蜜粉源植物存量定蜂群数量。中蜂养蜂生产与意蜂养蜂转地生产不同，意蜂追花夺蜜，有大量集中蜜源时，可整齐摆放上百群蜂群。中蜂养蜂生产大多依赖本地自然资源条件，往往在一个蜂场附近，全年度只有 1 ～ 2 个或 2 ～ 3 个集中流蜜期，条件好的有大面积人工种植农作物、中药材等蜜粉源，可延长中蜂采集期。一般大多缺大宗蜜源时，只有依靠本地零星蜜源，维持蜂群生活。因此，中蜂养蜂场应根据蜜粉源供给量确定饲养蜂群数量。

1. 设定蜂群规模与距离

一个中等中蜂蜂群，7 ～ 8 脾蜂量，年消耗蜂蜜 30 ～ 35kg，消耗花粉 25 ～ 30kg。若没有足够的食物供给，饲养蜂群越多，消耗就越多，收益就越少。人工养蜂生产每群单产优质成熟中蜂蜂蜜 25kg 以上，若加上每群蜂自身蜂蜜消耗量 30 ～ 35kg，则每群共需消耗与生产蜂蜜为 55 ～ 60kg。群数越多，消耗越多，管理难度就越大，大多数蜂群生存与生活需要都无法满足，蜂群长期处于饥饿状态，无法积累存量蜂蜜，超量饲养规模，养蜂场就会颗粒无收。中蜂养蜂创业者必须要调查蜂场周围的主要蜜源植物种类、分布范围、开花流蜜供粉期、连续开花季节、辅助蜜源零星开花时间等，再确定饲养蜂群数量。

从中蜂养蜂生产实际来看，中蜂养蜂生产应追求所养蜂群的群势，不应追

求蜂场的蜂群数，养大群强群才有产量。丰富的蜜源、适当的蜂群、足够的精力、精细的管理，才是中蜂生产受益的条件。一般家庭饲养中蜂，利用房前屋后和周围山坡，饲养蜂群数量 10 ~ 20 群。若在周围人烟稀少，3 ~ 3.5km 范围有大量蜜源供给，有 2 亩以上可耕土地面积或零星坡岗种植蜜粉源，以补充繁殖期缺粉季节的粉源供给，可确定饲养蜂群 30 ~ 50 群（图 32）。

在中蜂养蜂生产中，一个条件优越的养蜂场在 660m² 场所内，饲养蜂群数量不宜突破 50 群。若蜜源条件一般，两个养蜂场间隔距离保持在 4km 以上。一个专职养蜂员独立管理蜂群 50 ~ 100 群（图 33），包括蜂群饲养管理、蜜源植物种植与管理、蜂产品生产。中蜂养蜂专业合作社、养蜂联合社或养蜂公司在规模化养蜂生产时，多个放蜂点，每个放蜂点 50 ~ 80 群，还应考虑交通、生产、管理的顺畅和安全保障，在重大防疫、集中收获时，还应组织力量有效地进行突击生产劳动。

图 32　常见中蜂场（张新军　摄）　　图 33　茶园蜂场规模（张青松　摄）

2. 渐进式加群与渐退式减群

渐进式加群是在一个定地养蜂场所，先调查周边蜜粉源供给条件，初步判断与设定初始蜂群起点下限规模，按每群年单产蜂蜜 25kg 为目标，以后每年逐渐增加蜂群数量，直至蜂群数量增加后，平均单群产量明显减少，立即将蜂群数量削减，恢复至上年度蜂群规模。

例如，一个定地养蜂场初始蜂群数量下限为 20 群，娴熟中蜂养殖技术和多年的养蜂经验，可实现年平均单产蜂蜜 25kg 左右，第二年按 10% 扩大蜂群数量，排除天气和蜜源受灾因素外，每群单产仍可在 25kg 左右，第三年按10% 扩大蜂群数量，直到再增加蜂群数，平均单产显著下降时为止，减掉最后一年增加的蜂群数。这样缓慢增加蜂群数量的方法便可克服初始蜂群数过大，避免成本投入大，而年年达不到理想的产量。

渐退式减群是在一个定地养蜂场所，先调查周边蜜粉源供给条件，初步判断初始起点的上限蜂群规模，按每群年单产蜂蜜 25kg 为目标产量，以后每年逐渐减少蜂群数量，当蜂群数量减少后，直至年平均单群产量基本稳定在 25kg 左右，便可作为该蜂场稳定蜂群规模。

例如，一个定地中蜂养蜂场初始蜂群数量上限为 60 群，娴熟中蜂养殖技术和多年养蜂的经验，每群年平均单产蜂蜜达不到 25kg 左右，第二年按 20% 速度减少蜂群数量，排除天气和蜜源受灾因素外，每群单产仍不能在 25kg 左右，第三年按第二年 20% 速度减少蜂群数量，直至再减少蜂群时，年均单产上升至 25kg 以上，便可初步确定该养蜂场的中蜂蜂群数量。这样快速递减蜂群数量方法，便可克服在一个定地蜂场长期盲目地布置蜂群数量，而年年没有产量。

渐进式加群或渐退式减群的方法确定一个定地中蜂蜂场规模，也只是一种摸着石头过河的方法。确定一个定地中蜂养蜂场蜂群规模，都必须建立在蜜粉源供给条件和娴熟的饲养技术基础上。有人认为，养殖中蜂投入少，省工省时，回报快。这不是一种辩证的观点，也不是正确的观点。有人得一方宝地，条件好，区位好，饲养三五群中蜂，可以不需要精细管理，也能获得较高的单产。但是，要有十群、二十群，甚至规模化养中蜂，成为一个产业，就必须有足够的精力投入和精细的饲养管理，还要留给中蜂足够的食物，才能够把中蜂养好。

四、初建蜂群模式与基本要求

1. 蜂群的初建与引进

初建蜂群是指养蜂场初次购进或引进蜂群，或繁蜂者因分蜂时建立的新蜂群。这种新蜂群必须是以一个健康完整的蜂群家庭为单位，分蜂群无论是多蜂群混分或单群平分，分出的蜂群都应该有较完整的家庭成员和完善的生活条件。很多初学养蜂者或散养户在购进与引进蜂群时，不清楚健康完整的蜂群概念，往往初建或初进蜂群，新蜂群在短时间内工蜂数量逐渐减少，蜂王不产卵，几天或几十天后无虫、无蛹，最后造成新蜂群饲养失败。有的地方政府或投资者为发展中蜂养殖产业，大量引进外地蜂群，有的一次性引进上千群甚至几千群中蜂，造成引进失败。有的跨生态区域引进完全不同生态系统的中蜂蜂群作为生产群，结果引进失败。有的在蜂病疫区引进蜂群，无检疫证明，蜂群引进后带来本地区中蜂疫情暴发。

因此，在中蜂蜂群引进时，必须按照完整正常的蜂群基本要求，才能实现中蜂养殖的第一步。

2. 初建或初进蜂群的要素组成模式

（1）"1311"模式建群。一般在春季、夏季或秋季按"1311"蜂群构成模式初建或引进蜂群。"1311"模式，即满足有一只健康蜂王、三足脾蜂量（应在 10 000 只以上，约 0.8kg 重量）条件，其中每群蜂还应有一张健康的卵虫脾和一张以上半蜜脾作为蜂粮。

（2）"1411"模式建群。入冬前期按"1411"蜂群构成模式初建或初进蜂群，即满足一只健康蜂王、四足脾蜂量（应在 13 000 只以上，约 1.1kg 重量）条件，其中每群蜂有一张健康卵虫脾和一张以上蜜脾作为蜂粮。

3. 蜂群质量标准和基本要求

（1）本生态系统内优良地方蜂种

初建或引进蜂群必须是本山区生态系统内优良蜂种，不是跨生态系统购买或引进新蜂群和蜂王。

（2）一只正常产卵王

要求新蜂群中蜂王健康、强壮、无病、无残翅、无缺陷，正常产卵。

（3）足量蜂量

三足脾或四足脾（含以上）（应在 10 000 只以上，重量 0.8 ~ 1.1kg）蜂量，蜂量盖满脾，青壮蜂多，采集与哺育蜂比例恰当。

（4）子蜜脾足

引进或新建蜂群巢脾新鲜、完整，卵虫脾或蛹子脾 1 张，蜜粉脾有 1 张以上。

（5）蜂箱完好

十框蜂箱或朗式蜂箱，蜂箱杉木材质，无异味，无裂缝，无巢虫危害。

（6）目测蜂群

工蜂个体与本地典型野生中蜂个体颜色、外形特征一致。性情温驯，无病害、无虫害、无营养性疾病表现特征。

4. 新蜂群入场要求

（1）转运之前

在本山区内跨县市转运，应开具检疫证书。转运前傍晚囚关蜂王，对蜂群略喷洒清水，固定好巢脾，标记顺序编号，关钉巢门，平稳装车，绑牢蜂箱。

（2）转运途中

傍晚或夜间转运，途中平稳行走，运蜂车辆不颠簸、不宜急刹、急转弯。

（3）进场与摆放

傍晚或夜间入场较好，按编号顺序，分散交错摆放在提前准备好的位置上。

（4）开启巢门

摆好蜂箱后，等待蜂群安静下来，箱外检查与倾听，有异常蜂群及时处理。第二天上午 8:00 左右，打开蜂箱大盖，观察蜂群是否安定，确认蜂群情绪稳定，再缓缓打开巢门，巢门暂时调小，观察外勤蜂出入是否正常，待完全正常后，再将巢门调大一点。

第三节　养蜂器具、工具、机具

一、饲养工具

除本章第一节介绍的传统蜂器具和蜂箱外，中蜂养蜂器具还有很多种类。本节主要介绍武陵山区传统三峡桶和十框中蜂蜂箱及其他养蜂工具。

1. 三峡桶

（1）三峡桶的分布

中蜂三峡桶是我国长江中上游大三峡（西陵峡、巫山峡、瞿塘峡）和小三峡地区人工饲养中蜂最早使用的传统中蜂饲养蜂器具，已有几千年的历史。"养蜂不买种，只要勤做桶，有桶就有蜂，卖蜜不卖种"的民谣一直在武陵山区、巴巫山区、秦岭山脉等地流行至今。

中蜂三峡桶，开始发源于长江流域的西陵峡、巫山峡、瞿塘峡一带，包括湖北秭归、夷陵、巴东、利川、建始和重庆南川、奉节、万州、云阳等地市和区县。经过 2 000 多年的流传，现已广泛流行于武陵山区、巴巫山区、秦岭山脉。明清时期大洪山、桐柏山、大别山、罗霄山也有部分散养户开始使用三峡桶饲养中蜂。

三峡桶是三峡圆桶和三峡方桶的统称。从中蜂饲养历史过程看，圆桶和方桶都是由空心树段演变而来的养蜂器具。按照人类社会进步与劳动工具形成过程，中蜂饲养器具中三峡桶演变过程及其发展顺序是古树洞→藤编篓、竹编篓→三峡桶圆桶→三峡桶方桶，后期还出现三峡扁桶，扁桶是由三峡圆桶派生而出。

（2）三峡桶优点

三峡桶原始蜂桶是圆桶，直径 45cm，高 50cm，也有直径 50cm，高 50cm。后发展有各种圆桶、方桶、高桶，方桶长 26cm、宽 26cm、高 50cm，还有长 30cm、宽 30cm、高 90cm 的高方桶，高方桶则在上部 1/3 处和下部 2/3 处各穿插一个十字架。

三峡桶优点：造脾快，进蜜快，蜂群繁殖优良，易清扫，管理灵活，十分方便（图34）。取蜜时，割蜜脾至中部十字架，可不伤下部粉脾和子脾，蜂群修复巢脾快。割完上部蜜脾，待蜂群晚上重新用蜂蜡固定好下方子脾，第二天倒置蜂桶，蜂群重新造脾快。

图34　三峡圆桶养中蜂（张新军　摄）

三峡桶是我国劳动人民传统土法饲养中蜂的一项创造性应用技术。由于它易于收蜂，方便管理，这项技术非常适合我国山区定地饲养中蜂，传播很快，故在三峡地区有了"养蜂不买种，只要勤作桶，有桶就有蜂，卖蜜不卖种"的民谣。

（3）三峡桶结构与使用

三峡桶的结构，是由一个圆桶或一个方桶，上有一个活动桶盖，下有活动桶底板等组成，桶的内部中部处，由两根圆木棒或小木条板，成十字交叉穿入桶外板，是用来加固和支撑中蜂贮满蜂蜜巢脾，三峡桶上、下各开有 3 ~ 5 小圆孔巢门，也有家庭养蜂将其上、中、下都开几个小圆孔巢门。下部用作蜜蜂出入巢门，上部和中部小圆孔用新鲜牛粪或泥土封堵。

三峡桶一般是竖式安置，大多安置在房前屋后或附近山岗、悬崖崖头及崖洞中，先将三峡桶内外涂蜂蜡，内略涂有蜂蜜，在山上安置好三峡桶，野生中蜂飞至而入，它们以此筑巢安家，生存繁衍，贮备蜂粮。

（4）三峡桶割蜜方法

三峡桶饲养中蜂，一般一年割蜜 1 ~ 2 次，割出的蜂蜜是自然酿造成熟蜂蜜。地理条件好，蜜源丰富的地域，每年割两次蜂蜜。春夏之交割蜜 1 次，秋天寒露节气前后割蜜 1 次。一般割蜜选择每天傍晚，这时，蜜蜂比较安静之时。

图35　三峡桶吹烟驱蜂割蜜（张新军　摄）

割蜜前准备工具、器材：不锈钢割蜜刀，挖蜜勺，干艾蒿烟把或吹烟器，盛蜜脾容器，喷水壶等。一般传统割蜜方法有两种，具体方法如下（图35）。

方法一：割蜜时，用小木棒或刀柄轻轻地敲击几次蜂桶外板，向蜂群发出信号，使蜂群猛然一震，即刻安静。再打开上面盖板，点燃艾蒿烟把或吹烟机，向蜂群轻轻地吹烟，吹几次后，蜂群感觉到危险，便下沉巢内刚进蜜的区域开始吸蜜。这时，慢慢地将蜂箱放倒在地面，上部分用木板或石砖略垫高20°～45°角，取蜜一端高于下部蜂团。用挖蜜工具割挖蜜脾，放置清洁卫生的盛蜜容器中。一般割取圆桶、方桶蜂蜜时，割取 2/3 蜂蜜，留 1/3 蜂蜜作为蜂粮或割至桶中部木质十字架处，保护十字架下方蜜粉和子脾，不伤害下方子脾中的卵、幼虫和蛹。

割完蜂蜜后，将蜂桶重新竖起来，还原蜂巢原位，盖上大盖。夜间蜂群又会将巢脾修复，牢牢固定在蜂桶中间十字架上。第二天傍晚，便可将蜂桶翻转过来，倒立在底座板上。蜂群安静后，又会重新从上往下筑造巢脾，恢复正常。

方法二：割蜜前也可将蜂桶下部逐渐侧抬，升高后，向里面吹烟，用小木棒由下向上轻轻敲击蜂桶外壁，驱赶蜂群向上集结，打开上方桶盖，用一收蜂罩罩住蜂桶，与收蜂罩的连接处用黑布密封裹牢，让蜂群向收蜂罩躲避。待全部进入收蜂罩后结团，移开收蜂罩和蜂团。即可用干净木勺或不锈钢勺从上方取蜜，留下下方子脾和部分蜂蜜作为蜂粮。取完蜂蜜后，盖上桶盖，蜂群又可以从上往下重新造脾酿蜜了。

2. 中蜂蜂箱及其基本装配

蜂箱是指在中蜂饲养中提供给中蜂群筑巢贮蜜用的木制蜂器具，由巢箱、活动底座或固定底盖、大盖、副纱盖、隔板、吊板、活动巢门挡条、巢框及继箱组成。制造蜂箱木材材质较坚固、耐用、不易变形，一般用 2cm 厚的杉木板加工制造，杉木制造的蜂箱不易形成裂缝。

（1）巢箱、继箱内径及巢框规格

在中蜂饲养区，以朗式蜂箱加继箱、十框中蜂蜂箱加继箱、高窄 12 框箱为例。

巢箱是用于中蜂蜂群繁殖与中蜂生产，巢箱箱板内侧最上方，开一条 1～1.2cm 厚、深 1cm 左右的刀槽，用于吊挂巢框或巢脾。

继箱是用于中蜂蜂群分区生产成熟蜜，安置在巢箱之上，继箱四周内外径同巢箱一致，继箱高度不同，按其高度分为浅继箱、继箱、深继箱。继箱高度比巢箱高度略低 1.5cm 左右，浅继箱高度只有 15～20cm，深继箱高度则与巢箱高度基本一致。

巢框由上梁、下梁、两个侧边条构成长方形木框，其规格大小以适应挂于巢箱和继箱内部，供中蜂造脾用。常见中蜂巢箱、继箱内径大小及巢框内径大小见表 2。

表2 几种常见中蜂蜂箱、巢框上梁、巢框下梁规格、巢脾面积对比

品名	箱体内径（cm） 长×宽×高	巢框内径（cm） 宽×高	巢框上梁（cm） 长×宽×厚	巢框下梁（cm） 长×宽×厚	巢框侧边（cm） 长×宽×厚	巢脾面积（cm²）	巢脾张数	主要设计者
朗式蜂箱[1]	46.5×37.0×26.0	42.9×20.3	48.2×2.5×1.9	42.9×1.5×1.0	22.2×2.5×1.0	870.9	10	朗斯特罗什
十框中蜂箱[2]	44.0×37.0×27.0	40.0×22.0	45.6×2.5×2.0	40.0×1.5×1.0	24.0×2.5×1.2	880.0	10	杨冠煌等
高窄12框箱	46.5×37.0×33.0	32.8×27.3	38.7×2.5×1.9	32.8×1.5×1.0	29.0×2.5×1.0	895.0	12	徐祖荫等
横卧式15框箱	56.0×39.0×50.0	36.0×46.5	41.5×2.5×2.0	37.0×1.7×1.2	50.0×2.5×1.2	1 674.0	15	张新军等测量

1 表示朗式蜂箱和十框中蜂箱可加配套的继箱，浅继箱高度有13.5cm、15.5cm、20.0cm等。根据中蜂向上贮蜜的生物特性，继箱内径高度则略比巢框高1.5cm左右。

2 朗式蜂箱和中蜂箱十框蜂箱可加浅继箱。无论加一层或二层继箱，上面都可加一层浅继箱，可用于夏季蜂群通风，冬季蜂群保暖和春繁翻蜂饲喂。

注：1. 中蜂使用多箱体中蜂箱生产体会成熟蜂蜜。
2. 武陵山区民间使用的横卧式中蜂蜂箱有15框、16框18框，高度有50cm、56cm和63cm等。

武陵山区使用的中蜂十框蜂箱平箱，尺寸大小也不完全相同，往往在养蜂生产中使用的也有外径长 × 宽 × 高为 51cm×41cm×28cm，内径长 × 宽 × 高为 47cm×37cm×26cm，箱盖外围长 × 宽 × 高为 55cm×45cm×10cm。

湖北恩施州鹤峰县走马镇金岗村村民张万斌，从 1978 年至今使用自制的活框，长 60cm、宽 45cm、高 45cm 和长 85cm、宽 42cm、高 48cm（张新军等测量）两种大活框蜂箱，（15 脾卧式高箱）内用子蜜连脾或子蜜脾的方式饲养中蜂，在分蜂季节和秋季保证充足蜂粮和通风条件时，很少出现分蜂和蜂群飞逃。

（2）蜂箱大盖

蜂箱大盖简称蜂箱盖，是用来遮盖巢穴和蜂群的。一般用 1.2 ～ 2cm 厚木板制作，内径长、宽略大于巢箱外径长宽 1.5cm 左右，高 6cm，箱盖的两侧各开有一个长 10cm 左右、宽 2cm 左右的窗口木条，并安置活动窗门，以便于蜂群通风，调节蜂巢和蜂群温度。

（3）副纱盖

副纱盖简称为副盖，又称为内盖，是用在巢箱或继箱与大盖之间的纱网式内盖，用宽 3cm 左右、厚 1cm 左右木板条制成四方形扁平木框，中间用十字小木条加固，上面铺钉一层尼龙线纱网或不锈钢纱网。可用于蜂群管理开箱检查，向内观察蜂群活动。

（4）箱底座

箱底座是用搁置巢箱的活动木板，木板两边加两根宽 2.5cm、高 5cm 木方，钉制成与巢箱宽度基本相同而前部长于巢箱 10cm 左右巢箱底座。若装成固定底座板，巢门前则长于巢箱 5cm 即可，向外延伸部分主要用于蜜蜂出入巢穴的踏板。

（5）活动巢门

在巢箱底座上方正前方巢箱箱板上开 1 ～ 2 个巢门，若开 1 个巢门则开在箱板的中间 1/2 处，若开 2 个巢门则开在箱板两侧，每个巢门宽 8 ～ 10cm，高 1cm，巢门中安装一活动开关木条，用于在不同季节和不同管理环节调节巢门的大小。

3. 巢础与巢脾

巢础是人工用蜂蜡制造的用于蜜蜂筑造巢脾的蜡质基础。中蜂巢础制造是人工模拟中蜂自然造巢脾中的巢房基础设计出房基模型。模型具有上、下两块表面凸凹正方形，房底有 5 个菱形组成尖底压痕的模型钢板，或滚筒模型机具，用来压制蜡质巢础。将用蜂蜡制成厚 0.2 ～ 0.5cm 的片状巢础，用于压制蜡巢础。一般普通巢础，19 片 /kg 左右，深房巢础 15 片 /kg 左右。每张中蜂蜡片巢

础单面表面（两面）约 1 100 ~ 1 200 个 /cm² 巢房房眼。

巢础的使用，很大程度上减少了蜜蜂泌蜡造脾的耗能耗时，如果用深房巢础可减少蜂群造雄蜂房的能量消耗。

巢础的质地也有很多种，除纯蜂蜡巢础外，还有嵌线巢础和塑料巢础。如美国 Daclant and Sons 公司生产的一种高强度嵌线巢础，巢础内部纵向嵌有 9 条波纹状钢丝线，称为嵌线巢础。国内外也有多家公司采用聚乙烯和醋酸纤维等硬塑料作薄膜式巢础片，两面刷涂蜂蜡压制而成巢础，上巢础时，用一种金属钉，穿过巢框侧木条，把巢脾固定在巢框上。

4.隔板、吊板

隔板与吊板用于巢箱、继箱内根据蜂群巢脾数调节巢室空间的大小。隔板是将蜂群隔断在巢穴空间内活动，隔板长、高略小于巢箱、继箱内径 0.2 ~ 0.3cm。吊板是将蜂群巢脾相对阻隔于巢穴，但下方留有 2cm 高的空隙，蜜蜂是可以通过的。

（1）隔板

隔板是一块厚 1cm 左右优质杉木板，木板长、高比巢箱内径小 0.2cm 左右，上方两侧各有一小木耳，长度比隔板长 1.5cm，方便挂吊木板。隔板用于在巢箱内缩小某群中蜂，隔断蜂群。例如，养殖双王双群，在巢箱内两侧分别养殖一小群中蜂，就必须从中间用吊式隔板或栅板将两群中蜂完全隔开，蜂王分别在两个巢穴中。

（2）吊板

吊板用于蜂巢的缩巢和扩巢。吊板是一块厚 1cm 左右优质杉木板，木板长宽比巢箱内径略小 1cm 左右，高比巢箱浅 2cm 左右，上方两侧各有一小木耳，比吊板略长 1.5cm，方便挂吊木板。

5.隔王栅板

隔王栅板是根据中蜂饲养管理环节的需要，用于将蜂王限制在巢箱内某个区域空间内活动的木栅板或竹栅板，也称为隔王板。隔王栅板主要有平面隔王栅板和竖挂式隔王栅板（图 36、图 37）。平面隔王栅板主要用在继箱生产蜂蜜时，将其安置在巢箱与继箱之间，蜂王产卵区在巢箱，蜂蜜生产区在继箱。平面隔王栅板外径尺寸与巢箱、继箱外径尺寸一致，四周用宽 3cm、厚 1 ~ 1.5cm 的木板条制作成四边形木框，中间用一块宽 3cm 左右、厚 0.5 ~ 1.0cm 的木板条嵌穿于对应的两侧边木框板上。用 60 根左右直径 0.3cm 左右的小竹签，按 0.4cm 左右间距，分别平行于中间木板条，穿插于两侧对应的边框板上，便成为一行隔王栅板。

竖挂式隔王栅板主要用于限制蜂王仅在巢箱内一侧区域产卵与活动，其外径高度与巢箱内径高度尺寸一致，隔王栅板上梁框两端有用于竖挂箱壁的小耳，便于钩挂在巢箱凸形边沿上。竖式隔王栅板中间有一块宽 3cm、厚 1.0 ~ 1.5cm 的木板条竖式嵌穿于上、下梁框之中，用直径 0.3cm 左右的小竹签竖式排列，按 0.4cm 左右间距，分别平行于中间竖木板条，穿插于上、下对应两侧边框板上。也有人直接在平面木板隔板中间挖一个直径 10cm 左右的圆孔，装上塑料隔王片，作为竖式隔王板。

图 36　塑料平面隔王栅板（张新军 摄）　　图 37　竹木竖式隔王栅板（张新军 摄）

6. 关王笼、扣王笼

关王笼是根据养蜂生产管理环节的需要，用于关囚蜂王的小笼子。如在限制蜂王产卵、越冬关王及更换蜂王、病虫害防治时关囚蜂王，方便管理。一般常见关王笼是采用直径 0.3cm 左右竹签或塑料制成栅式小盒状。关王笼长 7cm 左右，宽 5cm，高 2cm，在笼的一侧开有一个抽拉式活动笼门，用于关、放蜂王。塑料笼规格略小于竹签笼。关王笼只关放蜂王，工蜂可以自由出入，饲喂蜂王。关王时，先抽开笼门，扣住蜂王，待蜂王进去后，关上笼门。可将关囚的蜂王连同关王笼一起吊挂在蜂群中方便于工蜂饲喂和安全管理的区域。

在关囚蜂王的环节中，也有用扣王笼的，如小钢丝嵌焊在圆形金属片板，形成一面开口的圆形扣王笼。用圆形金属扣王笼将蜂王直接扣在巢脾上，可将巢脾上爬行的蜂王扣在巢脾任何一个区域。圆形金属丝扣王笼主要用于扣囚老王，待新王交尾成功后，再处置老蜂王（图 38 中间下方小型关王笼和右一、右二长型关王笼）。

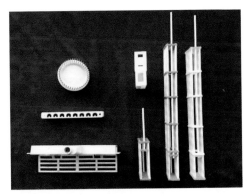

图38 关王笼、扣王笼、防逃器（张新军 摄）

二、生产工具

1.巢框上线工具

巢框上线工具是指在巢框上线安装中蜂蜡制巢础的穿线工具与器材，如巢框紧线器、长钉订线机、电热埋线器等。

（1）巢框紧线器

巢框紧线器是用金属钢（铁）板，制造一个长65cm、宽29cm、高1.5cm内径，略大于木巢框外径的固定框架，用于固定巢框。靠巢框两端的金属板框外安装3个金属线滑轮，用于巢框穿线时输送金属线和拉紧金属线。在左边两个滑轮之间安装一个活动式顶框器，可将固定好的木巢框一侧向内推压，致使一侧边框向内"凹"弯曲，另一侧金属边框中间安装1个滑轮和1个手摇紧线轮，用于紧线。一般巢框上金属丝大都使用24号不锈钢丝或铁丝。当巢框金属丝在巢框两侧边条上穿成4根并行的固定巢脾丝时，用手柄可摇紧线轮收紧金属丝，当金属丝绷紧后，松开顶框器，巢框自动回位，4根平行金属丝自动绷紧，已上好金属丝木巢框，用于上蜡质巢础（图39）。

目前，市场上有一种快速穿线紧线器，优点是穿线快、紧线快、省工省时。

（2）订线机

订线机是用来将已穿在巢

图39 使用巢框穿线紧线器（张新军 摄）

框上的金属线始端和末端线头牢牢钉在巢框木边框外，以防金属线松开。当穿线开始时，将始端线头缠绕与固定在巢框木边后，用钉线机将线头钉在边框外，当巢框按均等间距穿完4根金属线，放松顶框器之前，将金属线末端缠绕于巢框两个木边框后，用钉线机钉卡在另一侧边框外，松开顶框器，金属便可自动绷紧。

（3）电热埋线器

电热埋线器是用特制金属凹槽小齿轮，连接在一隔热空心手柄和一根电线，电发热丝连接电发热金属片，包埋在凹槽尖齿轮的金属套（图40）。通电后，金属凹槽齿轮发热，先将一张中蜂蜡巢础平放在穿好金属丝的巢框内，用一块厚

图40 电热埋线器
（张新军　摄）

1.2cm左右的小木板，木板略小于巢框内径，垫在巢础下，使金属丝贴上巢础，用发热的槽式齿轮嵌压蜡巢础的巢框铁丝上，轻轻向前推行，就可以边溶蜡础边包裹细铁丝，细铁丝便包埋在蜡巢础中。

市场上也有不通电的埋线器，在自然温度25℃以上时，蜡巢础有软溶状态，可以用不通电埋线器包埋金属丝。

2. 检查蜂群与饲喂工具

（1）蜂帽与面网

蜂帽与面网是养蜂员进入蜂场检查蜂群时使用的防蜂蜇帽子和面网。面网通常是用黑色或白色纱网制成圆筒形，四周围挂在草编或竹编的帽子上，称为蜂帽。养蜂员在检查蜂群、饲喂等日常工作中应戴蜂帽面网。养蜂场在现场培训、科普教育、示范推广中，应选择大小不同规格的面网蜂帽，以便于参观人员使用（图41）。

（2）蜂衣

蜂衣同面网一样是用于检查蜂群使用时的外罩衣，也是养蜂工作服。蜂衣是白色和蓝色或迷彩布制成，蜂衣袖口和下摆穿有松紧带，以收紧袖口和下摆，防止蜂蜇。

图41　养蜂员戴面网蜂帽饲喂蜜蜂
（张新军　摄）

目前，市场上有一种上衣、下衣连接在一起，全身包严的蜂衣。也有将面网、蜂帽与蜂衣连接一起，从上衣背后安一条拉链，待穿好蜂衣后，拉紧上衣拉链，便是一体严密全身的外罩，蜜蜂无法进入蜇刺（图 42）。

（3）起刮刀

起刮刀是采用优质不锈钢钢板锻压成长 20 ~ 25cm、宽 3.5cm 左右、厚 0.3 ~ 0.5cm 开箱工具。起刮刀一端带有宽 3.5cm 左右的刀口，另一端是向上弯曲 3 ~ 5cm 的刀柄，以便于开箱时握紧刀柄。起刮刀可用于撬启副盖、巢脾框耳、隔王栅板和继箱。刀具两头宽，中间窄，形成腰部。在离刀口 2 ~ 3cm 处开有"△"小洞眼，用于起拔蜂箱、巢框上小钉，刀柄尾部向上弯曲，部分较厚的地方可以用于固定与修补蜂箱、巢脾时锤钉小钉。

（4）割蜜刀

割蜜刀是采用优质不锈钢片板制成的长 25cm、宽 4 ~ 5cm、厚 0.2cm 左右的中间略厚、两侧略薄并带刀口的刀具。割蜜刀末端以 90° 向上折成一个高 6 ~ 7cm "Z" 字刀柄，再以 90° 向后折成刀柄，刀柄用直径 3.5cm 左右结实圆木包成一个木手柄或者用圆形塑料包成一个塑料手柄。割蜜刀主要用于削开封盖蜜脾蜡盖、削去雄蜂房盖和赘脾（图 43）。

图 42　各种面网蜂帽和蜂衣（张新军　摄）　　图 43　起刮刀和割蜜刀（张新军　摄）

（5）蜂刷

蜂刷是用白色马尾毛和马棕毛制成的 2 ~ 3 排的毛刷，蜂刷长 30 ~ 35cm，宽 4.5cm，手柄和刷板厚约 1.5cm 的毛刷。手柄长 20cm 左右，蜂刷主要用于蜂脾提出抖蜂后，清理扫除巢脾上的蜜蜂。

（6）饲喂器

饲喂器是用于给蜂群饲喂糖浆、蜜液、盐水和水的容器，常见饲喂器由无毒塑料或金属制成，也有木巢框挖槽成上梁框饲喂器等。饲喂时有巢内饲喂和巢外饲喂两种。

①巢内槽式饲喂器。是用模具压制而成的无毒塑料饲喂器，全长略大于巢箱内径 2.5cm 左右，两边有耳挂，用于钩挂在箱板"凵"处。饲喂器槽长小于巢箱内径 2cm 左右，槽宽 5 ~ 6cm，槽深 4.5 ~ 6cm，也有槽深 8 ~ 10cm。根据蜂群单日或两日饲喂量，可选择规格大小不同的槽式饲喂器。槽式饲喂器适合繁殖期间、缺蜜源季节饲喂和救助饲喂（图 44）。

②上梁框饲喂器。是直接在宽厚的巢框上梁中凿挖一个饲喂槽，作为蜂饲料的容器。上梁框饲喂器，具有饲喂方便、节约巢内空间，有效利用巢箱上方温度等条件进行饲喂。但因上梁框饲喂器容积小，一次性装糖、蜜饲料少，一般用于奖励饲喂和弱群、小群、交尾群饲喂较好。

③巢外鸭舌式饲喂器。是一种用无毒塑料制成直径 6 ~ 8cm、高 10 ~ 15cm 圆形塑料瓶，下方带鸭舌式饲喂槽的饲喂容器。鸭舌饲喂槽上有长方形网状塑料盖，带盖鸭舌饲喂器槽长 8 ~ 10cm、宽 2.5 ~ 3cm 的"凹"槽状。饲喂容器直径 6 ~ 9cm，主要用于从蜂箱外给蜂群补水和补盐水用，特别是天气寒冷时使用，可以减少蜜蜂外出采水。使用鸭舌饲喂器时，先将水或盐水装入容器，盖上带鸭舌的盖子，倒立过来，将带塑料网眼垫的鸭舌从巢门伸进巢箱，蜂群便可在巢箱内饮用水或盐水（图 45）。

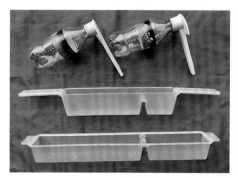

图 44　自制饮水器和槽式塑料饲喂器
（张新军 摄）

图 45　塑料鸭舌饲喂器
（张新军 摄）

（7）喷烟器

喷烟器是用金属材料制成的圆形喷烟器具，由燃烧炉、喷烟嘴、炉盖和盒式皮囊风箱 4 个主要部件组成。燃烧炉堂内有一栅式金属炉垫，把炉内分成燃烧生烟室和进风室，上方是生烟室，下方是进风室，炉堂下方有通往皮囊风箱的通道。燃烧炉直径 10cm 左右，炉深有 25.5cm 和 17.5cm 两种。喷烟器

图46 各种喷烟机（张新军 摄）

（图46）主要用于检查蜂群、割脾过箱前驱赶蜜蜂和传统蜂桶割蜜时驱赶蜂群。

目前，市场上也有电动式喷烟器。电动式喷烟器主要是在燃烧炉底部安装一个电动鼓风装置，有一电动小马达带动一个小风扇，将风从底部向上传送，后侧装有一提手把柄。电动式喷烟器使用干电池可以充电，使用时，只需要打开电动开关，启动风扇向上鼓风，燃烧炉子上方炉堂中的燃烧材料即可生烟。

（8）喷水壶

喷水壶是在市场购买的各种中、小型塑料喷水壶。主要用于开箱检查或中蜂蜂群过箱或气候异常、气压低蜂群躁动时镇蜂用。在检查蜂群时，对分蜂群、收捕群和躁动蜂群可以喷雾清水，以稳定蜂群情绪。

3.摇蜜机与压榨机

（1）摇蜜机

摇蜜机又称蜂蜜分离机，主要是通过离心力作用旋转分离巢脾中的蜂蜜。摇蜜机是用不锈钢材料制成的圆桶形的蜂蜜分离机。在圆桶盖上安有固定架，用于固定蜜脾支架连接着手动摇把的竖式中心轴，分离机直径30 ~ 50cm，一般小型分离机有1次可分离2张蜜脾和4张蜜脾的手动分离机。分离蜂蜜前，用割蜜刀将封盖蜜脾的蜡盖削去，然后将削去蜡盖的蜜脾，竖式置分离机的圆蜜桶内蜜脾框架中，再匀速转动分离机，即可分离蜜脾中蜂蜜（图47）。

市场上有电动式分离机，一次性可分离8张以上的蜜脾。在国内外具有一定规模的西蜂蜂场，配有一次性可分离20 ~ 80张蜜脾的电动分离机（图48），甚至自动化程度很高的流水线蜂蜜分离设备。

图47 不锈钢蜂蜜分离机（张新军 摄）

图48　第四十四届国际蜂博览会上展览的
各式电动摇蜜机（张新军　摄）

图49　中蜂蜂蜜压榨机（尹文山　摄）

（2）中蜂蜂蜜压榨机

中蜂蜂蜜压榨机是用不锈钢材料制成有圆形网眼压榨室、内装螺杆升降轴和网状升降板的压榨机具（图49）。在压榨机下方安置一个贮蜜底盆和槽沟，盆一侧有一个流蜜口，用于压榨后蜂蜜流出装入容器中。当蜂场收割蜂蜜需要压榨蜂蜜时，先将封盖中蜂蜜脾切割成小块状蜜脾，投入压榨机压榨室，转动中轴摇柄，使压榨板向下挤压蜜脾，压榨出来的蜂蜜便可流入底盆槽沟内，通过槽沟流蜜口，流入已准备好的干净容器中。中蜂蜂蜜压榨机主要用于传统饲养方式生产的封盖蜂蜜，只需将封盖蜜脾切割成小块，便可压榨。

三、其他日常管理工具

中蜂饲养日常管理中，除上述器具、工具外，还有一些其他小器材，如中蜂多功能防逃（盗）器、防盗器、巢门隔王片、蜂王邮递盒等。

1. 中蜂多功能防逃（盗）器

中蜂多功能防逃（盗）器是由一个长15.5cm、高3cm、厚1.5cm固定栅式底框和活动栅板组成双层塑料防逃（盗）器材（图50）。活动栅板栅孔间距0.37cm，用于阻止意蜂盗蜂入侵，也可防止胡蜂入巢侵害。在栅式底框上梁框中间装有一个"凸"洞口，内设滑动片开关洞门，遇分蜂热季节和天气炎热，将滑动片推进关上洞门，即可防止因分蜂热造成蜂王飞逃。多

图50　多功能防逃器（张新军　摄）

功能防逃（盗）器在繁殖季节也可以阻隔雄蜂的干扰。防止过多雄蜂入巢，影响蜂群正常生产与生活。

2. 中蜂巢门防盗器

中蜂巢门防盗器是用塑料制成的长 8.4cm、宽 1cm、高 0.4cm 6 孔防盗器材。6 孔均等间距布置在防盗器上，一面为长方形孔，每孔长 0.8cm 左右，宽 0.4 ~ 0.5cm，另一面孔的上方略高，形成拱门，孔的正中间有一个小"凸"突起，中蜂可以自由出入，进出速度快，不脱粉。蜜蜂巢门防盗器主要用于防盗蜂和阻隔蜂王出巢（图 51 上）。

3. 中蜂巢门隔王片

中蜂巢门隔王片是一块长 14cm、宽 3.5cm、厚 0.15cm 左右白色塑料片制成的网眼巢门隔王薄片。每片上设有 4 排 32 个眼孔，按照两排八眼、两排七眼交替排列，每个长方形孔眼长 1.3cm、宽 0.4 ~ 0.5cm，工蜂可以自由出入，蜂王则不能通过（图 51 中、下）。

中蜂巢门隔王片主要用于分蜂季节蜂群产生分蜂欲望时，阻止蜂王出巢。

4. 蜂王邮递盒

蜂王邮递盒是用一块长 8cm、宽 3cm、厚 2.2cm 质轻无毒、无异味小木块，通过机器凿雕制成的贮存蜂王和邮递蜂王用的木盒。小木盒正面凿挖 3 个排列均匀的小圆室，每个小圆室直径 2cm，深 1.5cm，3 个圆室一字排，圆的边缘相连相通，形成一个通用的蜂王室。在邮递盒的一端断面上凿挖一个小圆洞眼，小圆洞连接内室，供关王与放王时使用。当蜂王关进邮递盒时，用铁纱网将王室封盖起来。同时，在关蜂王时，一同关进几只饲喂工蜂，用于在邮递途中饲喂蜂王。关囚蜂王和饲喂蜂后，将邮递盒一端的圆眼门用干净纸或蜂蜡封堵好，便可邮递（图 52、图 53）。

图 51　巢门防盗器（上）与隔王片（中、下）（张新军 摄）

图 52　蜂王邮递盒蜂王王室（张新军 摄）

四、安装蜡质巢础

安装巢础是在巢框上穿线、上巢础的全部过程。巢框穿线是在木巢框平行布置与穿装金属线、紧线，用于嵌上蜡质巢础，增加巢脾的强度。巢框上巢础是在已穿钉金属线的巢框上镶嵌蜡质巢础。穿线上巢础后的新巢础脾是蜂群筑造巢脾的基础，应在蜂群繁殖与生产期之前做好准备，贮备一定数量的优质巢础脾。

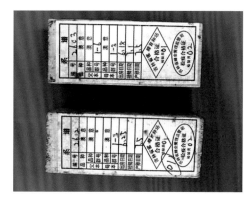

图53 蜂王邮递盒上蜂王系谱表（张新军 摄）

1. 巢框穿线

巢框穿线是先将木巢框固定在穿线紧线器上，选用24号细金属线为巢框穿线。朗式蜂箱、十字框中蜂箱巢框穿线是平行上梁框间距均等穿拉四根平行的24号金属线。将木质巢框两边框边上钻有4个穿线小洞，小洞孔间距约5cm，再将巢框置紧线器上，准备穿线。用顶框器顶紧木边框。在穿线开始时，将线头从巢框侧边木条中间第一排孔从外向内、自下而上穿成平行四排的巢框线，当穿完四排时，最后将线头从最后一孔从内向外穿出约10cm线头，绕边框木条1~2圈，用钉线机钉压线头。再转动紧线器手柄和紧线滑轮开始紧线，紧线后，使四排金属丝全部绷紧，最后留10cm左右尾线头，绕边框木条1~2圈，用订线机牢牢钉死线头。然后轻开顶框器，使巢框绷得更紧、更牢。

2. 巢框上础

巢框上础是将中蜂蜡巢础固定在已上线的巢框上，形成新的巢础脾。在巢框上巢础前，准备好中蜂蜡巢础、巢框、电热埋线器和一块长、宽略小于巢框内径、厚1.5cm左右的木板，用于巢础埋线时作巢础垫板，使巢础平整，受力均匀。

上础时，将一块新巢础片平展在已上线的巢框上，使巢础上边沿紧贴上梁框内缘，用平木板轻轻压在巢础片上，再连同木板、巢础片、巢框一起翻过来，平放在桌面上，即可加热镶线（图54）。

将15~20W手持埋线器通电加热

图54 巢框上础（张新军 摄）

5min左右，手握埋线器，将埋线器"凹"槽压在金属线上，匀速向前走动，不停留一处，以免造成巢础溶成洞孔和不均匀伤痕（图55）。当4根金属丝全部镶嵌好后，用溶化好的蜡液，将巢础上边沿与上梁框下缘粘合固定，使巢础牢固不翘边。这样，便上好了巢础，可随时用于蜂群筑造巢脾。

图55　巢础压线（张新军　摄）

3. 巢础脾质量要求

上完线的新巢础脾要求平整、稳定、牢固、无缺口、无凸凹陷现象。金属丝紧绷无松软现象。这样，巢脾在冬天会绷得更紧、更平整。

旧巢脾发黑，易断裂，中蜂爱啃。应清除旧巢脾上蜡脾，铲除巢框上蜡渣，拆除旧巢框上金属线，重新穿线上础，以保证蜂群中长期保持完整优质巢础脾。

五、巢脾布置与加巢础、加脾

1. 巢脾布置方法

（1）巢箱巢脾布置

巢箱内巢脾布置又称为布巢。中蜂巢脾布置要以蜂王产卵区为中心，确保卵、幼虫孵化成长的温度和幼虫摄食的条件。一般产卵脾布置在中间，产卵脾两侧为幼虫脾，向两侧外是封盖子脾，再向外两侧是粉蜜脾或蜜脾，成熟蜜脾在外两侧。

当位于产卵区两侧封盖子羽化出房或蜜粉脾上蜜粉被用完后，成为空脾时，应将空脾调入中央给蜂王产卵，或调出安置外侧第一、二张脾位置供蜂群采蜜酿蜜贮蜜用。

当用于蜂王产卵脾已产满卵，给中央加空脾时，应加优质的用过一次茧衣脾或空蜜脾。初学养蜂者常常给蜂王产卵加黑、旧老巢脾和新巢础，造成蜂王产卵秩序混乱和蜂群因重新筑造巢脾耗去大量能量和时间。

（2）蜂脾相称

蜂脾相称是指在一群蜂的蜂巢内，蜜蜂蜂量与蜂脾相对一致，全部蜜蜂覆盖全部巢脾，每张巢脾爬满蜜蜂，呈现密度大、无间隙，称之为蜂脾相称或蜂脾一致。在中蜂养蜂生产中要求做到蜂满脾、蜂多于脾。

据杨冠煌（2011）计算，朗氏蜂箱的巢脾中，每100个巢房面积

（4.1cm×4.7cm）为19.27cm^2，每个巢房表面面积约为0.192 7cm^2，中蜂每只成年工蜂约占3个巢房面积，约0.578cm^2。每张巢脾单面面积为870.9cm^2，双面面积为1 741.8cm^2。那么，每张巢脾满脾蜂量的个数如下。

蜂量个数/脾=巢脾总面积（单面面积×2）÷每只成蜂所占面积=（870.9×2）÷0.578=1 741.8÷0.578=3 014只/脾

若按重量计算，每张脾满脾蜂3 000多只，为230～270g。

据徐祖荫、贾明洪等在贵州省正安县中蜂养殖场，对朗氏蜂箱蜂脾上蜂量进行取样测算，每张蜂脾上爬满蜂时，中蜂个体数平均为3 156只。那么，朗式蜂箱每张蜂脾足量蜂应为3 000～3 200只。一般一个新建基本的蜂群若是3脾蜂，足量蜂应为9 500只以上，蜂体总重量为750g左右。中等群势5～6脾足量蜂应为15 000～20 000只成蜂，蜂体总重量1 200～1 600g。若是强势蜂群8～9脾足量蜂，则有24 000～29 000只成蜂，蜂体总重量应在1 920～2 320g。

在中蜂饲养管理中，应根据外界环境条件与蜂群群势发展情况合理布巢与加脾，以保持蜂多于脾，蜂脾一致。这样，才能实现强群生产。

2. 加巢础与加脾

（1）加巢础

①加巢础条件。当外界有充足的蜜粉供给，气候温和，蜂群采集积极，蜂巢内蜂满脾、蜂多于脾，青壮年蜂多，子脾大面积封盖，边脾下方完整无缺，蜂脾上梁框发现有新鲜蜡斑块，蜂群准备筑造赘脾时，便可向蜂群中加巢础。

②加巢础方法。一般向蜂群加巢础时，每次加1张巢础。刚开始加巢础，应先将巢础安放在外侧往内第二张脾的位置，俗称"边二脾"（图56）。加入巢础后，待蜂群已将巢础筑造成具巢房的巢脾时，便可将造好的巢脾移至蜂巢的中间，供蜂王产卵。这时，便可根据需要向蜂群中加第二张巢础。

春季或春夏之交，大流蜜期间，气温逐渐升高，蜂群群势较强，可向蜂群加入半张巢础或1/3张巢础，中蜂也可造出完整的优质巢脾。

③几种情况不宜加巢础。一是早春繁殖和晚秋繁殖季节，气温偏低，不宜向蜂群加巢础，以免增加蜂群负担；二是当天气炎热，外界缺蜜粉源，不宜

图56　蜂群加巢础（张新军 摄）

向蜂群加巢础；三是蜂群群势较弱，蜂量少，蜂群没有足够能量泌蜡造脾，不宜向蜂群加巢础；四是大流蜜期，继箱生产优质蜂蜜，不宜连续向蜂群加巢础，应向继箱加用过 1 ~ 2 次的优质空巢脾，以方便蜂群贮蜜。

（2）加脾

①加产卵脾。当蜂巢中央原产卵脾已产满卵，需要加产卵脾。一是利用蜂群中封盖子脾已全部出房，成为空脾，可留下用于产卵脾；二是利用贮存备用的优质空巢脾，加入蜂巢中央，供蜂王产卵；三是利用在边二脾位置上新造的巢脾，从蜂巢第二位置调入蜂巢中央，供蜂王产卵。

②加空蜜脾。加脾本身是扩大蜂巢的环节，当蜂群中蜜脾已贮满蜂蜜，又正是蜂群繁殖发展阶段，需要加空蜜脾。一是利用蜂群中封盖子脾已全部出房，成为空脾，可调出移至蜜脾与封盖子脾之间，用于蜂群贮蜜；二是利用蜂群已筑造好的新巢脾，直接用于蜂群贮蜜；三是利用贮存备用的优质空巢脾，加入蜂巢中封盖蜜脾与封盖子脾之间，用于扩大蜂巢。不同季节加脾数量和速度也不同，蜂脾相称、蜂多于脾是加脾原则。

③几种情况谨慎加巢脾。一是早春春繁恢复期间，外界气温低，繁殖速度慢，不宜过快向蜂群加巢脾；二是晚秋繁殖期后期，天气逐渐寒冷，在无冬季蜜源地方和高山地区，蜂王逐渐停产，不宜向蜂群加空巢脾；三是在蜂群维持期，外界气温高，又无充足的蜜粉源，不宜向蜂群加空巢脾。

3. 巢脾保存与处理

（1）巢脾保存

巢脾是由蜂蜡筑造而成，消耗了蜂群大量能量，养蜂场应珍惜优质巢脾，妥善保管好巢脾。长期使用的和长期不用的巢脾都容易老化、干枯，因存放不当或在弱群中长期暴露在外的空巢脾更易产生分化、干枯。所以，应在低温或黑暗条件下保存巢脾，才能延长其使用寿命。

巢脾保存是在主要蜜源结束，从蜂群中抽出或蜂群即将进入越冬期紧脾时抽出的新造巢脾，包括粉、蜜脾以及蜂群暂时不用的空脾，进行清洁整理，消毒灭菌后分类保存。

对日常抽出的蜜脾应用起刮刀逐一清除赘脾，铲除蜡渣，除留作蜂群饲料的蜜脾外，其余都应摇出蜂蜜，重新返回蜂群，让蜂群清理干净后，再进行集中消毒灭菌。多余花粉脾也可直接用保鲜膜包扎好，置冷柜中低温保存备用。

巢脾的消毒灭菌和杀虫的方法，是将清理好巢脾置空蜂箱或继箱内悬挂，按下方巢箱 5 ~ 6 张靠两侧悬挂，中间空出，每个继箱 10 张巢脾，叠码继箱

3～5层，用硫黄进行熏蒸。然后，将熏蒸蜂箱、继箱外部用塑料薄膜包扎严密，密闭熏蒸2～3d后，打开包扎物，通风若干天后再集中存放。

存放方法是将已经消毒灭菌的巢脾，按新巢脾和空蜜脾分类，贴上分类标签，集中在阴凉、干燥、通风的房间保存，备用。有冷藏条件的，可用保鲜膜将较优质的巢脾包扎起来，集中存放在冷库或冷柜中，以备使用。

（2）巢脾处理

对于陈旧、发黑、老化的巢脾，连同清理的赘脾、蜡渣一起，进行集中溶化制蜡。过于发黑的巢脾应单独溶化制蜡，以免影响制造蜂蜡的色泽。

第四节　蜂群检查

一、中蜂箱外观察与倾听技能

1. 中蜂箱外观察与倾听

箱外观察与研判是中蜂养蜂员应掌握的一种必备技能。中蜂饲养管理要根据不同季节、不同生产时期对中蜂群进行箱外观察和研判。

箱外观察是养蜂员在中蜂养殖场的日常管理中，根据不同季节、不同气候条件对蜂群采集活动、蜂群巢门出入中蜂个体、巢门前地面及周围环境等情况进行观察分析，研判蜂群内情正常与否的一种技能。

箱外倾听是养蜂员在中蜂养殖场的日常管理中，根据不同季节、不同生产管理时期和时间、不同气候条件，在蜂场内倾听蜂群飞行声响，在蜂巢箱外观察后用耳朵贴近蜂箱外壁，对其蜂群在巢内生产生活秩序、蜂王存在与否、飞逃前征兆等情况进行分析研判，以便掌握蜂群内情正常与否的一种技能。

2. 中蜂箱外观察分析

（1）蜂群采集活动观察

在武陵山区，当天气晴朗，气温适宜，在9～30℃，外界蜜粉源植物开花泌蜜供粉，出勤蜂数量多，飞行迅速，空中伴有蜜蜂飞行时一声声"嗡嗡"疾驰而过的声响，回巢采集蜂腹部饱满，后足花粉篮携带花粉团回巢的采集蜂数量多，说明该群中蜂群势强，蜂王产卵积极，蜂群抚育能力强，采集力高。在早春、深秋、初冬清晨，蜂群巢门口有冷凝水珠，说明是工蜂酿蜜散发的水分。反之，发现蜂群中采集蜂出勤数量少，巢门前较安静，后腿携带花粉团回巢的采集蜂数量极少，说明该蜂群存在不正常现象，或者群势不强、蜂王产卵不积极等。出现这种异常情况需要开箱检查，进行分析研判。

一般中蜂采集活动的温度在9～30℃。在武陵山区、大巴山、巫山、大别山及罗霄山区海拔在500～1200m，冬季茶科柃木野桂花开花，往往天气晴朗、气温在7～10℃，中蜂也能正常采集。

（2）巢门前及地面观察

当天气晴朗，气温适宜，蜂群巢门前，雄蜂出入数量增加，甚至巢门前围满了雄蜂，说明该蜂群中有即将成熟的王台或即将出房的处女王。在繁殖季节，巢门前离地面50～200cm空中出现批量幼蜂向蜂巢作相对整齐一致稳挂悬空的飞行，甚至全场多群出现该现象，这是幼蜂作认巢飞行。当气温在25～32℃，外界蜜粉源丰富，蜂群强势，但某日蜂群出勤采集蜂少，巢门口上方箱壁上扒满中壮年工蜂，呈现挂胡子现象，消极怠工，说明该蜂群有分蜂预兆。

当蜂巢箱上方出现工蜂密集环绕飞行，稍过一段时间后，突然簇拥成团向外飞逃，说明该中蜂群蜂王出巢，已形成分蜂。当全场多数蜂群在同一时间出现该现象，说明中蜂蜂场发生分蜂热。当蜂巢门口守卫工蜂处于高度紧张，经常突然抖翅平展，巢门前零星采集蜂出勤、惊慌，说明已出现天敌。如马蜂或其他动物侵害。

（3）日常管理巢门前地面及周围环境观察

早春春繁前期，当遇上阴雨、风雪天气过后，天气晴朗，气温平稳，蜂巢门前、蜂箱及周围树叶片、地面上，出现密集中蜂粪便，说明中蜂进行了飞行排泄。若粪便呈黄色、固体长条状，说明蜂群正常。发现飞出工蜂腹部大，飞行困难，粪便成稀便或带水状，说明蜂群产生痢疾病害。当春季与夏季之交的潮湿闷热天气，蜂箱巢门前地面出现残翅蜂，低凹处、草丛内出现工蜂身体颤抖、无力爬行，不能飞翔，说明蜂群产生营养不良或麻痹病等。当蜂箱外壁出现采集蜂撞击，或工蜂回巢发生无方向飞行和不明原因弹蹦，不能准确进巢，地面出现死蜂，死蜂呈现前足抱胸，后足僵硬，翅膀直展，吻向外伸，说明该群中蜂有农药或其他有害化学品中毒。每年8—10月，当蜂巢巢门口和巢门前出现大量死亡中蜂，大多数被咬残缺不全，蜂群出现外出采集蜂少，巢门口只有极少数，个别工蜂小心翼翼地进出，说明该群蜂已被天敌马蜂侵害。

在早春繁殖季节，当天气晴朗，外界气温适宜，部分幼蜂腹部膨大，无力飞行，在巢门前爬行，并且在草丛、低凹处成批死亡，幼蜂试飞时间推迟，又无法排泄，说明食物有害。主要原因是饲喂花粉质量差，阴雨天气，幼蜂难以消化和排泄，造成幼虫患大肚病。当天气正常时，蜜蜂则爬行出巢而成批死亡。

（4）缺蜜期蜂群巢门外观察

中蜂进入早春和晚秋初冬季节，外界蜜粉源稀少，中蜂群巢门口出现外来入巢的工蜂，巢门口守卫蜂防卫性攻击对方，并在地面上相互撕咬，滚成一团，甚至出现大量撕咬死亡的工蜂，说明该群蜂被盗。发生盗蜂，发现盗蜂空腹进入巢门，腹部较大，逃出巢门速度加快，说明该群蜂被盗，而这群蜂则称为被盗蜂。

当外界缺蜜源，而个别蜂群工蜂出巢早、归巢晚，归巢时却又腹部饱满地飞回，说明该群蜂为作盗蜂群，外出作盗的采集蜂称为盗蜂。

在深秋季节，低温少雨的干旱天气，外界缺乏植物开花泌蜜供粉，蜂群采集蜂会采集一些植物叶、茎、芽尖上分泌出来的分泌物"蜜露"和一些昆虫侵害植物时分泌出来的分泌物"虫露"，称为"甘露蜜"。采集蜂将甘露蜜带回巢中作为蜂粮，当采集蜂身体光亮发黑，采集积极而蜂群大多出现腹胀肚肿而膨大的蜜蜂个体，蜂场地面出现大量采集蜂死亡，说明该群蜂采集的为甘露蜜，死亡蜂是因甘露蜜中毒。

（5）蜂群失王和围王现象观察与倾听

当中蜂群外出采集明显减少，即使采集蜂外出采集，很少有后腿带花粉团回巢的，巢门口出现工蜂聚集振动翅膀，部分工蜂焦躁不安来回爬行，说明该群中蜂存在失王现象。发现蜂群失王，及时介入新王或介入成熟王台。当巢门前出现有惊慌不安的工蜂，巢门口出现工蜂相互攻击，甚至出现有因相互搏斗而伤、残、死亡的工蜂，蜂巢内有嘈杂的响声，有时用耳贴近巢箱，能听到工蜂发出"唧、唧"的尖叫声，说明该群中蜂发生围王。发现蜂群围王，应及时解救蜂王。

（6）蜂群正常采集与酿造活动观察与倾听

在采集季节，中蜂群外勤采集蜂白天采集植物的花蜜，内勤蜂将花蜜搬至巢房内，蜂群夜间将采集回巢的花蜜进行酿造，内勤蜂从口腔中向花蜜中分泌多种活性酶，将植物花蜜酿造与转化成耐贮藏的蜂蜜。它们的生产与生活秩序井然，犹如一个生产蜂蜜工厂和组织，有时集体振翅扇风，发出轻微声音。夜间用耳朵贴近巢箱时，能静静地听到蜂群轻轻的、连续的嗡嗡声响。

二、开箱检查

在中蜂养殖生产中，应根据不同季节和不同生产期，在不影响蜂群正常活动情况下，定期或不定期检查蜂群，比较准确掌握蜂群的蜂势和蜂群内部生活、生产的真实情况，以便采取相应的饲养管理措施，实现蜂群逐渐壮大，生

产采集快速高效、稳产高产。

1. 中蜂蜂群检查原则

中蜂群检查原则是：少开箱检查，多箱外观察；气温高于32℃或低于9℃时避免开箱检查，晴天无风时开箱检查，阴雨天和4级以上风力天气不开箱检查。不宜打扰越冬蜂群，保持越冬蜂群应处黑暗和安静。天气闷热、气压较低的灰色天气不宜开箱检查，以免引起蜂群混乱，攻击人。缺蜜期应尽量在清晨或傍晚开箱检查和饲喂蜂群，避免产生盗蜂，切勿暴晒蜂巢和雨淋蜂巢。中蜂群检查分为开箱检查和蜂群检查两种方式。

2. 开箱检查

（1）开箱检查的准备

蜂群检查前应准备好起刮刀、割蜜刀、蜂刷、喷水壶、关王笼及面网、蜂帽等工具，做好个人清洁卫生，身穿干净衣服，戴好蜂帽面罩后，便可进入蜂场开箱检查。在检查蜂群时，必要时还应携带检查蜂群日记。

（2）开箱检查的要求

首先要做好检查蜂群的规划，开箱检查的目的性要强，并安排好重点蜂群开箱检查或所有蜂群开箱检查。中蜂群开箱检查时，应做到轻开盖（大盖）、慢揭布（覆布）、稳撬纱（纱网副盖）、平提脾（巢脾）、快查蜂（蜂群）。提脾检查时，动作要轻、眼睛要快、决策要果断，不宜长时间提脾暴露在阳光下，不宜关王后，长时间将蜂王放置在蜂群外。

在给每群蜂群开箱检查时，不宜站在蜂群巢门前，以免挡住蜂路，影响蜂群外勤蜂出入巢门。

（3）开箱检查的方法与步骤

第一步，用双手打开蜂箱大盖，揭开覆布，用起刮刀刀口插入纱网副盖下方，轻轻撬开副盖。若用力过重，操作不当引起蜂群受惊，出现骚动，应轻轻还原副盖，待蜂群安静后，再缓慢地揭开副盖。

第二步，将隔板向外移，靠近蜂箱另一侧，观察巢内有无赘脾，若有赘脾用起刮刀进行削割清理，清理出赘脾，若有的赘脾有蜂蜜可置箱底部，让蜂群将赘脾中蜂蜜搬至巢脾内。也不宜随意将清理赘脾丢弃于蜂箱周围，应集中处理，以免引起盗蜂，不宜长时间置蜂箱周围，以免引起蚁害。

第三步，逐脾检查，用起刮刀轻轻将巢脾上被蜂蜡粘住的梁框框耳撬松，再用双手大拇指和食指分别抓住巢脾上梁框框耳，平平地提取巢脾，提脾高度与眼睛观察方便为宜，将巢脾向外稍微倾斜10°~15°，以便检查。检查完巢脾的一面后，再检查另一面。双手平提巢脾，左手固定不动，右手将巢脾一端向外旋转 180° 平推，双手交叉提脾后，右手将巢脾一端向上旋转 180°，使巢脾上梁框在下，下梁框在上。这时，便可检查巢脾的另一面。巢脾始终垂直于地表平面，这样不会因检查蜂脾时使巢脾上蜂王脱落于地面，也不会使蜜蜂巢房中刚进的花蜜滴落。检查完毕一张巢脾后，按以上动作向相反方向运动，还原巢脾方向，将巢脾再还原到蜂箱内，临时安放在靠外隔板处，以便下一步逐脾检查（图 57）。

第四步，按照第三步的过程，逐脾检查，边检查边清除箱底部蜡渣和死蜂，若巢脾上有赘脾及时削除并清理。全群所有巢脾检查与清理完毕后，将按顺序布置好蜂巢，调整好蜂路。早春、深秋、初冬季节，气温较低时，蜂路调整至 0.8 ~ 1.0cm；晚春、夏季、初秋季节气温较高时，蜂路调整至 1.0 ~ 1.2cm（图 58）。

第五步，当全群所有巢脾检查完毕，布好蜂巢后，最后一张巢脾靠近隔板，间隔调至 1.0cm 左右。然后，盖上副盖和覆布，最后，盖上大盖。必要时，做好详细的记录，以便日后备查。

开箱检查完毕后，清理蜂箱巢门前的死蜂和蜡渣，再按蜂群编号和顺序逐一检查下一群蜂。

图 57 检查蜂群（张新军 摄）

图 58 调整蜂路（张新军 摄）

3. 蜂群检查内容

中蜂蜂群的检查内容是根据养蜂生产不同时期的管理目标，对整个蜂群进行比较完整观察与逐项查看，发现问题及时处理和纠正。如清理蜂巢，调整蜂群，检查蜂群中蜂王是否健在，蜂王的健康和产卵情况，蜂群有无自然王台、改造王台和工蜂产卵情况。观察蜂脾关系，子脾与雄蜂脾情况，蜂群采集与蜜、粉脾发展情况，蜂粮贮备情况，检查蜂群病虫害与敌害情况等。全场群势需要做调整时，及时调整。

蜂群检查是一项比较全面而完整的工作，一般日常管理每个季节 1～2 次，繁殖季节每月 2～3 次。人工频繁检查或每次检查时间过长，都会对蜂群正常生活与生产产生影响。因此，应尽量减少人工开箱检查次数，每次检查目的性强，行动轻快敏捷，时间要短。

（1）清理蜂巢、调整蜂脾

每次开箱检查，应用割蜜刀削除赘脾。逐一抽出巢脾检查，发现巢脾较多、蜂量较少时，蜂量仅占巢脾的 50%～60%，应紧缩巢脾，及时抽出多余巢脾，做到蜂多于脾。若蜂量多于巢脾面积 30% 以上，很多蜜蜂拥挤在隔板、吊板上和蜂箱板上，或梁框上堆满蜜蜂，造有很多赘脾。这时，应削除赘脾，扩大蜂巢，向外侧或外侧第二张脾的位置添加蜡巢础，引导工蜂筑造巢脾。

（2）寻找蜂王、观察子脾

每次开箱检查，应寻找蜂王和检查蜂王产卵情况。蜂王一般都会在蜂巢中间子脾上产卵。蜂王健在，产卵正常时，子圈较集中，卵、虫、蛹脾比例恰当，当满张子脾封盖 60% 以上，便可向巢中间加一次优质空巢脾供蜂王产卵。若蜂量较少，而蜂王产卵量较多时，可适当关王 10d。若蜂量少，蜂脾数量多，蜂王已在几张脾上星星点点产卵，应及时抽出多余巢脾，调整巢脾，密集蜂群，将蜂王产卵安置在蜂巢中间。当外界气温适宜，蜜源较好，蜂量较多，蜂群群势强，巢脾下方有自然王台，可根据发展需要组织分蜂群。也可将强群中封盖子脾调入弱群，以保障弱群发展。将弱群新虫脾调入强群，增加强群饲喂量。若在分蜂季节，蜂群发生分蜂热，应及时削除雄蜂脾，毁掉自然王台，添加继箱，扩大蜂巢，调整蜂路，改善通风条件。若发现有工蜂房改造王台和急造王台，说明蜂王丢失。蜂群混乱，工蜂已开始少量产卵，应及时清除工蜂产卵脾、调入蛹脾，诱入产卵王或成熟王台。

（3）观察进蜜、进粉和贮蜜

在蜜源充足的季节，蜂群进蜜快，蜜脾已满的，可添继箱贮蜜。当外界蜜源缺乏时，应检查蜂群进蜜与贮蜜的情况，缺少贮蜜，蜂粮严重不足，应及时补充饲喂或调入蜜脾，供蜂群用作蜂粮。在繁殖季节，巢脾上方蜜环、粉环、子环有规则，不缺粉，说明繁殖季节较正常。在春繁、秋繁后期，缺粉源应及时给蜂群补充饲喂蛋白质饲料。

（4）发现病虫害及时处理与防治

检查蜂群时，发现巢脾上已轻微发生幼虫腐臭病、中蜂囊状幼虫病，应及时快速采取措施，进行治疗和处理。发生巢虫侵害，应及时进行清理。巢虫严重发生时，应采取有效办法进行清除和灭杀。发现有其他疾病和敌害，要采取相应对策，进行有效防治和制止。

第五节　蜜蜂营养与蜂群饲喂

一、蜜蜂营养

蜜蜂营养是指蜜蜂在生命运动和生长发育过程中，所需的蛋白质、糖类、脂类、维生素、矿物质和水等各种营养成分及微量元素。蜜蜂营养直接关系到蜜蜂生长发育、采集与生产、交配与繁殖行为，以及群体的抗病性、抗逆性。蜜蜂营养主要是从摄入食物中获得，蜜蜂的食物主要是植物花蜜、花粉和水。蜜蜂从植物花蜜、花粉和水中获得生命运动和生长发育所需的蛋白质、糖类、脂类、维生素、矿物质和微量元素。

蜜蜂是一种全变态发育昆虫，一生中，从卵、幼虫、蛹和成虫4个发育阶段都离不开营养，缺少任何一种营养成分和微量元素，对蜜蜂的生长发育、生存寿命和蜂群繁殖力、生产力都会产生一定的影响。

1. 蛋白质

蛋白质是由各种氨基酸组成，是构成蜜蜂机体组织器官的基本原料，蜜蜂骨骼形成、腺体发育都需要蛋白质参与，工蜂分泌的王浆、泌蜡是由蛋白质和糖类转化而成。植物花粉是蜜蜂所需蛋白质的主要来源，蜜蜂摄食花粉中蛋白质，在消化酶的作用下，分解为氨基酸，被蜜蜂体内吸收，成为合成蜂王浆、蜂蜡、脂肪主要原料之一。

工蜂幼虫1~3日龄以食用工蜂王浆腺和上颚腺分泌的蜂王浆等物质为主，王浆腺和上颚腺分泌物蛋白质平均含量在11%~17%。4~7日龄老熟幼虫的食物以蜂蜜和蜂花粉混合的蜂粮为主，工蜂1~14日龄幼蜂都要食用大量花粉，才能健康成长，尤以5日龄工蜂幼虫消耗花粉量最大，幼虫生命体蛋白质含量在2.5%~6.0%，常见花粉蛋白质一般都在11%~16%。由此可见，花粉是优质蛋白饲料，在蜜蜂5~7日龄大幼虫、蜂蛹、1~14日龄蜜蜂的生长发育过程中起到重要作用。

Haydak（1935）报道试验结果，培育1只蜜蜂，从幼虫到羽化成蜂需要145mg花粉。Schmiclt and Buchmann（1985）报道试验结果，蜜蜂在生活的28d内平均消耗100mg花粉。一个正常中蜂蜂群约2万只蜜蜂，年消耗花粉量25~35kg，超强群年消耗花粉量为35kg以上。

不同植物的花粉，其蛋白质含量不一样，蛋白质含量较高对蜂群繁殖和个

体生长发育十分有利。新鲜的油菜、紫云英、苕子、蚕豆、玉米、荞麦、虞美人、田菁、胡枝子、向日葵、南瓜、梨、李、板栗、猕猴桃、桃、樱桃等植物花粉蛋白质含量较高，豆科、十字花科的花粉对繁蜂都是有利的。如果蜂花粉保存不当或长时间存放会失去很多营养元素，产生杂菌和霉变，对蜜蜂有害。因此，蜂花粉必须在低温下贮存，使用时应先隔水蒸煮 10min，消毒灭菌后使用。

2. 糖类

糖类是指蜜蜂食物中碳水化合物，是蜜蜂重要的生命能量物质，也是蜜蜂各种器官及组织结构中重要物质。蜜蜂能消化利用的碳水化合物主要有单糖、双糖和少量三糖。蜂蜜中单糖是果糖、葡萄糖，双糖是蔗糖，三糖是松三糖等。充足的碳水化合物可以转化成糖原和脂肪，碳水化合物是蜜蜂体内能量的最主要物质，可以为工蜂蜡腺分泌蜡液提供主要原料和能量。蜜蜂飞行和采集蜂出勤采集都需要消耗蜂蜜，一只工蜂飞行 1h，需消耗蜂蜜约 10mg，一只雄蜂飞行 1h 则需要消耗蜂蜜 20 ~ 30mg。蜜蜂哺育幼虫、酿造蜂蜜、调节巢内温湿度，都需要消耗蜂蜜。

蜜蜂食物中碳水化合物主要来源于蜂蜜和花粉。蜂蜜中果糖、葡萄糖含量为 60% ~ 65%、蔗糖 2% ~ 12%，蜂蜜中充足的糖分是培育强群的基础，人工育王、蜂群繁育，应给予更多的优质蜜脾和优质糖浆（液）。

工蜂和雄蜂 3d 以内的小幼虫，主要食物是蜂王浆和上颚腺分泌物，而 4d 以后的大幼虫则食用工蜂用蜂蜜和蜂花粉调制的蜂粮，成蜂的食物主要是蜂蜜、花粉和水，一般一个正常蜂群 2 万只蜜蜂年消耗蜂蜜 30 ~ 45kg，超强蜂群年消耗量则需要 50kg 以上。

蜂群中缺乏糖类食物，泌蜡减少，蜂王停产，工蜂因饥饿和食物缺乏，放弃抚育幼虫，清理幼虫，蜂群急骤衰退。冬季蜂群缺乏糖类食物，蜜蜂就会因饥寒交加而死亡。

蜜蜂对蔗糖的喜好高于葡萄糖、果糖和其他糖类。但是生产季节不能饲喂蔗糖。蜜蜂体内不能直接消化乳糖、半乳糖、木糖、糊精和甘露蜜，蜜蜂体内分解这些糖类，容易产生中毒现象，这些糖不宜作蜜蜂饲料。

3. 脂类

脂类物质是蜜蜂生物体贮存在肌肉、体壁脂肪层和体细胞结构中脂类，包括磷脂、糖脂和胆固醇。脂类在蜜蜂体内合成雌、雄激素和信息素等内分泌物的物质，类脂也是工蜂分泌蜂王浆的组成成分。蜜蜂生命活动中需要脂溶性维生素营养成分，而脂溶性维生素只有存在于脂肪中才能被蜜蜂吸收。在蜜蜂饥饿时，贮存在蜜蜂体内脂肪可以转化成能量。

脂类物质主要来源于蜜蜂食物中的花粉，在蜜蜂幼虫和幼蜂生长发育过程中，缺乏脂类物质，就会产生脂缺乏症和脂溶性维生素缺乏症。蜜蜂的个体生长发育、生殖、分泌王浆、泌蜡造脾等一系列生命活动都离不开脂肪和脂类物质的参与。

在蜜蜂饲料中添加脂类物质和胆固醇，对蜜蜂生长发育和繁殖中封盖子十分有利。据马兰婷、胥保华等（2013）报道，在人工代用花粉中添加40%α-亚麻酸（ALA）后，蜜蜂采食量增加，幼虫、蛹、初生幼蜂体重高于未添加ALA对照组。徐祖荫（2015）报道，在蜜蜂饲料中添加胆固醇和24-亚甲基胆固醇后，封盖子数量显著高于未添加的对照组，比对照组分别提高75.5%和52.5%。

4. 维生素

维生素是蜜蜂生长发育和一切生命活动中所需要的微量营养元素。蜜蜂营养元素中维生素有水溶性维生素和脂溶性维生素两大类，水溶性维生素有维生素B_1、维生素B_2、维生素B_3、维生素B_5、维生素B_6和其他7种B族复合物（泛酸、烟酸、核黄素、吡哆醇、生物素、硫胺素）以及维生素C。脂溶性维生素有维生素A、维生素D、维生素E、维生素K等。

维生素是蜜蜂生长发育不可缺少的营养元素，维生素C能促进蜜蜂生长发育，缺乏维生素C会影响蜜蜂生长发育和生存寿命。刘富海在60%的蔗糖溶液中分别加入维生素C和鞣酸饲喂蜜蜂，与未加入维生素C和鞣酸的对照组比照，生存天数分别延长15.6%和17.8%，差异极显著。脂溶性维生素E可以促进蜂群繁育，有利于蜜蜂幼虫哺育，培育蜜蜂强群。维生素E能显著提高工蜂王浆腺体发育水平。陈崇羔等（1993）用每1 000g含2.5μg维生素的糖浆饲喂蜜蜂，食用蜂群中10～18日龄工蜂王浆腺体重量超过对照组工蜂王浆腺体重量47%～76%。

在蜜蜂食物营养中，各种维生素的需求和作用都不完全相同，它们之间不能相互替代。所以，蜜蜂需要较为全面的维生素，生命个体才能发育健全，群体繁殖率高，群势强。食物中缺乏维生素，会导致个体生长发育受阻，生理功能紊乱，甚至产生畸形疾病。蜂花粉是维生素的主要来源，在新鲜蜂花粉中，各种维生素含量较高，优质、新鲜蜂花粉对蜜蜂个体生长发育和强势蜂群培育十分有利。在中蜂饲养中，应保证蜂粮中优质蜂花粉供应。但是，随着蜂花粉贮存时间延长和贮存条件变化，对蜂花粉中维生素质量影响很大，蜂花粉质量会随着贮存时间延长而下降，维生素含量也下降。

5. 矿物质

蜜蜂营养中矿物质是一些无机化合物的盐类，也称无机盐。蜜蜂体内矿物质除碳、氢、氧以有机化合物形式存在外，主要有钾、磷、镁、钙、铁、锌、铜、锰等20余种元素，其中磷、钾是含量较多的元素。矿物质是构成机体组织和维护生理平衡的物质，也是蜜蜂有机生命体生理活动不可缺少的元素。

花粉中含有2.9%～8.3%的矿物质，蜜蜂体内所需矿物质从花粉中获得，维持正常生理功能。蜜蜂也会通过马氏管排泄矿物质和水，以维护机体生理平衡。

据邓子龙等（2009）报道，利用ISP-AES法检测花粉中12种矿物质元素，其中钾的含量最高，花粉中含钾量达3 480μg/g。其他元素含量依次是含磷量2 957.2μg/g、含镁量428.8μg/g、含钙量302.6μg/g、含铁量106.18μg/g、含锌量57μg/g、含铜量15.74μg/g、含锰量6.28μg/g。在花粉中，还检测出微量元素硒和钴，花粉中含硒量0.312μg/g、含钴量0.063μg/g。

在蜜蜂春繁前期和春繁中后期，分别通过人工补充饲喂0.2%～0.5%盐水（氯化钠溶液），可以延长工蜂寿命，有利于早春越冬蜂和初繁幼蜂的生命活力。在给蜂群补充饲喂时，添加0.2%～0.5%盐水（氯化钾溶液），可以增强蜂群活力，有利于泌蜡造脾和出勤采集。

6. 水

水分是蜜蜂生命活动的基本介质，参与物质能量转化和代谢，是调节生命运动的必需条件之一。水分是各种器官组成的重要物质之一，水在蜜蜂体内以游离水和结合水两种状态存在。参与体内营养转化和输送、调节体温、调节巢内温湿度、酿造蜂蜜、分泌蜂王浆。蜜蜂体表坚韧的外骨骼和幼虫上表皮蜡质层有保持水分和支持体内柔软组织器官的作用，减少水分的散失。

进入越冬期，蜜蜂在停止取食以后，会将20%～25%游离水排出体外，剩余水分与体内软组织器官和腺体体液结合，以结合水形式存在。

蜜蜂主要通过吸食花蜜、蜂蜜、糖浆和饮水获得水分，也可以通过卵表壳和体外壁吸收水分。蜜蜂为适应外部不利环境，主要通过马氏管排泄水分和盐分，实现对体内水分的多种调控，来维持体内盐分和水分平衡，保持体内物质循环和能量供给的稳定。当外界气温高，蜜蜂蜂群需水量大，繁殖期饲喂幼虫，调制蜂粮需水量大。春夏季雨水季节，蜂巢内湿度大，应适当通风。盛夏高温，秋冬季或干旱季节蜂巢内水分少，应适当补水，调节蜂群对水的需求。气温高于33℃时，蜂群停止外出采集活动，或于清晨和傍晚外出活动，以避免体内水分大量流失。因此，在高温季节，就近距离给蜂群补水，可以减少采集蜂外出远距离采水。

一般一个正常蜂群，每年需水量 25kg 以上。高温季节和干旱季节需水量大，雨季和空气潮湿需水量少。进入冬季停止巢外活动，需要水分稀释与溶解蜜脾上的蜂蜜和花粉。

蜜蜂体内营养运输和营养成分转化都离不开水，水是生命活动中不可缺少的物质。同时，水是蜜蜂生产产品的重要物质。贮存在巢内的成熟蜜中含水量为 13% ~ 22%，幼虫及蜂王食用的蜂王浆含水量为 60% ~ 70%，蜂花粉含水量 10% ~ 15%。

二、中蜂人工饲喂

1. 中蜂饲喂原理

中蜂人工饲喂是指在中蜂饲养过程中，人工为保障中蜂蜂群充足食物供应，在蜂群繁育、蜂群生产以及人工育王及巢内无粮、巢外无蜜源时，所采取补充饲喂、奖励饲喂、诱导饲喂、救助饲喂等一系列饲喂方法的统称。

中蜂在幼虫期和 1 ~ 14 日龄幼蜂生长发育阶段，特别需要丰富的食物营养，丰富的蛋白质、糖类、脂类、维生素、矿物质等各种营养成分有利于促进生长发育，缺乏这样的营养物质，就会严重影响蜜蜂幼虫、幼蜂生长发育。若蜂群处于半饥饿状态，工蜂停止泌蜡造脾，停止对幼虫饲喂，并清除幼虫，蜂群急骤衰退，甚至垮群。秋季缺乏蜜粉源时，外界食物就会对中蜂产生很强的引诱力，引起盗蜂和中蜂飞逃。冬季巢内缺乏食物，中蜂蜂群因饥饿与寒冷，很难度过寒冬，进入春季繁殖阶段就会出现垮群。

中蜂蜂群春繁期间，恢复期之初和增殖期之前，各进行 1 次 0.2% ~ 0.5% 盐水补盐饲喂，可以增强越冬蜂生命力和春繁初生蜂的体质，有利于春繁蜂群后期的稳步增长与发展。

中蜂出勤早、收工晚、飞行敏捷，善于在地形复杂、小气候环境差异大的山地寻找与利用零星蜜源，具有食性灵活而杂、采食量小而次数多等特性。中蜂饲喂时，长期高浓度糖浆或过量过度饲喂，会引起中蜂应激反应。因此，应科学合理、适量适度地饲喂中蜂，不宜高浓度糖料连续大量饲喂。

2. 中蜂饲喂方法

中蜂人工饲喂的饲料主要有蛋白质饲料、糖饲料和水，以及少量添加剂，也有人工将各种营养料混合，配制成混合饲料。对蜂群进行人工饲喂可分为补充饲喂、奖励饲喂、诱导饲喂和救助饲喂。

（1）饲喂蛋白质饲料

蛋白质饲料是指能被蜜蜂摄食、消化、利用的蛋白质含量相对较高的一类

饲料，能满足蜜蜂生长发育和生存发展需要的饲料。蛋白质饲料种类很多，如植物蛋白饲料有蜂花粉、大豆蛋白粉、豆粕粉、酵母粉（生物工程蛋白）等，动物蛋白饲料有奶粉、蜂（或蚕）蛹粉等。蛋白饲料在蜜蜂繁殖和幼虫、幼蜂生长发育过程中，起到非常重要作用。一般植物蛋白饲料中蛋白质含量 11%～50%，动物蛋白饲料中蛋白质含量 7%～30%。用蛋白饲料饲喂蜜蜂，大多选用价格优惠的植物蛋白饲料，如蜂花粉和大豆蛋白粉或豆粕粉。蜂花粉蛋白质含量在 11%～17%，大豆蛋白粉蛋白质含量在 35%～50%。蜂花粉是一种营养比较完全的优质全价饲料，大豆蛋白粉或豆粕粉是较好的蛋白质补充饲料，大豆蛋白粉颜色多为白色，而豆粕粉经过脱脂后颜色为浅黄色或浅褐色。

　　在饲喂蜂花粉、大豆蛋白粉和豆粕粉等蛋白质混合饲料时，应选用来源明确、无霉变的干燥蜂花粉和 100 目以上优质大豆蛋白粉，是蜜蜂蛋白饲料质量的保障。

　　在中蜂配合饲料中，将蜂花粉与大豆蛋白粉或豆粕粉按 5∶2 或 4∶1 比例组配在一起（图 59），再加入微量的复合维生素和其他添加剂，是较好的配合饲料。调制方法是先将蜂花粉用水调湿，蒸煮 10min，消毒灭菌，冷却至 45℃

图 59　人工蛋白饲料调制（张新军 摄）
1. 蜂花粉适量加水；2. 隔水蒸煮后冷却；3. 加入大豆蛋白粉；
4. 调制好蛋白饲料；5. 人工发酵饲料；6. 发酵后蛋白饲料

左右，加入蛋白粉，充分混合。洗净双手，用手将其捏成不易散开的面饼或小面团，置蜂群中框梁上，轻轻地压扁，用一小块薄膜片盖上，中蜂会爬上梁框，在薄膜片下面围着摄取食物。每群每天 60 ~ 100g 饲喂量，以当天或两天食用完为适合量（图 60）。

在中蜂饲喂中，发酵饲料也是很好的营养饲料。发酵饲料制作方法，即按以上方法，在已消毒灭菌的蜂花粉与大豆蛋白粉混合料中，加入少量酵母粉制成，充分搅拌，置 25 ~ 30℃温度中发酵 3 ~ 5d。发酵饲料制作应置干净卫生、无菌的房间进行，以防止杂菌感染发酵饲料。发酵饲料具有很好的适口性和易消化性，对中蜂幼虫和幼蜂生长发育十分有利。

图 60 饲喂花粉蛋白饲料（张新军 摄）

本章推荐几种中蜂在繁殖期补充饲喂的蛋白饲料配方，中蜂繁殖期几种蛋白饲料与添加剂配方比例见表 3。

表3 中蜂繁殖期几种蛋白饲料与添加剂配方比例

饲料组合	配比	添加剂（酌情添加）	日饲喂量 / 群
蜂花粉：大豆蛋白粉	5:2	复合维生素、氨基酸各 1‰	60 ~ 100g
蜂花粉：大豆蛋白粉	4:1	复合维生素、氨基酸各 1‰	60 ~ 120g
蜂花粉：豆粕粉	5:2	复合维生素、氨基酸各 1‰	60 ~ 100g
蜂花粉：豆粕粉	4:1	复合维生素、氨基酸各 1‰	50 ~ 80g

表 3 中蜂花粉应新鲜并干燥，使用时蒸煮 10min，以消毒灭菌。大豆蛋白粉、豆粕粉干粉应在 100 目以上，有利于中蜂摄食与消化、吸收。待蒸煮好的蜂花粉冷却至 45℃时，加入大豆蛋白粉或豆粕粉。在表 3 中任意一饲料组合中可按每千克添加酵母片 2 ~ 3 片进行发酵，成为发酵饲料。

（2）饲喂糖饲料

饲喂糖饲料是给蜂群饲喂以蜂蜜或优质白糖制成糖浆等碳水化合物饲料。

不同蜂群在不同时期饲喂以达到饲喂目的。饲喂糖饲料分为补充饲喂、奖励饲喂、诱导饲喂和救助饲喂。各个饲喂方法如下。

①补充饲喂。补充饲喂是当蜂群中食物比较短缺、外界仅有少量零星蜜源时，采用人工补充糖饲料和蛋白饲料的一种饲喂方法。

一是中蜂群早春繁殖期、夏季繁殖期、秋季繁殖期，一旦外界食物源减少或缺乏，应给蜂群补充饲喂。在繁殖期补充糖饲料和蛋白质饲料，保持蜂群充足的糖饲料和蛋白质饲料，有利于幼虫、幼蜂生长发育的营养供给。蜂群繁殖期以40%～50%糖浆作为补充饲喂。饲喂糖饲料前期饲喂量小，每群每天100～200mL，后期饲喂量大，每群每天200～300mL。直至春繁恢复期结束，或外界已有蜜源植物开花泌蜜供粉为止。夏繁视外界情况给予补充饲喂，秋繁蜂群进入秋繁中、后期饲喂则与春繁蜂群饲喂同样重要。春季繁殖前期外界无粉源，还应该在补充糖饲料同时补充蛋白质饲料。秋繁期间，外界无粉源时，也应补充蛋白饲料。

二是越冬蜂群在越冬阶段应保持贮备足够的食物，以供冬季低温期蜂群的食物。在成熟蜜脾不足的情况下，越冬前应以50%～60%糖浆饲料进行饲喂或灌脾，确保蜂群充足蜂粮并安全越冬。一般在越冬关王前3d，充足饲喂，蜂群便可将糖浆饲料转存于巢脾中，用于越冬食物。若遇阴雨天，也可采用糖浆灌脾的方法，将温糖浆灌至巢脾，灌好后，待冷却安置在越冬蜂群中。也可在糖浆中添加0.1%的酒石酸，或0.1%～0.2%葡萄糖酶，可以帮助与促进蔗糖的转化。

蜂蜜生产季节，禁止采用糖浆饲喂，避免蜂蜜产品蔗糖超标，产生不合格蜂蜜。

②奖励饲喂。无论蜂群中有无充足的贮蜜，奖励饲喂给予蜂群以低浓度糖浆，作为激励和奖励，包括培育适龄越冬蜂、培育新蜂王、培育雄蜂和稳定合并蜂群情绪及收捕蜂群情绪等过程，都应采用人工给予蜂群少量多次的糖饲料，以促进蜂群积极哺育和稳定蜂群情绪。

在培育适龄越冬蜂群时饲喂，一般在蜂王停产前35d左右，以30%～40%糖饲料，并补充一定蜂花粉或蛋白饲料，作为奖励蜂群，以促进蜂王产卵和蜂群积极哺育，有利于培育优质越冬蜂。在人工培育新蜂王时，对培育处女王的育王蜂群，从移虫前1d开始，每天以30%～40%糖浆饲料或蜂蜜水进行奖励饲喂，直至王台封盖，可增强蜂群哺育积极性，有利于蜂王幼虫的生长发育，提高育王的质量和成功率（图61）。

在父群培育雄蜂时，应在移虫育王前20d，以45%～50%糖浆饲料，对父群进行奖励饲喂，直至雄蜂房封盖，有利于蜂群积极哺育雄蜂幼虫。

合并蜂群与诱入新蜂王时，对于合并蜂群和诱入新王蜂群，适当给予40%～50%糖浆饲料，进行奖励饲喂，能很快稳定蜂群情绪，接受新蜂群或新蜂王。

一般在奖励饲喂时，每日饲喂量不宜过大，每群每日200～300mL，

图61　人工饲喂糖饲料（张新军 摄）

视外界蜜源情况作适当增减，主要调动蜂群哺育积极性和安定蜂群情绪。

③诱导饲喂。是指蜜源大流蜜前期或授粉对象普遍开花前期，采用该植物新鲜花朵浸渍于糖浆中或蜂蜜水中，用以饲喂生产蜂群或授粉蜂群，诱导蜂群采集蜂趋向泌蜜蜜源和授粉对象。诱导饲喂是一种将采集蜂注意力转移到新蜜源和授粉植物上，以提高采集力和授粉率。

一般诱导饲喂是采用该种植物先期开花的花朵，在40%～50%热糖浆或蜂蜜水浸泡4～5h，即可对蜂群进行饲喂，每日1次，每次200～300mL。也可采用类似该植物花蜜香型的香精，按0.1%～0.2%加到40%～50%糖浆中，充分搅拌后，饲喂生产蜂群或授粉蜂群。一般对于生产蜂群饲喂5～10次，即可起到较好生产效果；对于授粉蜂群可饲喂至花期基本结束前。

④救助饲喂。是指因人工过度取蜜或外界较长时间无蜜源条件，造成蜂群中较长时间严重缺乏蜂粮，引起蜂群严重饥饿，需要急于救助而采用的一种饲喂方法。

这种饥饿蜂群往往是前期人工取蜜过度，或外界长时间无蜜源，又缺乏饲喂管理所引起的。对于这种饥饿蜂群，及早发现，及时施救。应以50%～60%糖浆饲料或原汁蜂蜜进行饲喂，每日每群300～500mL，连续饲喂两天，再进行观察。若饲喂不足，间隔2d再给予40%左右糖浆补饲。在救助饲喂时，也可以适当给予0.1%～0.2%盐水进行补盐，以增强饥饿个体体质。

在给长时间饥饿蜂群救助饲喂时，应在巢门安装防逃片，以防止因救助饲喂不当引起蜂群飞逃。

（3）饲喂水

喂水是为保障满足蜜蜂个体生长发育、生命活动和群体居住生活、生产需要，人工所用器具或设置给蜂群饲喂清洁水的方法。

中蜂因山区水源丰富，自由灵活采水较方便，采水条件较好。但盛夏高温

季节和越冬期间，应给予蜂群喂水。一是在夏季高温季节采用饲喂器供中蜂箱内饮水，也可用容器盛装清洁水，水面铺清洁毛巾或干净无毒小树枝及青草，安置在蜂场适当位置，供给中蜂自由采水。有条件的也可直接将山泉水引进蜂场周围，供中蜂自由采水。二是在越冬期中、后期和春季繁殖期，外界气温极低、寒冷，蜜蜂无法到箱外采水。另外，中蜂冬季和早春取食巢脾中封盖蜜时，还需要用水溶解蜜脾上贮蜜，方可食用。给蜂群喂水时，可用人工鸭舌饲喂器装清洁水，将鸭舌饮水装置伸进巢门内供蜂群采水（图62、图63）。

图 62　中蜂蜂群喂水（张新军 摄）　　　图 63　意蜂蜂群喂水比照（张新军 摄）

（4）补盐

补盐是指人工给蜂群适当补充一些盐水，以满足巢内蜜蜂生命活动对盐分和矿物质的需要。

若蜜蜂生理上缺乏盐分，它们往往会到自然界潮湿的岩石上去舔吸一些矿盐，或在动物（包括牛、羊、马）和人的排泄尿液中吸食盐分。岩石中矿盐多为硝酸盐、硅酸盐等，这些盐分是难于被蜜蜂消化吸收的盐。蜜蜂舔吸动物和人的排泄尿液非常不利于蜜蜂正常生理活动，并影响养蜂生产。所以，适当给蜂群补充饲喂盐水是非常重要的。

越冬蜂和早春春繁蜂群恢复期新的幼蜂、盛夏酷暑度夏蜂群、在越冬前期的秋繁新蜂都应适当给予补充一些盐分和无机盐矿质元素等。一般补盐，以0.2% ~ 0.5%碘盐或钠盐、钾盐盐水进行饲喂。

（5）补充营养添加剂

营养添加剂是指根据蜜蜂生理机能和生命活动的需要，在蜜蜂饲料中添加能被蜜蜂正常摄食和消化吸收，并能调节机体代谢的营养元素的总称，包括氨基酸、维生素、无机盐矿物质、微量元素、酶制剂、非蛋白氮等，其中微量元素有铜、锌、铁、锰、碘、硒、钴以及有机铬等。

在中蜂饲养管理中，补充营养添加剂以补充氨基酸、复合维生素、维生素C以及微量矿物质元素钾、钠等为主，用于促进蜜蜂繁殖、个体发育和增强体质与延长寿命等。科学合理地在糖饲料、蛋白饲料、补水中添加一定量的营养添加剂，是增强蜜蜂体质、预防蜜蜂疾病、提高蜂群生产力的重要措施之一。

蜜蜂饲料中添加营养元素和保健助长剂、诱食剂等。营养元素有维生素、氨基酸及无机盐、矿物质元素，对蜂群发展和养蜂生产十分有利；保健助长剂主要有促进生长发育、提高饲料利用率的生长素；诱食剂主要是调节饲料适口性的蜂蜜香精、茴香油、柠檬酸等。蜜蜂饲料添加剂的使用方法，应根据产品说明书适量添加，过量添加会造成对蜜蜂机体伤害和对群体生活的影响。

第四章 中蜂饲养管理技术

第一节 中蜂强群与弱群特征

一、中蜂强群

中蜂强群是指人工饲养的中蜂群群势强，蜂群健康、生命力旺盛，总体蜂数多，蜂王年轻，个体大，体型饱满，产卵积极，卵圈大而整齐，蜂、卵、虫、蛹比例合理，工蜂积极哺育、采集。非流蜜期蜂脾数7脾以上，大流蜜期9脾以上。从蜂群中任意提脾，足脾成蜂，两面均匀地爬满一层蜜蜂，每张脾蜂量为3 000～3 200只。全群蜂个体总重2kg以上，这样的中蜂群称为强势蜂群，简称强群。

1.中蜂强群表现特征

中蜂强群蜂王产卵力高，蜂群抚育力强，繁殖率高。在生产中蜂群生产力强，采集力高，贮蜜快，产量高。强群培育出来的子蜂健壮，外形一致，抗病性与抗逆性强，无病虫害。

一般中蜂强群在大流蜜期间保持7～10足脾蜂，特强群≥10足脾以上。越冬期间5满脾以上蜂量，贮蜜饲料充足，春繁期间繁殖速度快，到春季第1次大蜜源油菜开花，大流蜜前15d，蜂量达7脾以上，就能达到强群采集水平，春季蜜源30d左右产蜜量达10～15kg。夏季至秋季五倍子开花前产百花蜜量15kg左右，五倍子花期结束时产五倍子蜂蜜量10kg左右。有些地方冬季野桂花开花，强群仍能生产野桂花蜂蜜10～20kg。

一般中蜂中等群势在大流蜜期5～7脾足蜂量，越冬期间3～4脾足蜂量。春繁期间饲喂恰当、保温到位，早春大流蜜期也能达到6～7脾足蜂。

一般中蜂弱势蜂群在大流蜜期间5脾足蜂量以下，越冬期间，2～3脾足蜂量。但是，春繁期间饲喂恰当、保温到位，也能达到4～5脾，采集量远不及强群生产的采收水平。若在良好繁殖条件下，当第1次油菜开花泌蜜期后期，弱群可以转变成中等群势或强群。

2. 中蜂群强弱群势划分标准

中蜂群强弱群势依据蜂群量划分标准，仅供武陵山区、秦巴山区、大别山区、幕阜山区养殖中蜂判断蜂群强弱群势的参考（表4）。

表4 中蜂群强弱群势划分标准（参考）

超强群		强群		中群		弱群	
越冬期	流蜜期	越冬期	流蜜期	越冬期	流蜜期	越冬期	流蜜期
≥7脾	≥10脾	5~7脾	8~10脾	3~4脾	6~7脾	≤3脾	4~5脾

注：以上参考标准依据武陵山区、巴巫山区、大别山区、幕阜山等生态资源条件良好的地区，技术成熟的养蜂员4年生产水平。

二、中蜂弱群

1. 中蜂弱群

中蜂弱群是指在中蜂养蜂生产中，蜂群群势弱小，发展较缓慢，蜂群个体数量不足1.5万只，甚至更少，蜂脾数不足4脾，蜂稀疏，不密集，遮盖不住全部蜂脾的弱小蜂群，称为弱势蜂群，简称弱群。在养蜂生产中，中蜂弱群很难成为当年优质生产群，若饲喂与管理不善，是难以在当年受益的蜂群，冬季只剩下1~2脾蜂，称为"捧捧蜂""团团蜂"和"碗碗蜂"。

2. 中蜂弱群表现特征

在养蜂实践中，中蜂弱群劣势往往表现为造脾慢、护脾能力差、采集力差、抚育力缺乏，早春、晚秋易出现"烂子""拖子"现象，易被巢虫侵害。

（1）造脾慢

蜂群中个体总量少，泌蜡造脾工蜂数量少，难以造出优质整张脾。

（2）护脾能力差

由于弱群蜂群个体总量少，在蜂脾上呈现稀疏，蜂不满脾，蜂护不住脾，造成蜂巢不能保温，满足不了卵、虫和蛹发育阶段的温度条件，蜂群发展慢。

（3）抚育力缺乏

弱群蜂群中，饲喂蜂量少，蜂王只要在适宜条件下连续几天产卵，蜂群就满足不了幼虫的饲喂。弱群蜂王往往产卵分散、不集中。卵孵化后的幼虫因缺乏工蜂饲喂和营养不良形成畸形个体或体弱个体。往往弱群蜂王后期产卵不积极，弱群易清除营养不良的幼虫，造成垮群。有时，弱群也会飞逃。

（4）采集力差

在弱群蜂群中，个体数量少，哺育蜂量少，采集蜂量少，少量采集蜂采集

回的花蜜极易被消耗，无积累，无贮蜜。

（5）弱群易产生"烂子"和"拖子"

早春气温低，蜂群保温不足，饲喂不够，由于营养不良和气温低，幼虫和前蛹死亡，产生"烂子"和"拖子"现象。早春和秋季，弱群容易被中蜂囊状幼虫病和幼虫腐臭病侵害，患病蜂群易形成严重"烂子"现象。

（6）弱群易产生巢虫及其他生物侵害

在中蜂弱群中，巢脾长期暴露在外，被氧化后分化干裂，或蜡渣掉下箱底，易被巢虫侵害。弱群一旦群势进一步衰退，蜂巢内极易产生寄生蝇、寄生蜂，最终全群垮群。

（7）弱群难以培育成为下一个大流蜜期生产群

弱群哺育能力差，短时间难以培育成为大群。只有在下一个大流蜜期到来之前40～50d，合群弱群，留下1只优质蜂王，重新恢复与培育一个新蜂群。特别是3～4脾的弱群，要想夺取优质蜂蜜产量，就必须在下一个流蜜期到来之前合并蜂群，合并后的蜂群经过精心培育才能投入生产，作为下一个流蜜期生产采集群。

第二节　中蜂双王群饲养与继箱生产技术

一、中蜂双王群

中蜂双王群有2种形式，一种是单巢箱双王群，另一种是巢、继箱双王群。养蜂场在繁殖与生产时，根据需要选用其中一种。一般来说，单巢箱组织双王群蜂量应达到6脾以上足蜂量，巢继箱的双王群蜂量应达到8脾以上足蜂量。

中蜂双王群是将1个巢箱或1个蜂群分隔成两个巢穴，两个巢穴中间插入1个竖式隔王栅板，在两个巢穴分别安置1只产卵蜂王，形成两区室，两只蜂王分别在两巢穴（王室）中产卵，而蜂群中工蜂可以过竖式隔王栅板穿越两个巢穴之间。双王群加继箱后，在巢箱和继箱之间用平面隔王栅板上下隔开，两只蜂王分别在巢箱两个繁殖区产卵，工蜂则可在平面隔王栅板穿越巢箱与继箱之间，在巢箱繁殖区饲喂蜂王和小幼虫，在继箱内哺育大幼虫、采集花蜜、酿造蜂蜜。这样布巢的中蜂双王群，蜂群繁殖快、采集力高，这种生产方式称为中蜂双王群生产。

二、中蜂双王群生产管理优点

中蜂双王群饲养方式，可以在大流蜜前期快速繁殖蜂群，培养强群，培育适龄采集蜂，做到繁殖、生产两不误。在大流蜜期间和后期，利用巢继箱饲养方式，既可培育哺育蜂，又能扩大采集与贮藏蜂蜜量，提高蜂蜜产量；可以在高温期加继箱扩大巢穴空间，增加巢内通风，减退高温期蜂群出现的分蜂热；可以将蜂场弱群灵活组成双王群，有利于弱群合并和弱群复壮；可以在秋季繁殖期，组织双王群，更好地实现前期采收五倍子蜂蜜，后期培育大群越冬蜂群；可以在中蜂养蜂生产中，通过组织巢、继箱双王群，生产更多优质成熟的中蜂蜂蜜。

另外，单巢箱双王群在中蜂越冬和春繁期间保温效果好。当进入大流蜜前期 30 ~ 40d，可以关囚 1 只蜂王或调出 1 只蜂王，抽出中间隔板，培育一个生产强群。也可根据养蜂场生产发展需要，将两只蜂王和两个单群分开，重新在两个巢箱中布巢，便形成两个蜂群。也可以在大流蜜前 50d 以上，从每个双王群中抽出部分带蜂的蜜脾、子脾一起进行混合分蜂，组成新蜂群。双王群在繁殖与生产实践中，管理灵活，易于管理，可实现高效生产。

三、双王群的组织与生产管理

1. 单巢箱双王群的组织

单巢箱双王群组织方法有两种。第一种是将一个强群用隔板从中间分隔成两个小巢穴（王室），保留原蜂王，诱入 1 只产卵王，分别安置在两个巢穴中，两个小巢穴内分别有适量蜜脾、卵虫脾和蛹脾。布巢时，将较好的虫脾分别靠中间隔板两侧，封盖子脾向两侧布置，蜜脾和产卵脾则向两侧外逐渐顺靠，其按顺序布置，空脾放置两个小巢穴外侧。两个巢门分别开在巢箱前两端。这样，两个蜂王产卵所处部位距离相对远，工蜂与蜂王不会向两个小巢内侧密集靠近，使蜂群在两个巢穴分布均匀，形成一片。当布巢完毕，在巢箱两个小巢穴上盖上平面隔王栅板，隔王栅板有一顺式板条，顺式板条与巢箱隔板相吻合，再盖上副盖和大盖。这样，单巢箱双王群布巢完毕。单箱双王群是继箱生产方式之前加继箱的基础。一般在早春第一次大流蜜到来之前和夏秋之交秋繁初期组织双王群都比较好。

第二种是将两个小群直接安置到一个巢箱内，同样将巢箱中间用隔板隔成两个巢穴，布巢方法与以上布置巢穴方法相同。这样，有利于解决弱群保温、

繁育、生产能力不足的问题。

2. 单巢箱双王群生产管理

单巢箱双王群要求两个巢穴的蜂王个体、日龄、产卵力比较一致，尽可能保持两巢穴蜂量和群势相对平衡，加脾时应各自向外侧加脾，空脾外侧可用半蜜脾遮挡。在检查两个巢穴蜜脾、子脾和蜂量情况时，若发现两个巢穴群势不平衡，及时将强势的巢穴中封盖子脾调往弱势巢穴，以平衡两侧群势。

单巢箱双王群可直接用作生产群。在大流蜜期，单巢箱双王群进蜜量大，可以适时摇取封盖成熟蜜，多留未封盖蜜，并将未封盖蜜脾分别放置中间隔板两侧，有利于蜜蜂进一步酿造与封盖。武陵山区有些蜂场在产蜜旺季使用外径105cm×40cm×32cm，内径101cm×36cm×28cm的超长双王群，生产中蜂蜂蜜。如果采用多箱体继箱生产方式，生产封盖成熟蜜，则可用十框活框蜂箱，组成巢、继箱双王群生产。

3. 巢、继箱双王群的组织与生产管理

（1）巢、继箱双王群的组织

巢、继箱双王群的组织是在巢箱双王群生产基础上，为适应成熟蜜生产的需要，进一步扩大双王群巢穴，采用增加继箱的方式扩巢，增加贮蜜空间，以提高封盖蜂蜜生产量的一种生产方式。当单巢箱双王群布巢完毕后，盖上平面隔王栅板，在平面隔王栅板上加浅继箱，让继箱中巢脾与巢箱巢脾相连。两只蜂王分别在下面巢箱的两个巢穴（王室）内产卵。根据中蜂贮蜜向上性、产卵向下性的特性，继箱贮蜜、巢箱产卵。同时，将大幼虫脾、封盖蛹脾调入上面的继箱中，继箱主要用于哺育大幼虫、孵化幼蜂、采集花蜜、酿造蜂蜜、贮藏封盖蜂蜜。这样，巢、继箱双王群相当于分成 3 个区。一般来说，双王群会有少量清洁蜂和哺育蜂在产卵区，大多数采集蜂、内勤酿蜜蜂和哺育蜂比较集中在继箱中。

（2）巢、继箱双王群生产管理

当巢、继箱双王群布置巢房后，为了稳定 2 个巢穴和继箱里的蜂群，可分别在两个巢箱内适应饲喂少许 30% 蜂蜜水 1 ~ 2 次。每间隔 7 ~ 8d 开箱检查与调脾，把巢箱内大虫脾、封盖子脾调至继箱内。调脾时，切勿将蜂王带入继箱。当外界气温低时，可将虫脾集中安置在继箱中部；当外界气温高时，可将虫脾分散安置。一般情况下，蜜脾比较集中，成熟蜜脾放置在继箱一侧。高温季节，应给继箱内喷洒清水降温，发现有分蜂迹象，及时毁弃继箱中自然王台。低温季节，应给巢箱保温，防止饲喂蜂离脾，偏聚在上面继箱。在巢箱内蜂王遇高温产卵向下、向外侧，遇低温产卵则向上集中。所以，间隔 7 ~ 8d

检查1次，调整卵、虫脾（图64继箱）。

在养蜂生产中，继箱是生产优质封盖的中蜂成熟蜂蜜的好方法。但是，在不同地域、不同季节、不同蜜源以及小气候环境都会对蜂蜜生产产生不同影响。因此，巢、继箱双王群生产注意事项：一是防止蜂王误入继箱，调脾时可采取先脱蜂后移脾；二是低温期加继箱要谨慎，温暖期加继箱要及时，高温期加继箱要提前；三是防止蜂群失王和工蜂产卵，蜂群失王会造成继箱出现工蜂产卵。

图64 巢继箱生产
（张新军 摄）

第三节 自然分蜂与人工分蜂

一、中蜂分蜂性

中蜂分蜂性是中蜂物种长期在生存环境中，为适应生存环境，通过分蜂实现增殖扩群的生物特性。在自然界中，优越的蜜粉源供给是中蜂分蜂实现增殖扩群的主要基础。在蜂群中，食物充足，蛋白质营养丰富，蜂王产卵积极，蜂群个体数量不断增加，哺育蜂、采集蜂数量比重大等因素是蜂群产生分蜂的动力。

人工饲养中蜂有自然分蜂和人工分蜂两种方法。自然分蜂是蜂群群势发展到一定程度，外界气温适宜，蜜粉源丰富，蜂群有分蜂动力而引起群蜂分成两群或两群以上的过程。中蜂人工分蜂是通过人工采取单群平分或混合分蜂的方法，发展蜂群以适应养蜂生产的需要。自然分蜂和人工分蜂都必须掌握中蜂生物特性，利用外界因素和蜂群条件进行分蜂操作。特别是在外界气温较高、蜜源条件优越情况下，中蜂蜂群易产生"分蜂热"，采用人工分蜂也可控制"分蜂热"。

二、分蜂机制与原理

1. 蜂群中蜂王老龄状态

相对于整个蜂群，工蜂数量大，蜂王释放的信息素物质相对不足，不能维持全群群势日益增长的需求。而新蜂王则释放蜂王物质多，控制能力强，蜂群有培育新蜂王和分蜂欲望。

2. 蜜粉源供给充足

蜂巢中食物充足，没有贮藏空间，采集蜂不能采集，雄蜂产生多，青壮年

蜂多，采集蜂多，而蜂王产卵量减少，哺育蜂逐渐无幼虫饲喂。

外界第一批春季蜜源集中开花尾期，蜂群中已积累了分蜂能量，雄蜂陆续出房，蜂群已筑造自然王台等，等待时机成熟，便可实现分蜂。

三、引起分蜂的主要条件

1. 外界环境条件

引起中蜂群分蜂主要是外界蜜粉源供给源源不断，气候条件适宜，为中蜂群分蜂提供了充足的食物供应基础。中蜂群分蜂大都发生在自然界蜜源、粉源植物中开花季节，气温在20℃以上，为中蜂群分蜂创造了条件。一般来说，人工饲养中蜂每年自然分蜂多发生在3月下旬至6月，主要是采集集中蜜源花蜜后期开始分蜂；9—10月，主要是五倍子花开后期开始分蜂。武陵山区多集中在4—5月，多数群势强的蜂群极易产生分蜂。

2. 分蜂群内部条件

一是分蜂群蜂王产卵量大，封盖子陆续出房，群势越来越强。二是蜂量逐日增多，巢内拥挤，巢温较高，蜂群中雄蜂陆续出房，有自然王台产生。三是蜂群中间哺育蜂多、采集蜂大，蜜粉贮量大，蜜压子脾，幼虫逐渐减少，采集蜂逐渐无事可干。

四、自然分蜂

1. 自然分蜂产生前兆

在分蜂季节到来初期，蜂群发生强烈分蜂愿望，工蜂先在巢脾上筑造雄蜂房，蜂王在雄蜂房产下未受精蜂卵。当雄蜂即将陆续出房，工蜂在巢脾下方筑造多个王台基，并迫使蜂王在王台基内产下受精卵。这时工蜂开始精心修筑王台，饲喂处女王幼虫，培育处女王，并减少对原蜂王的饲喂，原蜂王腹部逐渐变小，产卵力下降。随着雄蜂陆续出房，王台成熟封盖，原蜂王开始停产，蜂群分蜂条件具备，采集蜂怠工不出勤，将择机分蜂。

2. 自然分蜂的发生过程

当分蜂群分蜂条件成熟，分蜂发生前，采集蜂外出采集减少，巢门外上方和巢箱上出现"胡子蜂"（图65），巢内产生工蜂相互钩挂现象，随时出现分蜂行动。

武陵山区往往在4—5月分蜂较集中，季节性雨水多，特别是雨过天晴，分蜂最容易发生。自然分蜂往往发生在天气晴朗、气温高的早晨7:00—下午16:00。分蜂发生时，蜂群中成年蜂吸食蜂蜜，接着蜂群一部分工蜂在蜂巢上方低空盘旋飞行，等待本群越来越多工蜂参与。一旦分蜂群的青壮年工蜂大多出巢，另一批工蜂就会簇拥蜂王飞出巢门，在空中盘旋的工蜂一拥而上形成一个密集队伍，同蜂王一起，飞离原巢，向蜂场附近的树枝、树干上或屋檐下飞去，结团护王，作短暂停留（图66）。蜂群结团时，蜂团中间有空洞通道，蜂王位于中间，蜂团稳定后，有少量侦察蜂飞出，寻找新的居所。当侦察蜂找到新的居所后，飞回蜂团，展翅舞蹈，将新的居所方位告知蜂群成员，然后，率领蜂团，簇拥蜂王，飞往新的居所。

图65　中蜂群出现胡子蜂（赵德海 摄）

图66　树干上中蜂分蜂团（李海兵 摄）

　　分蜂群飞到新的居所后，很快开始泌蜡筑巢。新的巢脾筑好后，蜂王开始产卵，蜂群开始恢复正常生活与生产秩序。这样，随着老王飞出的青壮年蜂一起，便形成一个新蜂群。

　　同时，留在原群的新蜂、幼龄蜂，开始整理蜂巢，等待新的处女王出房、交尾、产卵，蜂群便恢复正常生活与生产秩序。这时，蜂群通过分蜂，实现了一分为二的两个新蜂群。

五、人工分蜂方法

　　养蜂场根据蜂群发展目标进行人工分蜂，解决生产上的需要。人工分蜂方法主要有单群平分和多群混分两种，不管单群平分还是多群混分，都应提前作好分蜂计划，提前培育好蜂王，满足分蜂出来新蜂群的需要。

1. 单群平分

　　单群平分是指将某个蜂群按相对等的蜂量、子脾、蜜粉脾抽取，一分为二

地分成两个蜂群，原群保留原产卵王，新分的蜂群于当日傍晚介入1只已准备好的新产卵蜂王。简单地说，单群平分是把一个强群分成两个蜂群，两个蜂群各有1只产卵蜂王和适量蜜粉脾、卵虫子脾。一般来说，分蜂应满足两群蜂的正常生存条件，每群蜂中有3～4脾以上满脾蜂量，而且预测下一大蜜源到来之前可培育成正常生产强群，即可称正常群。

原场原地单群平分的分蜂方法是将分蜂群蜂箱向一侧移动20～30cm，在旁边并列放置1只空蜂箱，将2个蜂箱平行紧靠，在分蜂群中抽出1/2蜜脾、子脾，带蜂一起，置空蜂箱内，原蜂王留在原蜂群。若新蜂群蜂量偏少，可以直接再补蜂量。然后，两个蜂箱后端靠紧，将两个蜂箱巢门前端各向外侧旋转45°，两个巢门之间便形成90°直角，垂直方向，外勤采集蜂回巢，任其进入两个巢内。以后每天或间隔1d，分别将蜂箱后端或前端各向外侧移动45°。在分蜂完成后当天傍晚或第二天早上给分出的蜂群介入1只产卵王，使两个蜂群各有1只正常蜂王。这样，单群平分就分出了两个蜂群。

2. 多群混分

多群混分是指人工分蜂时分别抽取两个或两个以上蜂群中部分蜜粉脾、卵、虫脾，连脾带蜂一起安置在一个新巢箱内，组成一个新蜂群的分蜂方法。原群蜂王保留在原群内，在当日傍晚或次日在新分出的蜂群中介入1只产卵蜂王。多群混分是利用多群蜂的蜜粉脾、卵、虫脾和蜜蜂，共同组建一个新蜂群。

多群混分要注意原场分群易回巢，要对新分群适当补充蜂量。多群混分易扩散蜂病，混分前应对分蜂群进行检查，患病群不宜用于分蜂。

多群混分方法是在蜂场空旷、宽敞地段放置一空蜂箱，打开箱盖，在蜂箱内喷洒少许酒精或捣碎少许韭菜置箱底，然后分别在2个以上原蜂群中选取1～2张子脾、老蛹脾和1～2张蜜粉脾带蜂一起，集中混合放置空蜂箱内，按照卵、虫、子脾顺序布置，蜂王安置在中间卵脾上产卵，老蛹脾在卵虫脾两侧、蜜粉脾在外侧方法布巢，并于当日傍晚之前诱入1个新蜂王，便完成多群混分。多群蜂组成新蜂群，应于当天夜间关上巢门，第二天早上略晚2h打开巢门。新蜂群没有异常即可认定成功，若发现问题及时纠正，以防止分蜂失败。

3. 人工分蜂注意事项

人工分蜂要提前作好蜂王的贮备和分蜂群的安排，新分蜂群要有目标地培养成下一个流蜜期的强势生产群。

人工分蜂不宜选择已产生分蜂热的强群用作分蜂群。

六、人工收蜂

在自然分蜂的全过程中，当新分出的蜂群飞往蜂场附近树枝、树干及屋檐下或其他物体下结团时，我们可以用收蜂笼把蜂团收回，也可在收蜂笼涂上蜂王浸出液（淘汰蜂王95%酒精浸提液）或少量蜂蜜水用于收蜂。在用收蜂笼收蜂团过程中，首先将收蜂笼捆绑在一根竹竿上顶端，将收蜂笼伸向蜂团上方，罩住蜂团，当蜂团逐渐进入收蜂笼后，即可收回蜂团。收回的分蜂团，带回蜂场安置在提前准备好的空蜂箱位置，空蜂箱中提前放置1～2张蜜粉脾和1～2张优质空巢脾。然后，将收回分蜂团，直接抖入布好巢的蜂箱内（图67），立即盖上副盖和箱盖。待蜂群安静后，轻轻地开启蜂箱大盖，通过纱网观察蜂群是否上脾，或开始护脾，是否恢复正常。待恢复正常后，可以在当天傍晚饲喂少许45%～50%蜂蜜水。

1   2

图67 人工收蜂（张新军 摄）
1.收捕分蜂团；2.抖蜂团入箱

七、分蜂热的控制方法

1. 中蜂分蜂热

中蜂分蜂热是指中蜂蜂群在外界条件满足时分蜂盛期出现一种蜂群强势、繁殖快速、蜂群急于分群，由单群分蜂甚至引起多群连续密集地多次分蜂等综合表现的分蜂状态。有些蜂群在分蜂热期间出现一次分蜂、二次分蜂，甚至还有更多次数。蜂群愈分愈弱，直至蜂群没有能量再分为止。往往分蜂会造成蜂群群势削弱，不利于培育生产强群，造成中蜂养蜂生产管理的难度增加。武陵山区分蜂热多发生在第一次盛花期大流蜜的后期，每年3月下旬至6月，并多集中在4月和5月上旬。所以，中蜂养蜂场应根据养蜂生产实际，采取一些措

施，控制分蜂热。

2.分蜂热的控制方法

（1）选育良种，年年更换新王

中蜂养殖场应选用地方优良的野生中蜂作蜂种，群体表现性情温驯、维持大群、分蜂性弱的蜂群中培育新蜂王。每年换王，分别在3—4月、9—10月更换新蜂王。新蜂王产卵力强，释放信息素多，可以减退分蜂热。

（2）改善环境，适时调整群势

当第一次大流蜜期到来，适时扩繁，加入空脾，增加工蜂采集负担，增加蜂王产卵量。有条件地方适当使用大蜂箱，增加蜂巢空间，增加产卵空间，调整群势，抽出成熟蛹脾，调往弱群，从弱群中抽出一部分幼虫脾，调入强群，加大强群工蜂哺育量，消除分蜂欲望。

（3）毁弃自然王台，割去雄蜂脾、多造新脾

在分蜂季节，要经常观察蜂群采集、出勤情况，对于有分蜂迹象的蜂群，要提脾检查，发现巢脾下方有自然王台，应毁弃自然王台。对群势强大的蜂群，割去雄蜂脾和加入新巢础，促进造新脾，消耗分蜂群的分蜂能量。

（4）组织双王群多箱体生产

在外界大流蜜期，巢箱组织与布置双王群，中间加隔板，保留原蜂王，介入1只新蜂王，形成2个产卵室，在巢箱上面加继箱，巢箱与继箱上下之间加平面隔王栅板。巢箱分成两个产卵区，继箱用于采蜜、酿蜜、贮蜜。这样，蜂巢巢穴大，上下通气条件好，蜂巢空间大，可减少分蜂热发生。

（5）适时摇蜜，清除粉脾

往往分蜂热发生在气温较高的大流蜜期间。在蜜源大流蜜时，适时摇取成熟蜜，腾空巢脾，增加工蜂采蜜量。清除蜂巢贮存的粉脾，增加巢脾散热性和通气性。

（6）人工分蜂和模拟分蜂

在每年分蜂热到来之前，养蜂场可根据养蜂生产需要，提前对强群进行人工分蜂，防止分蜂热发生。在大流蜜期，若养蜂场不作分群安排，除扩巢和调整群势外，对于有分蜂意愿的蜂群，可采取模拟分蜂的办法，减退分蜂热。例如：在巢门前放置一块木板，打开箱盖和副盖，逐一抽出每张带蜂巢脾，将巢脾上的蜂抖落在木板上，让蜜蜂又从木板上爬进蜂巢，巢脾放回蜂箱时，适当做些调整。这种模拟分蜂方法间隔2~3d一次，可减退分蜂热。注意在抽脾抖蜂时不要将蜂王带出巢外，以免蜂王丢失。

第四节 中蜂合并蜂群

一、合并蜂群原理

合并蜂群是指将两个或两个以上蜂群合并成一个正常生活的蜂群或强大蜂群的全部操作过程。包括弱小群合并成生产采集蜂群和越冬蜂群。蜂群在合并时，一般是弱群并入强群，失王群并入有王群，老王群并入新王群等。

每个蜂群的蜂王在蜂群中长期释放的气味和工蜂释放的气味、幼虫气味、巢脾及巢箱气味等，形成了蜂群独特的群味。在长期共同生活中，每个成员能通过群味识别本群成员，对其他外来蜂群的成员便有了排异性和攻击性。合并蜂群时应消除合并的两个蜂群之间气味差异（或称群味差异）。若在合并蜂群时，不采取气味混淆，消除蜂群成员的警惕性，就会发生群味障碍，引起群斗撕咬，或出现围王现象。

一般在大流蜜期，蜂群中蜂王正常产卵、子脾多、幼蜂多的蜂群合并容易成功；在缺蜜期或失王太久、子脾少、老蜂多的蜂群合并难度大，就应在合并之前，先调入卵、虫脾，待蜂群稳定后再进行合并。处于安静环境、情绪稳定的蜂群合并容易成功；经常受到干扰和敌害侵袭、长期处于高度警惕状态的蜂群合并难度大，就应在合并前多日采取措施，解除侵害和干扰后，待蜂群稳定再进行合并。

蜂群合并应在傍晚或夜间，蜂群外出活动减少，比较安静时，合并蜂群容易成功。相对来说，在同一蜂场相邻的两个蜂群合并容易成功，而间隔距离远的两个蜂群合并难度大，可在合并前，每天将两个蜂群距离移近靠拢 50cm，待靠近后再进行合并。

二、合并蜂群基本要求

根据中蜂生物学规律与生物特性，中蜂在合并蜂群时，应按照蜂群合并的基本要求进行。一是无王群并入有王群。若两个蜂群都有蜂王，则应在合并前用关王笼关掉其中 1 只蜂王，或直接淘汰劣质蜂王，保留相对健康、强壮、质量好的蜂王。二是弱群并入强群。弱群并入相对强群后，可以增加蜂群群势，即使在合并后仍有部分外勤蜂返回原巢，但因其数量少，不会影响强群发展。三是合并蜂群前应仔细检查，蜂群中有否患有欧洲幼虫腐臭病、中蜂囊状幼虫病和其他疾病。患有疾病的蜂群不宜合并，有巢虫侵害的巢脾不能使用。四是

合并蜂群应选择安静环境，合并时操作要敏捷快速，避免盗蜂干扰和避开胡蜂侵袭的场所。

三、蜂群合并的方法

蜂群合并的方法可分直接合并和间接合并两种。

1. 直接合并

直接合并的方法也有两种。一种方法是在前一天傍晚用关王笼，将准备并入他群的蜂群中蜂王关上，用细铁丝将关王笼挂在隔板外。次日傍晚合并前，用30%～40%酒精水，少许喷雾两个蜂群，或将新鲜韭菜切成小段，用手搓出韭菜汁后，放置准备合并的两个蜂箱底部。造成两个蜂群中气味一致。然后直接将要合并的蜂群，连脾带蜂一起抽出，插入接受蜂群。也可提脾将蜂直接抖入接受蜂群中，合并后关好巢门。第二天上午9:00打开巢门即可。另一种方法是前一天傍晚用关王笼，将准备并入他群的蜂群中蜂王关上，用细铁丝挂在隔板外。合并前，将有王群的巢脾进行整理，安置在蜂箱一侧，中间用隔板隔开。然后将准备并入蜂群的巢脾带蜂抽出，一并安置在合群蜂箱隔板的另一侧，用喷雾器向蜂箱内喷雾少许稀释的蜂蜜水或30%～40%酒精水，待蜂群完全安静下来后，即可抽掉隔板，重新布置蜂巢。

2. 间接合并

因蜂群失王多日，子脾少、老蜂多的失王群并入有王群时，应采用继箱、铁纱网、副盖先间隔、后合并的方法。该方法第一步是先打开有王群蜂箱，保留铁纱网副盖，在铁纱网副盖上加一空继箱。第二步是将无王群进行整理，调出多余巢脾和劣质老脾，然后将无王群连脾带蜂抽出，逐一安置在合并蜂群上面的空继箱内。也可适当向巢箱和继箱内喷雾少许稀释蜂蜜水，次日观察两群蜜蜂是否有咬铁纱网，若有蜜蜂咬铁纱网，并且驱赶不走，说明上下两群蜂还有很浓重的抵触情绪，就暂不去掉铁纱网。待两群蜂完全能相处时，先拆除继箱，打开铁纱网副盖，将继箱中无王群蜂群连脾带蜂安置到有王群中。

四、蜂王和王台的诱入

蜂王或王台的诱入是指人工给无王群和应淘汰老王、劣质王的蜂群诱导一只新蜂王或一个成熟王台的方法。

在中蜂养蜂生产中，为了保证蜂群群势的发展，保持旺盛的群势，以夺取蜂蜜等产量，实现稳产高产，就必须年年更换老蜂王、淘汰劣质王。在换王群和无王群介入新蜂王时，应仔细耐心地诱入新蜂王。蜂王的诱入方法有直接诱入和间接诱入两种。直接诱入和间接诱入的蜂群对蜂王和成熟王台的接受程度，直接影响诱入蜂王和王台的成功与否。一般在气温适宜、蜜源丰富时，子脾多、幼蜂多、蜂群情绪稳定，诱入成功率高。在诱王前整理蜂群，先关囚王和毁尽自然王台或急造王台，巢内保持饲料充足，并适当饲喂 40% ~ 50% 糖浆，蜂群安静时，诱入新王成功率高。蜂群受敌害侵袭、盗蜂干扰，情绪暴躁时，诱入蜂王和王台成功率低。

1. 直接诱入

直接诱入蜂王方法较多。方法一：在失王的无王群或关王 24h 后的蜂群中，直接将引进新蜂王关王笼或蜂王邮递盒置两个蜂巢脾巢框上，轻轻地打开关王笼活动门，让新蜂王从两个巢脾之间爬进蜂群（图 68）。方法二：蜂群关王隔王 24h 以后，即第二天傍晚或夜间，将新蜂王放置巢门口，头部向巢内，使其爬进蜂群。方法三：一些有经验的养蜂员在新蜂王腹背涂上少许蜂蜜水，抽出巢脾，找到原蜂王，不惊扰蜂群，抓住原蜂王，迅速将身上涂有蜂蜜的新蜂王放在原蜂王的位置上，蜂群也会安静地接受新蜂王。方法四：给失王的无王群或已关王 24h 以上的无王群中介入成熟王台时，先将成熟王台从育王框上轻轻地割下，尽快安置在接受新王群的中间两张巢脾之间，或安置在一张老巢脾下方。即先用手指将巢脾压一小凹陷槽，将成熟王台按头部朝下卡放在凹陷处，轻轻压紧。再将两个巢脾靠紧，新的处女王出房后，进入蜂群，择日自然交尾。

图 68　关王笼放王入群（张新军 摄）

2. 间接诱入

间接诱入蜂王，主要是起到安全保护蜂王的作用，防止由于直接诱入蜂王时蜂群围王咬王。间接诱入蜂王的方法是将蜂王暂时关置在关王笼或扣王器及邮递王笼或全框式塑料诱入器内，安置在蜂群中，待蜂群安静、蜂王安全时，轻轻放出蜂王，起到保护新蜂王的作用。间接诱入新蜂王的方法有以下几种。

（1）关王笼诱入蜂王

将准备诱入的新蜂王关置在小型栅式竹木关王笼或塑料王笼内，用细铁丝吊挂在无王蜂群中。先观察蜂群是否围王，暂不盖上副盖和箱盖，若蜂群情绪稳定，再盖上副盖和大盖。等 24h 以后，再打开关王笼活动门，将蜂王放出，

让其爬入蜂群。缺蜜源季节，诱入新蜂王在蜂群中幽闭时间应略延长 1 ~ 2d。

（2）扣王器（笼）诱入蜂王

从蜂群抽出一张蜜脾，用圆形不锈钢纤扣王器（笼）将蜂王扣在巢脾上部 1/3 处，略将扣王器深插入巢脾，以牢固扣王器（笼）。再将扣王巢脾轻轻插入蜂巢的中间两张巢脾之间。新蜂王在巢脾幽闭 24h 以后，观察蜂群情况，蜂群安静时，便可摘下扣王器（笼），新蜂王便进入无王群。缺蜜季节，诱入新蜂王幽闭时间应略延长 1 ~ 2d。

（3）邮递蜂王笼（盒）诱入新蜂王

从外地将邮递蜂王笼（盒）邮递至蜂场后，首先将邮递盒铁纱网开启一小口，放出陪伴工蜂，还原铁纱网。再打开蜂群箱盖和副纱盖，安放邮递王笼（盒）。安放时将邮递王笼（盒）放置在蜂群中间两个巢脾上梁框上，有纱网的一面向着蜂路。盖上副纱网和大盖，24h 后，检查蜂群情绪，蜂群安静，便可钻开邮递盒的门孔，放出新蜂王进入无王群（图 69）。

图 69　邮递盒诱入新蜂王（张新军 摄）

（4）全框式塑料诱入器诱入新蜂王

当养蜂场、育种场购买或引进优良新蜂王作种王，需要特殊保护时，可用全框式塑料诱入器诱入方法。先将全框式诱入器上盖打开，从蜂群中选用一张带老熟蛹的蜂脾，抖掉老蜂，留下新蜂放置在诱入器内，将新蜂王从关王笼内放出，爬入诱入器内，盖上上盖。连同诱入器一起，插入无王群中间两张巢脾中。新蜂王可在诱入器内巢脾上自由活动和正常产卵，部分出房不久的新蜂可饲喂新蜂王。2 ~ 3d 后便可将新蜂王放出，爬入蜂群，正常活动。

3. 解救被围蜂王

（1）蜂王被围现象

人工诱入新蜂王时，无论是产卵王还是处女王，人工操作不当，包括检查蜂群、操作蜂王诱入和新蜂王惊慌等引起蜂群围王；或是因处女王交尾后，返巢时误入他群引起蜂群围王；也有蜂群中工蜂产卵，诱入新蜂王被围等。蜂群围王时，出现工蜂情绪激动，轻者则有蜜蜂追逐蜂王，重者则将蜂王视为入侵敌害，结团围困蜂王，撕咬蜂王，引起蜂王伤残，甚至死亡。

诱入新蜂王或处女王交尾返巢误入它群，若蜂群不接受，迅速发生围王现象。蜂群对新入群蜂王不接受时，采集蜂立即停止外出采集活动，蜂巢发生追逐、围堵、撕咬新蜂王。甚至在箱外能听到巢内"吱、吱、吱"的尖叫声，打开蜂箱，轻轻移动与调开巢脾，看到蜂箱底下出现球状蜂团，说明蜂王被困。这时，应采取措施，及时解救被围蜂王。

（2）解救被围蜂王方法

一旦发生蜂王被围时，可迅速用手将蜂团捧出，放入到已准备好的25～30℃的温水中，使蜂团很快散开，便可解救蜂王。也可向蜂团滴上几滴蜂蜜或喷稀薄烟雾，使蜂团散开，便可解救蜂王。解救蜂王时，当蜂团散开，快速用手提住蜂王，关入关王笼，仔细观察蜂王是否伤残，若蜂王完好，爬行灵活，便可留用。并向原群蜂脾喷雾薄蜂蜜水后，用关王笼幽闭蜂王，重新介入原蜂群，直至蜂群完全接受新蜂王为止，便可打开关王笼活动门让蜂王爬入蜂群中。若蜂王严重伤残，应淘汰伤残蜂王，重新更换一只健康蜂王。

解救被困蜂王时，应注意不要用手或棍棒、竹签等直接拨弄蜂团找蜂王，以免激怒蜜蜂；不要用喷烟器向蜂团喷雾浓烟，以免浓烟造成对蜂王的伤害和引起少数工蜂咬住蜂王不放。

第五节　中蜂飞逃与飞逃防止

一、中蜂飞逃

中蜂飞逃是指当中蜂蜂群正常生存环境和生活条件遭到破坏，以及其他因素严重影响中蜂群正常生存与生活秩序（比如食物严重缺乏，外界食物诱导），造成全群中蜂从原巢穴飞出逃离，逃到新的环境和新的巢穴重新筑巢。人工饲养的当地纯种中蜂飞逃后，也是自然界中蜂存量的一个补充，对当地生态环境是非常有益的。

在自然界中，中蜂在某一生态系统内呈现相对稳定的分布规律，它们的分布与食物资源、生态环境相适应，分布密度与食物供应量相对一致。同时，受季节变化、自然灾害影响，在生态系统内发生近距离飞逃或远距离迁飞。一般

来说，在相对优良环境和稳定的食物供应条件下，某一蜂群在某一优良的巢穴中筑巢酿蜜，世代交替，不发生飞逃。人们误解中蜂飞逃是其特性，其实中蜂是一种生态系统中生物链上相对稳定的因子。例如，靠近武陵山的东端湖北省宜都市，一农户家于20世纪70年代末期有一群野生中蜂在墙壁上一木桶内筑巢酿蜜，该农户每年可收获25kg以上蜂蜜，从来没有作精细管理与饲喂，至前几年房屋拆迁之前，该蜂群30多年，从未发生飞逃。在自然条件下，一旦中蜂巢穴遭到自然灾害破坏，中蜂蜂群才会发生迁移，寻找新的巢穴。

在人工养殖中蜂过程中，中蜂群群落分布密度受各种小环境因素和人为因素影响，往往会发生飞逃。生态平衡受到破坏，食物供应不足，发生多群严重飞逃，就会造成经济损失。所以，在养蜂生产中，我们必须熟悉中蜂生物特性，掌握分布与食物供应关系，了解飞逃原因，才能有效地预防和预后处理飞逃蜂群。

二、中蜂产生飞逃的因素

中蜂飞逃的因素很多，包括食物缺乏、敌害侵扰、病虫害发生、管理不善、饲喂不当、应激反应等，都会引起中蜂飞逃。具体因素如下。

1. 食物短缺

中蜂巢穴缺蜜缺粉，外界无蜜源粉源，食物严重不足，蜂王停产，时间一长，蜂群就会飞逃。特别是长期阴雨，遇上短暂天晴，蜂群就会迅速飞逃，找到一个有食物供应的环境中筑巢栖息。

2. 敌害侵害

中蜂蜂群经常受到敌害，包括禽兽、鸟类、胡蜂长时间攻击，侵害蜂群，造成蜂群无法正常生存，蜂群就会飞逃。

3. 病虫害发生

蜂群发生严重病虫害，如：中蜂囊状幼虫病、幼虫腐臭病，弱群严重巢虫为害，寄生蜂、寄生蝇为害等都会造成中蜂飞逃。

4. 饲养不当

人工饲养不当，管理不善，开箱提脾次数多，转场运输强烈振动，夏日烈日暴晒，秋季风吹雨淋，初冬群势弱，调温能力差，盗蜂猖狂等就会造成中蜂飞逃，或新蜂箱强烈气味刺激等造成中蜂飞逃。

5. 缺子坠脾

收捕的野生中蜂过箱后长时期缺子脾，中蜂过箱绑脾不牢，蜜脾断裂坠落坍塌，造成蜂群飞逃。

6. 巢脾陈旧

巢脾陈旧老化发黑较多，无法存放蜂蜜，即使外界蜜粉条件好，而蜂群需咬啃老巢脾，需要时间才能筑造新脾，也会造成蜂群飞逃。

7. 巢内狭窄

在一些优越蜜源条件的地方，有些传统方箱蜂群蜜脾占满巢内空间，巢内狭窄，蜜压子脾，蜂王没有空巢房产卵，也会引起蜂群飞逃。

8. 其他因素造成蜂群飞逃

夏季蜂群大、蜂箱太小；深秋初冬风雨多，蜂箱裂缝多、破损多；蜂群长期在阳光下暴晒，或遭受雨淋；老王已丢失一段时间，新蜂王未开产等因素，都容易引起蜂群飞逃。

三、中蜂飞逃的预防及预后处理

1. 中蜂飞逃前征兆

中蜂飞逃除上述因素外，往往在夏季高温期、秋季缺蜜期、外界食物引诱，初冬出现干旱期时间长也容易发生。中蜂飞逃一般多发生在上午八点至下午四点，飞逃过程分为三个阶段，第一阶段为准备阶段，第二阶段为近逃阶段，第三阶段为远逃阶段。

第一，准备阶段。蜂群出现飞逃前征兆，如工蜂不出勤，即使外界有蜜源，气温较好，飞逃蜂群巢门前也没有发现出巢采集的工蜂，蜂王得不到工蜂侍喂，体型变小，停止产卵，翅膀伸展。飞逃前，走近蜂箱，耳听蜂群安静，工蜂在静静地吸蜜，存于蜜囊，作飞逃前的准备。

第二，近逃阶段。中蜂作好飞逃准备后，飞逃时，先是一些青壮年蜂出巢，开始在蜂巢上方作旋转飞行，等待全群90%以上中蜂在空中集合，形成大旋蜂团。最后，部分工蜂迅速将蜂王护送到旋蜂团的中心，全群中蜂簇拥着蜂王，离开巢穴一呼而去。它们先在附近树枝、树干上结团，作短时间停留，有时在侦察蜂没有寻找到新的居所前，也会停留 1～2d 或更长时间。蜂群在蜂场附近树枝、树干上结团时，蜂团中间有一空洞通道，通往蜂团外面，蜂王就被保护在蜂团中间。这时，蜂群完成近逃阶段。

第三，远逃阶段。蜂群完成了近逃阶段，稍作停顿后，蜂群便有几十只侦察蜂飞出较远地方，寻找新的居所。一旦侦察蜂找到合适的居所，蜂群便会簇拥着蜂王，呼啸而去，飞往新的居所，重新筑巢，开始恢复正常的生活和生产秩序。这样，蜂群便完成了全部飞逃过程。

2. 中蜂飞逃预防措施

中蜂群飞逃要根据实际情况，作出预防措施。一般来说，对于中蜂飞逃要作好如下预防工作。

（1）选好定地养蜂场所

在武陵山区定地饲养蜂场应选择周围 3km 范围内有较好蜜粉源植物和良好水源的地段，并有一些空闲土地、山坡可补充种植粉源植物，以补充缺蜜缺粉季节的蜜粉供给，减少蜂群飞逃意愿。

（2）创造蜂群通风条件

蜂箱摆放于夏季避阴、冬季避风的位置。高温季节应扩大巢门，调宽蜂路，削除赘脾，加浅继箱扩巢通风。必要时，向蜂箱体外洒水降温。

（3）使用优王，饲养强群

养殖中蜂，一定要使用优质蜂王，年年换新王，优王不停产，维持强群。强群中卵、虫、蛹、蜂世代交替，比例合适，是维持蜂群稳定生活、正常生产的基础，可以减少飞逃发生。

（4）适时更换旧巢脾

中蜂养蜂生产，要经常淘汰陈旧发黑的旧巢脾，多使用优质新巢脾，减少蜂群抗拒老巢脾的情绪产生。

（5）保持巢内优质蜂粮

优王、强群、充足而优质蜂粮是防止蜂群飞逃的重要措施之一。每年夏季高温到来之前和秋冬之交季节，在贮蜜充足的条件下，适时取出成熟蜜，加入优质空蜜脾，每日傍晚可以用 20% 蜂蜜水适量饲喂，以增加中蜂食量，减少产生飞逃意愿。

（6）拦截与收捕飞逃蜂群

中蜂养殖场应在朝南方向 20 ～ 30m 处栽培一些蜜源植物，或在蜂场南端小树干悬挂部分收蜂笼，飞逃蜂群在近逃阶段就会在附近树干、树枝上或自行进入收蜂笼结团（图 70）。也可以在蜂场前 50 ～ 100m 的高坡上，适当放置准备好空蜂箱，涂上蜜蜡，当蜂群飞逃时，短时间内也会飞至蜂箱内。

（7）安装防逃片和多功能防逃器

当箱外检查发现有飞逃迹象的蜂群，可以轻轻地关上巢门，打开大盖和覆布，用喷水壶向内喷洒清水水雾，让其安定，盖上纱盖和大盖。在易产生飞逃的季节，适当用关王笼关王（不必将蜂王剪翅），也可在巢内口安上塑料防逃片或多功能防逃器（图 71）。

图 70 蜂场前悬挂收蜂笼收蜂（张新军 摄） 图 71 蜂群巢门安装防逃片（张新军 摄）

（8）互换子脾，加大哺育量

在强群中抽取成熟子脾调往弱群，再从弱群中抽出新子脾调入强群，加大强群哺育量，减轻飞逃意愿。

（9）了解蜂情，科学管理

养蜂人员要熟悉中蜂生物特性和生活习性，经常在箱外观察与判断巢内蜂王产卵、工蜂出勤、蜂群病虫害、天敌侵害等情况，发现蜂群有问题，及时解决问题，消除引起蜂群飞逃的因素。

四、中蜂飞逃群处置

中蜂群飞逃在准备阶段和近逃阶段，可以进行有效处置，后期收捕蜂群也应作好飞逃后处置。

1. 抛洒水土，救王关王

当蜂场出现飞逃蜂团已在低空盘旋等待全体蜂群和蜂王时，可用提前准备好的水向旋蜂上方泼洒，或用提前准备好的细沙土向旋蜂上方抛洒。待蜂群落地结团时，迅速在地面找到蜂王，用关王笼关囚蜂王，防止蜂群围王。然后，找到飞逃原因，更换蜂箱，重新布巢。

2. 及时收蜂，重新安置

当蜂群飞逃在近距离树上或屋檐下，可以用提前准备好的绑在竹竿上的收蜂笼进行收捕。也可以涂少量蜂蜜于收蜂笼内，将收蜂笼口向下罩住暂停在树枝、树干、屋檐下的飞逃蜂团。近距离可及时用其他软树枝条或新扫帚，轻轻地扫动，将蜂团赶进收蜂笼，待蜂团全部移入收蜂笼内即可收回，重新安置。

3. 换箱安置，重新布巢

收回的飞逃蜂团，先将收蜂笼带蜂团继入一空蜂箱内，迅速换掉原位上原巢箱，并重新整理布巢，从原群或其他弱群中调入适量卵虫脾，保留原群蜜粉脾，将卵虫脾放置中间，另在中间产卵区加1张优质空脾，蜜粉脾放置卵虫脾外侧，调整蜂路，布巢完毕。将收回在收蜂笼中蜂团抖落到已布置好巢的蜂箱内，盖好纱盖、覆布和大盖，暂关上巢门，或在巢门口装上防逃片。也可向蜂群喷洒少许清水，让蜂群尽快安定。

4. 观察蜂群，催蜂上脾

当收回蜂群安置15min后，轻轻开箱检查，观察蜂群是否上脾。若蜂团还未散完，蜂群没有上脾，可用细鸡毛帚或小树枝轻轻地扫动，将蜂赶上脾，待蜂上脾，即可打开巢门。

五、中蜂飞逃处置注意事项

中蜂飞逃若处理不及时或处理不当，往往会出现一系列的连锁反应，容易产生多群飞逃和全场"冲蜂"，出现飞逃蜂群和蜂王被围等现象，给蜂场带来一定的经济损失。例如，20世纪90年代中期，大别山区西北部祁家湾一家中蜂场出现过全场冲蜂。一开始飞逃群在巢上空低空快速盘旋，飞逃群蜂王刚一出巢，护王中蜂与邻近群返巢采集蜂相遇，邻群返巢蜂快速攻击，飞逃蜂快速护王，结果出现结团围王，相互撕咬，蜂团在地面滚动，引起连续反应，其他蜂群整体参与。最后，全场40多群中蜂90%以上返巢采集蜂参与混战的"围王行动"，不到40min，形成近1m高的旋转蜂团，发出"呼、呼"的响声。因此，处理飞逃蜂群要及时，行动要快，发生初期尽快消除结团围王，救出被围蜂王，才有可能避免蜂场"多群围王""全场冲蜂""集体飞逃"。

有时飞逃蜂群初期在蜂巢上方低空盘旋时，引起邻群或多群返巢采集蜂误入旋蜂中，越来越多的蜜蜂在作低空盘旋，蜂场上方密密麻麻，遮天蔽日的旋蜂飞舞。最后，引起多群或全场蜂群飞逃，出现"全场冲蜂"和"集体飞逃"。

在中蜂飞逃时，当飞逃群蜂王刚一出巢，与邻近蜂群返巢采集蜂相遇，它们突然发起攻击，飞逃群护卫蜂则死死护王，双群或多群蜂围住蜂王不放，相互撕咬，结团围王，掉在地面。短时间内，可以及时向蜂团泼洒清水，使蜂团散团。若仍有少数蜂结团不散，可准备几盘清水，用手将围王蜂团捧起来，任意放入几盘清水中，工蜂蜂团落于水后自行散团，即可找到被围蜂王。救出受惊吓的蜂王，将其关在囚王笼内，放置准备好的蜂箱内，蜂箱内安置有子脾和蜜粉脾。若蜂群内仍有少量小蜂团，它们相互撕咬，可喷洒少许蜂蜜水或清水，使其安定下来。

当飞逃群及时处理后，关好巢门，向内喷洒少许清水，当日不进行饲喂。第二天，对解救蜂王的蜂群进行开箱检查，若已恢复正常生活秩序，即可将蜂王放出。一般来说，因飞逃蜂群严重混乱，与他群结团围王，受到严重刺激的蜂王对蜂群及后代有影响，应在短时间内更换受害蜂王。

第六节　盗蜂与盗蜂防止

一、盗蜂

盗蜂是指人工饲养的蜜蜂，在巢内食物短缺、外界无蜜源情况下，如果有食物和蜜、蜡气味引诱，就会发生他群蜜蜂进入蜂群偷盗与抢夺食物，引起相互撕咬的现象。通常把偷盗与抢夺食物的蜜蜂称作盗蜂，把作盗蜂蜂群称为作盗群；反之，称为被盗蜂和被盗群。

二、盗蜂发生原因

1. 食物短缺、蜂群饥饿

蜂群中贮蜜极少，外界无蜜源，蜂群呈现半饥饿和饥饿状态，预感一定程度上存在着生存危机，外出采集蜂开始四处寻找食物。春季、秋季和初冬季节，盗蜂一旦发现他群食物源存在，便会起早贪黑地进入他群盗抢食物。

2. 蜜、蜡气味引诱

处于半饥饿、饥饿状态的蜜蜂嗅觉灵敏，在空中飞行，很快顺蜜、蜡芳香气味，找到食物源地或场所，进而偷盗和抢夺食物。如果人工饲喂不慎，滴漏糖浆和开箱检查暴露蜜脾，都极易招惹盗蜂。

3. 中蜂、意蜂同场饲养

中蜂、意蜂同一放蜂场地或同一饲养场所，意蜂个体大，攻击性强。春季或秋冬季之交，意蜂进入中蜂群长时间作盗，容易造成中蜂垮群和飞逃。在秋季和初冬缺乏蜜源时，若气温高、气候干燥，易产生意蜂盗抢中蜂食物。在深秋和初冬之后，若气温低于12℃以下，中蜂也会盗抢意蜂食物。

4. 蜂群间群势差异大

同一蜂场或邻近蜂场，由于蜂群群势差异较大，在巢内食物短缺、外界无蜜源情况下，会发生强群盗弱群、大群盗小群、邻场盗本场，甚至引发全场互盗、一片混乱。

5.蜂群管理不善

早春、深秋及初冬蜂群巢门正对太阳，长时间阳光直射，易引起盗蜂。若蜂箱破旧，裂缝大，箱盖不严以及人工巢门补水，长期滴漏等，都会引起蜜蜂起盗和中蜂蜂群互盗。

三、盗蜂为害与盗蜂识别

1.盗蜂为害

盗蜂发生，一开始出现少量作盗蜂飞往被盗蜂巢箱前，绕着蜂箱飞行，四处寻找洞口。少量作盗蜂在巢门前欲混入巢内，很快被守卫蜂阻拦，并围剿滚落在地，出现攻击与反击，相互抱团撕咬和蜇杀。严重时，产生大规模盗蜂，蜂场地面到处有抱团撕杀场面，满地出现死亡工蜂。作盗蜂越来越多，被盗蜂群工蜂性情暴躁、凶残。

作盗蜂一旦盗得蜂蜜，返巢后，很快将信息传递全群，便率众多青壮年蜂前往被盗群抢夺蜂蜜。

一旦攻陷被盗蜂群，大量作盗蜂从巢门、裂缝、大盖间隙处进入被盗群巢内，把巢内蜂蜜掠夺一空。被盗群蜂王被围杀，或蜂王率蜂群弃巢而逃。往往弱群束手就擒，易被盗，易攻破，地面上不会出现一片严重的撕斗场面。

盗蜂发生，经常出现他场盗本场、本场互盗、强群盗弱群、意蜂盗中蜂、中蜂盗意蜂。无论是作盗群还是被盗群，盗蜂严重发生时可致全场垮群。

2.盗蜂识别

盗蜂发生之初应及早发现，及时制止。往往盗蜂发生之初，被盗群巢门前、箱盖四周有企图进入巢内的外来蜂，环绕蜂箱飞行，寻找缝隙和洞口进入。被盗蜂群门前守卫蜂非常警惕，作盗蜂会伪装进入，但还是被守卫蜂识别，进行阻拦。盗蜂进入时是空腹，腹部较小，出巢时，腹部膨胀，飞行时，往往因超重会向下沉一下再上升飞行。捉住盗蜂，轻轻挤压腹部，其口器上便会出现甜甜的蜜珠。

盗蜂作盗每天起早贪黑。夜间将被盗群巢门关闭，第二天清早，就会发现很多作盗蜂早就围在巢门前飞行，企图进入被盗群巢内。傍晚，其他蜂群采集蜂都已入巢，而作盗蜂仍然在被盗群巢门前欲进入作盗。

由于作盗群兴奋，大量盗蜂在被盗群巢门前出入，可用白色淀粉洒向巢门前进出工蜂身上，标记作盗蜂，盗蜂绒毛粘满白色淀粉，飞回作盗群时，便可在其他蜂场或其他蜂群中寻找到作盗蜂和作盗蜂群。

四、盗蜂预防与盗蜂制止

1. 盗蜂预防

（1）完整箱体，开小巢门

中蜂蜂箱应做到完整、无裂缝、无缺口，大盖严密，通气纱窗完好。无蜜蜡气味往外散发。在早春和秋冬之交，外界无蜜源时，缩小巢门，或使用小巢门，安装多功能防盗器或隔王片，可预防盗蜂发生。

（2）饲养强群，保持群势

饲养中蜂不宜追求群数，应追求群势。长年养蜂生产，保持强群饲养和强群生产，全场群势基本一致，日常饲养每群保持 6 脾以上，生产期每群保持 8 ～ 10 脾。弱群及时合并，失王群及时介王，保持蜂脾一致，蜂多于脾。

（3）贮足蜂粮，科学饲喂

在一个蜂场饲养蜂群数量过多，蜂群就会长期处于半饥饿状态，易引起盗蜂。应减少蜂群数，严重缺蜜源时，调入封盖蜜脾。尽量减少饲喂，减少开箱检查露脾次数。必要饲喂时，应在夜间蜂群安静时，进行适量饲喂，以当晚食完为宜，不将糖浆滴洒蜂箱外壁和地面。

（4）中蜂、意蜂分场饲养

在蜜粉源缺乏时，中蜂和意蜂不能同一场地放蜂，不能同一场混养。意蜂个体大，进攻性强，中蜂守卫防范不及，往往容易被意蜂盗抢蜂粮。一般意蜂场与中蜂场应相距 4km 以上，甚至更大距离。

（5）稍作遮挡，阻止盗蜂

蜂场发生盗蜂初期，出现个别蜂群巢门前有几只盗蜂欲进巢门，或环绕蜂箱周围飞行，寻找蜂箱缝隙进巢，可用新鲜树枝和稻草遮挡巢门前，用其他遮挡物遮挡箱体，使盗蜂不能轻易进巢，即可止盗。

2. 制止盗蜂

（1）关王止盗，保护被盗群

发现盗蜂在被盗群巢门前，向出入工蜂洒白色淀粉的方法，识别作盗蜂，找到作盗群。可用关王笼将作盗群蜂王关囚起来，临时安置在其他蜂群继箱内隔板外侧。作盗蜂群发现失去蜂王，不再作盗。2 ～ 3d，当作盗群盗抢他群现象消失，再将蜂王移回原巢。关王止盗对于本场内一群盗一群的止盗效果较好。若发生多群盗一群，应及时发现，及时在被盗群巢门安装多功能防盗器，为被盗群提供防盗条件，更好地保护被盗群。

对于轻微盗蜂发生，也可用杂草和树枝遮掩被盗群巢门，起到保护作用，

也可将被盗群搬离现场4km以外，避开盗蜂，保护被盗群。

（2）替换空蜂箱，安装单向巢门，收捕作盗蜂

对于少数个别蜂群发生盗蜂，可利用作盗群往往清晨很早作盗，傍晚很晚返巢的特性，夜晚待作盗蜂完全返巢，将被盗群关闭巢门，搬离原址，临时安置于隐蔽场所。在原址安放一空蜂箱，可略带少许蜜脾或糖浆，盖上纱盖和大盖，在巢门安装圆筒喇叭口式脱蜂器，使盗蜂只能进，不能出。几天后，便可捕完盗蜂，将作盗蜂连同蜂箱搬离直线距离4km以外，介入新蜂王或成熟王台，补充子脾和蜜脾，组成新蜂群。原被盗群可搬回原地，在巢门口加装防盗片即可。

也可以在被盗群搬离后，在原址安放一空蜂箱，仅盖上纱盖，半遮挡式盖上大盖，安装巢门脱蜂器，盗蜂只进不出，每天傍晚打开纱盖，放飞作盗蜂。经过2~3d，作盗蜂消失，即可将原被盗群搬回原地。

（3）搬迁蜂场，彻底避盗

当中蜂场发生严重盗蜂时，已经分不清作盗蜂与被盗蜂，全场一片混乱，满地都是抱团撕咬。应在夜间关闭所有蜂群巢门，将蜂场搬迁至5km以外的蜜源场地，多点分散安置。每个蜂群巢门安装防盗片，饲养50d以上或1个蜜源花期，原被盗蜂已不存在，方可搬回原址安置。

第七节　合理收捕野生中蜂

一、收捕时间

武陵山区每年4—6月和9—10月，外界气温高于20℃，是蜜粉植物开花泌蜜供粉的最佳季节，也是野生中蜂采集花蜜和花粉量最大的时期。春夏之交和秋季，尤其是前期油菜花期和五倍子花期，中蜂繁殖速度快，群势壮大快，易产生分蜂群和迁移，寻找新的居所。另外，野生中蜂巢穴周围蜜源分布变化和巢穴环境变化，对于野生中蜂来说更加易于选择优越的巢穴筑巢居住。

二、寻找野生中蜂

1. 观察飞行路线，追寻巢穴方向

野生中蜂出巢采集，特别在荒野、有水源的峡谷中生存的野生中蜂，出巢采集时，可观察采集蜂飞行路线，观察它们从何而来，采集完毕又飞往何处，以确定巢穴方向。然后，顺着它们的飞行路线，朝着回巢方向，就可以找到野生中蜂巢穴。

2. 蜜蜡气味引诱，追寻标记返巢蜂

在阴雨天气，蜜源花朵不泌蜜情况下，利用野生中蜂对蜜蜡气味趋性强的特点，将蜂蜡或巢脾燃溶，蜂蜡中虫蜡素等芳香物质在空气中飘浮，中蜂就会追寻而至。具体方法是，用小石块将装有少量蜂蜜和蜂蜡的器具支架起来，在底下点燃蜂蜡或旧巢脾，当蜜蜡气味散发后，周围只要有采集蜂，或分蜂期的侦察蜂，它们会飞过来吸蜜。用小型纱网捕捉 1 ~ 2 只，用细小棉线，一端携上白色小绒毛，一端携住蜜蜂后足，放飞后返巢，便可跟踪寻找野生中蜂巢穴或分蜂团。

3. 观察中蜂粪便，寻找野生蜂巢

野生中蜂每天都会有外勤采集蜂飞出采集，每群野生中蜂外出采集蜂飞行路线相对一致。它们在飞行途中排泄粪便，一般新鲜粪便呈现淡黄色，并且在巢穴附近的植物叶片或石头上会有很多新鲜的蜜蜂粪便。根据采集蜂和认巢幼蜂粪便，便可在附近找到野生中蜂蜂巢。

三、收捕野生中蜂方法

1. 准备收蜂器具和引诱材料

收捕工具：圆木桶、方木箱、十字框蜂箱、少量巢脾或其他器具。

引诱材料：蜂蜜、蜂蜡、白糖及蜂王信息素（95% 酒精蜂王浸提液）。

2. 引诱招蜂和定点收蜂

在野外收捕野生中蜂，一定是在保护野生中蜂前提下合理收捕，不破坏野生中蜂巢穴（包括崖洞、岩洞、树洞中的中蜂巢），不在洞中割脾取蜜收蜂，只能是引诱招蜂方法或定点收捕方法收捕。

引诱招蜂是在野生中蜂采集地段附近，用蜂桶、蜂箱进行收捕，在收捕箱门口和内壁上涂抹蜂蜡，可用烧红的铁棒、火钳在涂有蜂蜡或撒开的巢脾渣上滚动，或小型喷火枪溶蜡，使其在蜂桶内外壁上，散发蜜蜡气味，或在巢脾上涂抹用 95% 酒精浸泡的蜂王信息素，用以引诱野生中蜂。也可捕捉 3 ~ 4 只侦察蜂安置在收捕箱内，关闭巢门，幽闭 15min 或 20min，然后打开巢门，让其飞回原蜂巢向蜂群传递信息，很快就可以收捕到野生中蜂蜂群。

定点收捕是用内壁涂有蜜蜡的蜂箱（包括圆木桶、方木桶、活框蜂箱）和其他器具，放置房屋前后和野外选好的大树下、坡坎边和崖边地上、岩石上，一般背风向阳、坐北朝南的隐蔽地方作为收捕点，也可在收捕箱和器具巢门前附近树叶上喷洒少许蜂蜜水。布置完毕后应经常察看，待收捕器具已收到野生中蜂蜂群，即可领回驯养。

新鲜水牛粪便所产生的气味主要成分是吲哚、碳化氢、乙酸、胺和粪臭素等，综合气味，对中蜂有比较好的吸引，容易招引野生中蜂。也可将少量新鲜水牛粪便撒于收蜂桶、箱的周围，用以引诱野生中蜂。

四、其他收捕方法

1. 岩洞蜂群的收捕

对于多个小洞口的石洞蜂巢，可用泥土封住多个小洞口，留下 1 个蜜蜂出口通道，在洞口外放置预备的蜂箱，蜂箱内有适量蜜脾，用黑色布通道或有机玻璃管，连接洞口和收蜂箱巢门口。然后向洞穴内喷烟，或用少量碳酸塞入洞内，置巢脾下方，不一会洞内中蜂被熏后，纷纷离脾爬向通道口，进入蜂箱。待石洞内蜂群基本爬出后，蜂王也会爬出洞口，待全部进入蜂箱后，关掉蜂箱巢门，可向蜂群喷洒清水雾，促其安静，即可运回蜂场安置。

2. 树洞蜂群的收捕

在古树洞、大树洞中收捕野生中蜂，应考虑珍稀树和古树是国家保护的植物，保留蜂巢穴可供以后入巢的野生中蜂栖息。这时，可先用木棍、小石块轻轻敲击树干，贴近树洞听蜂声，确定蜂团的位置，再观察树洞口，若有多个出入口，用泥土封堵整个洞口，留下一个洞口，将收蜂箱或收蜂黑色布袋绑在树干上，将巢门口或袋口连接蜂树洞出入口，然后向树洞内吹烟，驱蜂离巢，进入蜂箱或收蜂布袋（可用黑色布通道把树洞出入口与蜂箱连接紧）。在收蜂时，可向收集蜂群（团）喷洒清水或 20% 左右蜂蜜水，使蜂群迅速安定，即可运回蜂场安置。

第八节　中蜂过箱技术

中蜂过箱通常是指将传统蜂桶饲养的蜂群，转移到现代活框蜂箱中，在转移过程中所进行的驱蜂、收蜂、割脾、绑脾，在新巢箱挂脾、布巢，安置蜂群等一系列环节的总称。

中蜂过箱成功与否取决于过箱条件、过箱技术和方法，熟练掌握过箱技术和环节，是实现中蜂现代饲养生产的基本技能。

一、中蜂过箱条件与时间

1. 中蜂过箱条件

一是中蜂过箱应在气候正常、天气晴朗、无风无雨、气温在 15 ～ 30℃比较适宜。天气闷热，气压较低，气温过高或过低等不适宜中蜂过箱。

二是外界既有蜜源供给，还应有粉源供给。蜂群处于正常采集和正常生活生产时期，这样，有利于过箱后蜂群情绪稳定，过箱成功率就高。

三是准备过箱的蜂群有一定群势。一般不足 3 脾蜂量的弱群，保温能力差，饲喂蜂量相对少，造脾速度慢，不利于过箱后的蜂群正常发展。

四是准备过箱后的蜂群，无论是收捕的野生中蜂，还是人工饲养的传统方桶、圆桶的蜂群，应有正常的产卵蜂王、足量的蜜脾和适量的粉脾。这样，过箱后的蜂群很快恢复正常生活，十分有利于蜂群生产活动。

2. 中蜂过箱时间

一般中蜂过箱时间应选择在晴朗天气的傍晚进行，这时过箱比较容易操作。每天上午 10:00 至下午 14:00 点也可以过箱，但是，白天过箱，准备工作要充分，尽量不要影响蜂群活动。

二、中蜂过箱前的准备

准备好两个经过清理消毒的空蜂箱和 1 个用于平展巢脾桌子面板及 2 个长 50cm、宽 30cm 用于托平夹巢脾的蜂巢吊板或比巢框略大一点薄木板。

用于过箱时使用的器材：蜂衣、蜂帽、收捕笼、喷烟器、喷水雾壶、起刮刀、割蜜刀、一根小木棒、空塑料盆等。

用于绑脾的器材：巢框、24 号细铁丝，若干长 70 ~ 80cm、宽 1cm 左右一拉得塑料捆扎带用于夹绑巢脾。也有人自制挂脾小工具，将塑料挂件嵌入巢脾，绑在巢框上，挂入新巢箱。此方法简单，易于操作。

在传统中蜂群过箱于活框箱现场，一般需要 2 人以上，各自分工，相互配合，更好地完成过箱全部过程。

三、过箱方法与步骤

中蜂过箱有两种方法，第一种是绑脾过箱，用割蜜刀将传统圆桶、方桶中的较好蜜粉脾、子脾割下，按照活框巢框内径大小，切割下的巢脾绑在活框巢框上，将绑好的脾与蜂群一起安置到活框蜂箱中。另一种方法是借脾过箱，提前准备好的卵、虫子脾、蜜粉脾安置在空活框蜂箱内，将准备过箱的蜂群收集于收蜂笼，直接抖入其中。主要根据准备过箱的蜂群情况，选择其中 1 种使用。

1. 绑脾过箱方法与步骤

中蜂绑脾过箱操作较为复杂，有 2 人共同协作过箱，既节约过箱时间，又

保障过箱步骤协调。

（1）倒立蜂箱（桶）

将准备过箱的中蜂蜂群连同木桶搬离原地，逐渐倾斜倒过来，立在准备好的桌面上。同时立即将涂有少量蜂蜜的收蜂笼罩在倒立向上的蜂箱（桶）底的上方，用小木片或削蜜刀，垫在倒立蜂箱（桶）下方，留出一条缝隙。

（2）收蜂、驱蜂

通过这条缝隙，用喷烟器向内喷少许烟雾。在喷烟雾的同时，用小木棒或起刮刀柄从下往上轻轻地敲击倒立的蜂箱（桶）外壁，蜜蜂就会离脾并向上方收蜂笼中聚集。等待蜂群全部集中到收蜂笼后，将收蜂笼同蜂群移至准备好的空蜂箱上面，临时停放，时间不宜过长。

（3）割脾切脾

原蜂桶中原蜂群移出后，即对原蜂桶中蜂脾进行割脾。割脾时，先快速将较完整的巢脾整张切割下来，根据巢框内径大小进行修整。在修切巢脾时尽量保留好子脾、粉蜜脾和新脾，无蜜无子的老化巢脾可以废弃，置预备好的容器中，留作溶解制蜡。

（4）捆绑巢脾

第一，应将切割下来的巢脾尽快进行绑脾。先将切割与修整好的较完整的巢脾，同巢框平放在木板或吊板上，巢脾上方平口紧贴在准备好巢框的上梁下方，巢脾切口与巢框上梁粘合在一起。第二，用割蜜刀沿着巢框小铁丝将巢脾划开一条小缝隙，使小铁丝镶进巢脾的缝隙。第三，用塑料一拉得捆扎带连同巢框上、下梁框一起，上、下对齐夹住巢脾，将捆扎带一端穿入另一端孔口，拉紧捆扎带，绑牢巢脾。绑好的巢脾要求平展、整齐、牢固。可用更多小竹竿将若干个小巢脾拼接连在一张整脾进行拼绑。也可用自制的塑料挂件，将切割好的巢脾、子脾镶嵌在挂件上，下方木板托住，轻轻向上倾斜直至垂直，将挂件连同巢脾绑在准备好的巢框上即可。

（5）布巢放蜂

将绑好的巢脾尽快安置在新的巢箱中，小子脾放置在中间，大子脾放两侧，蜜粉脾置外侧，隔板置外边，留好蜂路，刚收回的蜂群蜂路可在 1.2 ~ 1.5cm，关好巢门。最后将收蜂笼中结团蜂群移至巢箱上方，对准蜂巢中间，用手腕腕力猛力一抖，将蜂团抖于蜂巢中，迅速盖上副盖和覆布，观察蜂群正常，盖上大盖。经过 20min 后，缓缓打开箱盖和覆布，观察蜂群是否上脾。

如果蜂群蜜蜂全部上脾，并正常护脾，说明过箱成功，即可将箱盖盖上，打开巢门，使蜜蜂蜂群恢复正常。

2. 借脾过箱方法与步骤

中蜂借脾过箱是指借用已准备的其他蜂群子脾、蜜粉脾放置在空蜂箱中，然后，将收捕野生中蜂蜂群或传统圆桶、方桶饲养的中蜂蜂群安置其中的方法。借脾过箱的蜂群在收蜂笼中过渡时间短，蜂群情绪较稳定，容易快速接受新巢脾和新巢穴，过箱成功率较高。

借脾过箱有两种方法，第一种是按上述中蜂过箱方法，将准备过箱的蜂桶（箱）倒立，下方喷烟雾，上方用收蜂笼扣住，收蜂笼周围用黑布罩住，不留缝隙。用小木棒轻轻敲击蜂桶，驱蜂离巢，进入收蜂笼内结团。然后，将收蜂笼中蜂团直接抖入准备好的具有子脾、蜜脾的巢箱内。这样，蜂群很快就会安静下来，上脾护巢。

第二种是先准备一无底空浅继箱，再将过箱的原蜂群上方的巢脾用刀切割开，绑在浅继箱的巢框上，将绑好的子脾、蜜粉脾置空浅继箱内，盖上副盖和大盖，置准备过箱原蜂群圆桶或方箱上方，摆正，用上下带有橡皮筋的黑色布围成黑色通道，将下方圆桶或方桶和上方无底继箱连接并密封起来。用小木片或竹片将原蜂群圆桶底垫开一条缝隙，用喷烟器轻轻地向里喷少许烟雾，然后，用小木棒轻轻地敲击蜂桶（箱）下方，驱蜂离脾，向上移动，直至蜂群全部进入上方有巢脾的继箱内。待蜂群全部进入继箱后，可将继箱移开，安置提前准备好的巢箱之上，即成为过箱的新蜂群。

四、过箱后的蜂群管理

中蜂过箱后，应根据养蜂场所安排，若不变动蜂群原位置，将过箱后的蜂群安置在原场地点较好。若需要变动位置，尽快在当天傍晚或晚上将蜂群搬至安置点。一般新安置点，要求周围有良好的蜜粉源和水源条件。在过箱后的第二天应晚两小时打开蜂群巢门。还应在原蜂群原位置放一空蜂箱，用于收集第二天返回原巢位置的出勤蜂。收集的少量出勤蜂于第二天傍晚直接抖入过箱后的蜂群。

由于过箱后切割的巢脾，改变了蜂群在原巢的生活和生产秩序，如蜂王产卵秩序、巢脾的修补、幼虫的饲喂改变等，对蜂群产生不利影响，需要对蜂群进行安抚饲喂。过箱当天夜晚就应补充饲喂，连续饲喂 2 ~ 3d，蜂群很快对损伤的巢脾进行修复，蜂王产卵恢复正常和工蜂哺育积极性恢复。待蜂群进入正常采集，恢复生活和生产秩序，即可停止饲喂。

过箱后，第二天要对过箱蜂群进行观察，如：箱外观察，工蜂外出采集，并带回花粉，有工蜂清理箱内蜡屑和杂物，说明蜂群已接受新蜂巢，开始正常

生活。若工蜂采集蜂外出较少，蜂群较嘈杂，就应该开箱检查，观察蜂王是否在巢脾上正常产卵，巢脾连接处是否损坏。发现问题，及时纠正，尽快采取补救措施，使蜂群情绪稳定，恢复正常生活与生产。

第九节　人工育王与新王利用

一、人工育王的概念

1.人工育王概念

人工育王是指人工利用自然条件和中蜂蜂群条件，有目的、有计划地在强群中选择小幼虫介入人工制造的台基内，交给具有哺育新王能力的蜂群培育成为处女王的全过程。广义上讲，人工育王包括人工培育处女王过程、雄蜂培育过程、处女王交尾、新蜂王介入生产群的全过程。一般来说，人工育王过程包括育王虫与育王群的准备、用王群计划、王台基制作、移虫育王与介入王台基或介王技术、处女王交尾及用王群换王等一系列技术环节。

在养蜂生产实践中，运用生物优生学理论，年年选群、年年育王、年年换王是养蜂生产实现稳产高产的一种技术手段。反对"一王到底、一脉相承"和自繁自育、近亲交配的传统习惯。新蜂王产卵力高、维持群势性能好、杂交后代优势强、生产效率高。而老蜂王释放信息素相对减少，维持群势性能差，产卵力不及新蜂王。

2.人工育王关联蜂群

在中蜂人工育王过程中，往往要利用与涉及蜂群较多，包括父本群（父群）、母本群（母群）、育王群、交尾群、用王群等。对于养蜂生产来说，必须要规划、设计好，才能有目的地培育出优质的新蜂王。另外，人工育王目的是用于养蜂生产，故人工育王技术过程延伸至交尾的父本雄蜂群和用王的生产群培育与管理等。人工育王所关联的蜂群简单描述如下。

（1）母本群（母群）

是指培育处女王过程中，用来提供育王虫或育王大卵的蜂群（蜂群中有大卵和 1 ~ 2 日龄小幼虫）。

（2）父本群（父群）

是指用来培育与处女王交配的雄蜂蜂群（非亲缘群，生产群、用王群、野生中蜂蜂群均可）。

（3）育王群

是指用来接受王台基中育王虫，将育王虫培育成处女王的蜂群（有条件的父群、母群、生产群、用王群、新建哺育群均可）。

（4）交尾群

是指单独设计与布置适量工蜂陪护处女王，或准备陪护处女王交尾的蜂群。在实际养蜂生产中，雄蜂群或生产群也可作为交尾蜂群。

（5）用王群

是指即将介入与接受新蜂王的蜂群（生产群、换王群、失王补王群、新组建蜂群等）。

长期以来，很多中蜂养蜂场或散养户，在人工育王过程中，没有采取优选、优法、优用的方法和措施，而是一惯使用用王群自繁自育和本场就近交尾的方法，将育王虫母群、育王群、雄蜂群和用王群混在一起，集于一群，包括用自然王台培育的处女王本场就近交尾，它们所产生的后代，不排除是近亲交配后代的可能。这样，对于中蜂养殖生产是不利的，应按照人工育王方法，科学选好、用好育王虫、育王群，安排好父母本组配，才能发挥人工育王在养蜂生产中的重要作用。

二、育王目标

人工育王目标是高效培育用于本地养蜂生产的强壮新蜂王，产卵力高、持续维持强群、后代性状均衡一致、性情温驯、分蜂性弱、抗病性强、能实现中蜂高效生产。

优质蜂王产卵与生产性状要求：一是蜂王腹部长、圆润、饱满，尾部贴近房眼底；二是产卵集中，卵圈大，子脾面积大；三是产卵力高，正常环境条件下不停产，后代工蜂新老交替衔接紧密；四是按设定目标，优质雄蜂交尾，后代表现出杂交优势，个体遗传性状与形态特征整齐一致，易维持大群强群，形成高效的生产力。

三、人工育王基本原理

1. 幼虫培育条件互换原理

在蜜蜂家庭成员中，工蜂与蜂王都是老蜂王产下的后代，工蜂小幼虫与蜂王小幼虫都是由受精卵发育而成，它们的遗传物质是由雌雄配子结合形成，具有父代、母代完整的遗传性状，并具备完善生殖器官的雏形，都可以在王台中培育成为性成熟的处女王。

在自然蜂群中，工蜂幼虫与蜂王幼虫因培育条件不同，使得成虫生殖器官发生变化。工蜂幼虫在工蜂房中抚育，初孵化 1 ~ 3 日龄小幼虫，食用工蜂分泌的蜂王浆，3 日龄以后的大幼虫，则由工蜂用蜂蜜、蜂花粉等调制的蜂粮进行饲喂，直至封盖成蛹，这样培育出来的工蜂，性器官退化，失去交配功能，成为终身劳作的工蜂。蜂王幼虫在王台中抚育，在幼虫生长发育中长期食用工蜂分泌的蜂王浆，性器官不发生变化，直至性成熟，成为具备生育功能的处女王。

当工蜂幼虫巢房中 1 ~ 2 日龄幼虫被移至蜂群的王台中，也可培育成为新处女王；而将王台中 1 ~ 2 日龄小幼虫移至工蜂房进行培育，培育条件发生变化后，也会培育成为工蜂。

2. 蜂王外激素调控原理

在正常的蜂群中，蜂王的外激素对蜂群影响很大，即蜂王物质影响着蜂群。往往强壮蜂王和新蜂王能正常维持蜂群的生命力，蜂群则强大。当蜂群强大后，蜂王释放外激素相对量就少，蜂群就会筑造雄蜂房和王台，产生分蜂欲望。或老弱蜂王散发的气味物质少，不能满足蜂群对蜂王气味物质的需求，工蜂便会在巢脾下方筑造王台，培育新蜂王，以替代老弱蜂王。

当蜂群失王，蜂群失去蜂王外激素，会出现短暂慌乱，很快工蜂也会将子脾上工蜂小幼虫房改造成王台，然后用蜂王浆培育，直至封盖成蛹，蛹孵化后，也能成为新的处女王。但是，工蜂房改造王台培育出来的蜂王，不宜用于中蜂养蜂生产。

依据蜂王外激素调控原理，在人工育王时，可以将蜂群中的蜂王关囚移至隔板外，让蜂群短暂失王，产生培育新蜂王欲望。用人工模拟自然王台，移虫至王台台基中，诱导蜂群培育新蜂王。

四、育王时间与育王条件

1. 育王时间

在养殖中蜂生产中，人工育王的优劣与育王母群幼虫质量、育王群内部环境和当地气候条件、温度、外界蜜粉源供给等因素密切相关。一般来说，气候温暖、蜜源充足、母群中原蜂王强壮、产卵有序、蜂群内子脾大、哺育蜂多等条件产生的幼虫质量好。当雄蜂陆续出房初期，蜂群工蜂出勤积极，正是培育新蜂王的大好时机。

武陵山区人工育王比较适宜的时机，一般在春季 3 月中下旬至夏季 6 月上旬，秋季在 9 月上中旬至 10 月中旬。早春气温低，温度不稳定，不宜进行人工育王。入冬后气温下降，蜜粉源减少，即使是冬季茶花、野桂花（枒）、鸭脚木、枇杷等花期因气温低，也不适合人工育王。

2. 育王条件

（1）蜜源丰富，粉源充足

人工育王蜂群有足够的蜂粮贮备，外界有陆续开花泌蜜供粉的环境条件，是人工育王的重要基础。蜂群采集积极、贮备较多，群势发展迅猛，培育新蜂王就有足够的动力。这时，人工育王成功率较高。

武陵山区上年度可利用人工种植的晚油菜、紫云英、苕子、向日葵、荞麦、板栗和自然界密集成片的荆条、乌桕、漆树、小叶刺楸等连续蜜粉源条件进行人工育王，下年度利用五倍子、秋季荞麦、秋向日葵、玉米、野菊花等蜜粉源充足的条件进行人工育王才能有保障。

（2）群势强，抚育蜂多

在强势蜂群中，卵虫脾充足，青壮年工蜂多，抚育蜂多，是培育新蜂王的重要条件之一。中蜂人工育王，应选择7脾以上满脾蜂量，蜂量大而密集的蜂群培育处女王，强群培育新蜂王成功率高。一般7～8脾满脾蜂量一次性可培育10～15只处女王；9～10脾满脾一次性可培育15～20只优质处女王。

（3）雄蜂数量多，遗传性状优

人工培育新蜂王的目的是用于生产，提高蜂群抗性和采集能力。那么，当处女王出房后，性成熟时，应有足量的遗传性状优良的青年雄蜂，才能保障处女王交尾的质量和新蜂王与雄蜂后代生产性能。一般1只处女王交尾，需要1:20雄蜂的精子量。培育雄蜂时，要考虑处女王婚飞时，空中追逐，优胜劣汰自然法则，则需要按1:100准备雄蜂的数量。雄蜂具有上一代母亲的优质遗传性状，雄蜂一般要比处女王提前20d培育，当雄蜂陆续出房时，便可以刺激蜂群积极培育新蜂王。

（4）气候温暖、气温适宜

适宜气温是中蜂蜂群繁殖、幼虫成长、处女王发育和雄蜂精子活力与贮备的基本条件。一般中蜂培育新蜂王，适宜气温在20～30℃，外界气温稳定，气候适宜，培育处女王成功率高。当处女王性成熟时，与雄蜂交配，则需要风和日丽、阳光充足的天气。大风、雨天和低温天气对处女王交尾均产生不利影响。

五、雄蜂培育与用王群准备

1. 雄蜂培育

（1）雄蜂培育时间

在中蜂养蜂生产中，人工育成处女王后，用于交尾的雄蜂质量则是非常重要的。保证中蜂优质雄蜂性成熟与处女王性成熟时间相吻合，雄蜂培育时间则应比处女王培育时间提前 20d 左右。

处女王培育，从卵至出房 15d，出房后 3d 性成熟，7 ~ 9d 为最佳交尾期，共需要 22 ~ 24d 进入最佳交尾时间。雄蜂培育，从卵至出房 23d，出房后 7 ~ 9d 性成熟，12 ~ 20d 为最佳交尾期，共需要 35 ~ 43d 进入最佳交尾时间。所以，在父群中培育雄蜂则需提前 20d 左右。

（2）雄蜂培育与蜂群管理

一般中蜂养殖生产中，可直接将优质的生产群培育成为雄蜂群。一是处女王育成后，可以直接介入到雄蜂群，又可将本群作为交尾群。但是为了防止近亲交配，除确定培育的雄蜂蜂群外，其他雄蜂应进行处置或隔离。二是按计划提前 20d 培育雄蜂，当父群蜂王在雄蜂房产下未受精卵时，应对蜂群进行奖励饲喂，每天傍晚用 50% 蜂蜜水或糖水进行饲喂，每群 300 ~ 500mL，饲喂直至雄蜂房封盖为止。三是雄蜂群也称为父群，应选择工蜂个体外形一致，采集力高，抗性强，8 脾以上满脾蜂的蜂群培育雄蜂，对下一代形成生产强群非常重要。所以，在中蜂饲养与人工育王中，应善于观察蜂情，善于培育强群，才能为培育优质雄蜂打下基础。

（3）不正常情况下产生的雄蜂不宜用于交尾

不宜用于交尾的雄蜂有很多方面，比如：老蜂王的后代和老处女王产下的未受精卵发育而成的雄蜂；弱群、病群蜂王产下的未受精卵发育而成的雄蜂；失王群工蜂房改造王台培育的蜂王产下的未受精卵发育而成的雄蜂；工蜂产下的未受精卵发育而成的畸形雄蜂等都应淘汰，不能用作父本。

2. 用王群准备

中蜂处女王培育，从卵至出房 15d，其中从移虫到新王出房仅 10d，若每个育王群 1 次培育处女王 10 ~ 20 只，养蜂场在人工育王的季节，必须根据需要提前作好换王蜂群的准备，以便于接受新蜂王。一是可同本地 20 ~ 30km 以外的蜂场分别培育处女王和雄蜂，把育成的处女王或成熟王台与对方蜂场培育的雄蜂交换使用，直接把处女王或成熟王台交给他场介绍到生产蜂群中交尾，用交换来的处女王或成熟王台直接介绍到本场生产群，借用本场雄蜂交尾。二是组织交尾群交尾。将处女王介绍到交尾群，将交尾群送到远离蜂场并有足量雄蜂的场所交尾，交尾成功后，将交尾成功的新蜂王直接介绍到生产群，陪护处女王的交尾群可合并到生产蜂群中。

用王群必须提前规划好用王数量，以便于确定一次性育王规模，以减少无目的地育王。育王数量可大于用王数量，以利于选用优质新蜂王。

六、育王虫与育王群的准备

1.适龄育王虫的培育

（1）母群特征要求

育王虫是指用来培育新处女王的幼虫。提供育王虫的蜂群称为母群。育王虫是在母群的子脾上挑选出来的 1～2 日龄健康小幼虫，它是培育优质处女王的基础，没有优质的母群，也就没有优质育王虫。育王虫的准备，就是选择母群的过程。一般来说，应选择强王培育出来的强群作为母群，要求母群群势强，分蜂性弱，蜂多于脾，生产性状优良，移虫前，巢内蜜粉充足，而又不压子脾，小幼虫量多，哺育蜂多。这样的母群提供的育王虫，才能培育出优质的处女王。

（2）移虫前的准备

在移虫育王前 10～15d，减少在母本群中加脾，适当控制蜂王产卵量。移虫前 5～7d 适当限王产卵 1～2d，直到移虫前 4～4.5d，重新布置巢房，在封盖子脾与蜜粉脾之间加 1～2 张优质空脾，以用过 1 次或 2 次茧衣脾为好，为蜂王提供产卵的空脾，便可为移虫育王提供充足的 1～2 日龄优质的育王虫。

2.育王群的准备

（1）选用育王群

育王群是用来哺育与培育处女王的蜂群，称为育王群。当从母群中向人工台基移入 1～2 日龄小幼虫后，将移虫后的育王框连同育王虫一起，交给育王群培育成新的处女王。为了保证培育出优质的处女王，中蜂育王群应选择 7～10 脾蜂的群势强、哺育蜂量足的大群、强群。

（2）组织育王群

在移虫前 1～2d，将育王群中间用隔板隔开，形成两个区，繁殖区（原王区）和育王区（育王虫哺育区）。两区之间隔板上沿留有凹口通道，工蜂可以穿越，蜂王不能穿越。在繁殖区，布置 1 张小幼虫脾、1 张蜜粉脾和 1 张空脾。在育王区，布置封盖蛹脾、大、小幼虫脾、优质蜜粉脾、蜜脾，并将幼虫脾和大子脾安置在中间，两边置蜜粉脾。待移好育王虫后，将育王框布

置在中间小幼虫脾与蛹脾之间或子脾与蜜粉脾之间。

也可以直接用生产强群组织成育王群，在移虫育王的前 1 ~ 2d，直接将育王群原蜂王关囚起来，安置吊板外，移好育王虫后，将育王框连同育王虫一起直接安置到原群中幼虫脾与蜜粉脾之间或安置在卵虫脾与大虫脾之间。

七、移虫过程与育王群饲喂管理

1. 移虫与安置育王框

（1）移虫前的材料准备

台基制作材料：纯蜂蜡、溶蜡器具、木质蜡台棒、凉水杯。

移虫材料：弹簧式移虫针、粘台基用小纸片、消毒用 75% 酒精、凉开水。

育王器材：育王框及其可转动王台木条。

移虫蜂群：有优良幼虫脾和 1 ~ 2 日龄小幼虫的巢脾。

（2）制作蜡台基

木质蜡台棒：用一根直径 1cm、长 15 ~ 16cm 优质抛光木棒，将一端用刀削成口径 0.8 ~ 0.9cm、深 1cm 圆锥形头部，用细砂纸打磨，制成木质蜡台棒，或称台基模具（图 72）。

图 72　人工蜡台棒（张新军 摄）

溶蜡：将纯净蜂蜡或新鲜赘脾撕碎，置金属小盆中，再将盛有碎蜡脾的小盆放进有水的大盆中，置电炉或电磁炉上，隔水溶化蜂蜡。也可用双层电热壶溶蜡，溶化后蜡液过滤，滤去杂质，用干净蜡液制作蜡台基。

制作：将木质蜡台棒圆锥形台基模具的一端置清水中浸湿，轻轻甩干即用。用浸湿的蜡台棒（台基模具）一端垂直浸蘸蜡液，浸蜡时，每次 0.9cm 深左右，每次 1 ~ 2s 提取，连续 2 ~ 3 次。然后再浸蜡液 3 ~ 4 次，每次逐渐抬升，比上次略浅，凝固后，就成为台基底部厚、口部薄的蜡台基。当蜡台基制成后，将蜡台基底部粘在滴有蜡液的小硬纸片上，轻轻地取下蜡台棒，粘在硬纸片或塑料片上蜡台即成为人工育王的蜡台基（即人工王台基础）（图73、图74）。

图 73　人工蘸蜡制作蜡台基　　　　　图 74　人工制作蜡台基
（张新军 摄）　　　　　　　　　　　（张新军 摄）

（3）安装蜡台基

将准备好育王框王台木条旋转90°，在王台木条安装面上，按每2～3cm安装一个蜡台基，或每个王台木条上安装8～10个蜡质王台基。安装时，将王台基底部蘸上一滴溶蜡，粘在王台木条上。王台基应粘装正、直、牢固，安装完毕，将王台木条回旋90°，即可作移虫用（图75）。

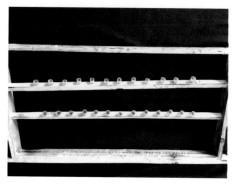

图 75　已安装的育王框（张新军 摄）

移虫前，将育王框连同王台基一起，王台基口向下放置育王群中，让工蜂清理3h以上，即可取出，准备移虫。

（4）移虫与安置育王框

移虫过程：将已被蜂群清理过的育王框取出，旋转王台木条90°，王台基口对着自己，用移虫针蘸上幼虫房的新鲜王浆少许，涂抹于人工蜡台基底部，再取出已准备好的母本群（育王虫群）幼虫脾，用弹簧式移虫针轻轻地移出1～2日龄左右的小幼虫，即移入人工王台基内。为了不让育王虫受冷空气侵害，可在室内温度20℃以上进行移虫。移虫操作方法如下。

第一步：大拇指与中指捏住移虫针柄杆中部，不放松。在温水中浸一下，甩干，使移虫针钩虫舌受热后柔软。将移虫针沿幼虫房壁轻轻从幼虫背部伸向

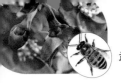

房底，继续向下，当移虫针钩虫舌触底，形成弯钩，小幼虫被移虫针钩住，卧于移虫舌头上。轻轻上提移虫针，取出小幼虫（图 76）。

第二步：将粘住小幼虫的移虫针轻轻伸入人工蜡制台基内，当移虫针触底时，食指压在弹簧推杆上方，轻轻地推动移虫针推杆，将钩虫舌上的育王虫推至蜡台基底部，大拇指压住弹簧推杆不放松，轻轻取出移虫针（图 77）。

图 76　人工取虫移虫（张新军　摄）

图 77　人工移虫至蜡台基（张新军　摄）

第三步：仔细检查育王虫是否在蜡台基内，若所有育王虫在蜡台基内，则移虫结束，转动王台木条回旋90°。若移虫失败，则应重新移虫。移完育王虫后，连同育王框一起安置在育王群中卵虫脾与子脾之间（图78）。

（5）复式移虫

复式移虫是保证育王成功的优先

图 78　向育王群中加入育王框（张新军　摄）

措施，是实现优质育王进行的第二次移虫。即在第一次移虫完毕，第二天甚至第三天用移虫针移出第一次移入的育王虫，重新移入一次小幼虫。这样，重复一次移虫，使王台内哺育蜂分泌的蜂王浆更加充足，巢房内环境更加优良，育王更容易成功，育出处女王的质量更高。

2. 育王群饲喂管理

（1）移虫前饲喂

在移入育王虫前 2～3d 开始至王台封盖，对育王群进行奖励饲喂。每天饲喂 30%～40% 蜂蜜水或糖浆 300～400mL，至王台封盖后，即可停止饲喂。

（2）移虫后管理

移虫后，第2d开箱检查，轻轻抽出育王框，观察育王群接受育王虫情况，发现工蜂已开始筑造王台，并用蜂王浆饲喂幼虫，即可确定育王虫被接受。

移虫后，第5d开箱检查，轻轻抽出育王框，观察与检查王台封盖情况，已封盖的王台是处女王培育成功的征兆（图79）。当发现弱小、畸形的王台时，用刀片将其削去。发现蜂群中子脾上有急造王台，应清除。

移虫后，第8d开箱检查，轻轻抽出育王框，检查成熟王台数量和质量，并做好第9d的割取王台和介入王台的准备（图80）。

移虫后，第9d，在育王群中抽出育王框，用刀片从成熟王台的底部割下王台，进行临时保温保管。然后，逐个介绍到交尾群或雄蜂群和生产群。

若需要临时在蜂群保存处女王，也可在第9d用塑料筒式关王笼，将每个成熟王台套上，进行保护。处女王出房后，爬进关王笼，便可暂存蜂群中备用，待其他生产群、换王群、交尾群准备好后，再分别介入其中。

图79 人工育王成熟王台（张新军 摄）

图80 成熟蜂王王台（张新军 摄）

八、组织处女王交尾

1. 组织交尾群

（1）原父群交尾群

在中蜂养蜂生产中，若生产蜂群需要换王，可直接在生产群中提前20d培育雄蜂，去掉劣质雄蜂，在20～30km外非亲缘关系蜂群培育处女王，在新处女王介入前1d，关囚生产群或雄蜂群的原蜂王，置隔板外暂时保存。当介入成熟王台或处女王后，蜂群已接受处女王，便可等待处女王择日交尾。这种方法也是养蜂生产较为便捷的方法，待处女王交尾成功，便可将原蜂王调走。

（2）中蜂巢箱组织交尾群

利用中蜂巢箱可组织四王四室 4 个小交尾群，即将巢箱四周不同方向各开设 1 个巢门，在巢箱内用 3 块隔板，按四等份隔出 4 个小巢室，每个巢室有 1 个巢门，均可布置 1 个交尾群。每个交尾群调入 1 张封盖子脾、1 张蜜粉脾，若交尾群蜂量太少，可向每个交尾群中补充一些蜂量，保证交尾群有足够蜂量。第二天便可介入处女王，送往提前设置好的隔离区交尾。

（3）单交尾箱组织交尾群

利用小型单交尾箱组织交尾群，交尾箱大小约为巢箱的 1/2。每个小型单交尾箱用带蜂巢脾布置蜂巢，调入 1 张大幼虫子脾、1 张封盖子脾和 1 张蜜粉脾，保证交尾群有足够陪护处女王蜂量。第 2 ~ 3d 便可介入处女王，送往提前设置好的隔离区交尾。

单交尾群也可提前 20 ~ 30d 在交尾箱内饲养小型生产群，待成熟王台或处女王介入前 1d，关囚原蜂王，第 2d 介入成熟王台或处女王，择日送往提前设置好的隔离区进行交尾。

2. 交尾群的管理

（1）去掉急造王台

组织交尾群第 2d，开箱检查有无急造王台，及时去掉急造王台，准备介入成熟王台或处女王。

（2）贮备充足蜂粮

交尾群内应有充足的贮备蜂粮，缺乏蜂粮时，应及时调入优质蜜粉脾，以保证交尾群正常生活、情绪稳定，维护处女王，防止因食物短缺出现飞逃。

（3）保障优质子脾

交尾群内应有较优质封盖子脾和幼虫脾，缺子脾时，及时补充子脾，以促进工蜂积极饲喂和上脾护子、饲喂处女王。

3. 组织处女王交尾

（1）交尾地点选择

处女王交尾地点应选择已贮备有大量的雄蜂场所和周围开阔的场所。一般处女王交尾飞行半径在 5km 左右，有时会飞得更远一点。交尾区 10km 范围内无劣质雄蜂和近亲雄蜂，防止出现优质育王，低劣交尾。另外，处女交尾应避开大型水库、湖泊，防止交尾成功后落入水中。

（2）安置雄蜂群

一是一般雄蜂群应安置在交尾箱和处女王安置的相同地方。也可以将已培育好的雄蜂群和交尾群一并安置在选定的隔离场所，进行隔离交尾。二是蜂场之间交换处女王或雄蜂群。比如，两个相隔20km以外的蜂场非亲缘蜂群，分别培育优质处女王和优质雄蜂，去掉劣质雄蜂，保证周围10km内无其他劣质雄蜂，便可以交换处女王，直接介入换王群或生产群，择日自然交尾。交尾成功后，可直接将蜂群用作生产群。

（3）交尾过程观察

处女王出房后3d认巢飞行，出房后7d性成熟，7～9d为最佳交尾期。一般处女王婚飞交尾选择晴朗温和天气，中午12:00至下午14:00进行。交尾前，在交尾的空中可见大量雄蜂在空中旋转飞行，有时空中甚至可见黑黑的雄蜂圈，雄蜂在空中释放雄激素，引诱处女王进入雄蜂布置的"陷阱"。当处女王飞进雄蜂圈，便会有大量雄蜂追逐，形成一连串雄蜂交配过程。健康壮实的雄蜂追上处女王，实现交尾。1只处女王能与10多只甚至20多只雄蜂交尾，并将雄蜂精子贮备在腹部贮精囊内，若当日未完成贮精囊内贮精量，往往第2d新蜂王还会再行"空中婚飞"与雄蜂交尾，直至贮精囊内有足够的贮精量为止。

处女王交尾成功，腹部饱满。飞回交尾箱入巢时，处女王尾部应有交尾标志。要注意观察新蜂王交尾后是否迷巢，是否丢失。回巢后，蜂群有无"围王"现象。出现异常，应及时寻找蜂王和解救蜂王。

第十节　中蜂授粉

在我国畜牧业生产上，养蜂业被称为"空中牧业"，蜜蜂授粉对于生态环境发展有着不可低估的作用。蜜蜂授粉是提高人类生存条件和食物品质的一个重要途径，也是一项农业增产的重要措施。随着现代农业快速发展，在农业增产增收和农产品品质提升上，蜜蜂授粉被称为"现代农业之翼"。

一、蜜蜂授粉意义与作用

蜜蜂在授粉中，群体采集，飞行运动快速，大面积授粉效率高。对于授粉的蜂群，可训练、可控制、可移动。在山区利用中蜂授粉，能有效地完善自然界生态环境，有利于提高人类生存质量；在特色农业规模种植中，利用中蜂授粉，节省人工，降低成本，提高效率，有效地促进集约化农业产业发展；在农产品品质提升中，利用中蜂授粉，有效地推进农业品质提升进程；在农业优良品种产业化进程中，能有效地提高植物果实和种子质量，推进良种产业化发展。

我国是一个养蜂大国，蜜蜂资源丰富。目前，授粉蜜蜂有中华蜜蜂、意大

图 81　蜜蜂访问油菜花朵（张新军　摄）

利蜜蜂、熊蜂、大蜜蜂和黑大蜜蜂、小蜜蜂和黑小蜜蜂、无刺蜂等，其中中华蜜蜂具有飞行敏捷性、抗寒性、出勤早、归巢晚，能采集大宗蜜粉源和善于利用零星蜜源。中蜂在山区授粉更优于意蜂，每只采集工蜂每天出访次数达 12 ～ 15 次，每出访一次访问果树类花朵一般在 150 ～ 400 朵。出访 1 次，访问油菜、荞麦高达 500 ～ 600 朵（图 81）。

蜜蜂为农业授粉，一般油茶增产 15% ～ 25%，农作物增产 20% ～ 50%，瓜、果、蔬菜类增产可达 100% ～ 200%，少数种类高达 200% 以上。

据有关资料，我国每年蜜蜂授粉带来农业生产综合经济价值 ≥ 3 000 亿元，占全国农业总产值 12.3%，是全国蜂业总产值的 76 倍，蜜蜂授粉产生综合价值是生产蜂产品本身价值的 143 倍。

二、蜜蜂授粉原理

1. 蜜蜂器官结构特异化

一是蜜蜂有发达的长喙和嚼吸式口器，吸取花蜜，体内前胃蜜囊贮运花蜜，唾液酶混合与转化花蜜；二是蜜蜂全身长满羽状绒毛粘满植物花粉，易于传播花粉，蜜蜂发达后腿特化成"花粉篮"，用于收集花粉；三是发达的翅膀在采集花蜜时，高频率振翅，利于花粉散落在蜜蜂身体上，实现花粉在同种异花间传播。

2. 蜜蜂生物独特性

一是蜜蜂采集多以黄、白、蓝、红色花朵植物为对象，依次为接受程度大小；二是花蜜释放芳香气味对蜜蜂有很强的引诱力，易于趋向同种植物，提高植物授粉的纯度；三是植物在适宜温度分泌花蜜时，花粉也正成熟。故蜜蜂采集花蜜时，身体能携带成熟花粉，易使花粉在柱头上完成受精过程。

3. 植物精、卵融合异质化

一是蜜蜂授粉中，在自花粉植物间可实现同种异质精卵细胞结合，活力增强，受精力高；二是植物花朵泌蜜的气温，正是花粉活力最强时，受到蜜蜂刺激，多花粉粘合雄性柱头上，迅速吸水，长出萌发，释放异质精子，受精效应增强。

三、中蜂授粉模式

1. 适合中蜂授粉的植物

一是森林中开花泌蜜供粉的木本植物，包括山胡椒、拐枣、乌桕、黄柏、杨柳、君迁子、连香树、棕榈等；二是农作物类，包括油菜、蚕豆、大豆、棉花、荞麦、水稻、玉米、向日葵、花生、芝麻、油茶等；三是瓜果蔬菜类，桃、梨、李、柿、苹果、柠檬、柑橘、脐橙、猕猴桃、核桃、樱桃、板栗、荔枝、龙眼、木瓜、草莓、西瓜、甜瓜、黄瓜、茄子、南瓜、丝瓜、西葫芦、甘蓝、芜菁及豆科类等；四是药用植物类，包括黄连、党参、枳壳、川贝、牛膝、薄荷、玄参、辛夷、半夏、枸杞、豆蔻、咖啡等；五是牧草与绿肥类，包括苜蓿、草木樨、三叶草、野豌豆、紫云英、紫花苕子、田菁等。

2. 中蜂授粉模式

武陵山区中蜂养殖模式有林 – 药 – 蜂和果 – 药 – 蜂等立体生态种养结合模式，发挥了中蜂养殖在立体农业和循环农业产业的作用。中蜂授粉则把中蜂养殖与林下经济发展、药材种植、果园生产、现代集约化农业生产相结合，形成了特有中蜂授粉模式。比如：林 – 药 – 蜂、果 – 药 – 蜂及蜂 – 林、蜂 – 药、蜂 – 果、蜂 – 油等种养结合模式。

四、中蜂授粉技术与措施

1. 授粉蜂群的选择与数量配置

中蜂授粉蜂群应选择群势强、子脾优、青壮年蜂多、未发生病虫害的优质蜂群。一般大田作物类授粉，如油菜、向日葵、荞麦、蚕豆、大豆、棉花、水稻每亩配置 10 ~ 15 脾足量蜂；大田果瓜类授粉，如梨、李、杏、苹果、西甜瓜、丝瓜、南瓜等每亩配置 5 ~ 10 脾足量蜂；农业大棚授粉，如大棚温室瓜果、草莓等每 500m^2 配置 4 ~ 5 脾足量蜂；大棚油料等作物制种，每 500m^2 配置 5 ~ 6 脾足量蜂。授粉蜂群配置时，以健康正常产卵的新蜂王为佳，保持蜂群有大量的卵、虫、子脾，以提高授粉蜂采集与授粉的积极性。

2. 蜂群授粉与饲喂管理

（1）进场时间

对于流蜜量大的植物，如油菜、荔枝、龙眼、柑橘、向日葵、杏、樱桃、紫云英等，开花初期可安置授粉蜂群；对于总流蜜量小的植物，如梨、李、苹果、荞麦、花生、棉花及其他豆科、瓜果类等花开 20% 后安置授粉蜂群；紫苜蓿、三叶草、野豌豆等花开 25% 后安置授粉蜂群。

（2）摆放蜂群

授粉蜂群应在授粉植物的近距离摆放，避风向阳，面向授粉地块，飞行捷径。开阔果园可适当摆放在果园中间开阔地段，便于管理。农作物、茎秆植物授粉、大棚授粉，蜂群摆放时，视授粉植物高度，可用 20～50cm 高度支架，将蜂箱支架起来，以便采集蜂出进巢门和蜂群管理。

（3）训练蜂群

中蜂授粉时，可用 40%～50% 糖水浸泡授粉植物花朵或花粉饲喂授粉蜂群，即先用沸水溶解白糖，冷却至 25～30℃时，将该植物花朵或花粉放入糖浆中浸泡 3～4h 后饲喂蜂群，按每群每次 150mL 左右饲喂，以增强采集蜂适口性，提高采集积极性和授粉效率。

（4）补充饲喂

若在中蜂授粉中，遇授粉植物流蜜量小或供粉不足，应及时用 40%～50% 糖水和蛋白饲料进行补充饲喂。

（5）大棚授粉

中蜂授粉大棚四周门窗应加装纱网或通风口，经常保持大棚通风，防止大棚内闷热，以及大量水蒸气蒸发凝成大量水滴，造成授粉蜂高温闷死或被大水滴砸落在地面而伤残。

（6）制种授粉

授粉蜂群为优良作物制种授粉时，应提前进场，隔离授粉蜂群，待采集蜂完全清理自身花粉后，再进入制种授粉场地，避免制种时引起杂交。

大田制种授粉时，应确保 3.5～4km 半径范围内没有同科属类作物同期开花，蜜蜂为甘蓝、油菜、萝卜等十字花科作物和豆科类作物制种授粉，应更加严格，隔离授粉，以免引起制种混杂而失败。

（7）预防农药中毒

中蜂授粉期间，禁止对授粉植物喷施农药。大田授粉时，授粉田以外 3.5～4km 内开花作物也不得喷施农药。

第五章　中蜂饲养与四季管理

中蜂饲养四季管理是指人工饲养中蜂，根据一年中春、夏、秋、冬4个不同季节、不同气候环境和不同蜜源植物的开花泌蜜期所采取相应饲养与生产管理手段和方法，实现强群生产的全过程。在一年四季中，中蜂群新蜂与老蜂交替、人工饲喂与蜂群生产、病虫害发生与防治等管理方法都不完全相同，而且4个季节的管理又相互衔接。所以，我们可以把中蜂在四季的饲养管理分成4个季节8个不同阶段，并针对8个不同阶段进行蜂群的饲养与管理。

第一节　春、夏、秋、冬蜂群相互衔接关系

在4个季节中，人工饲养中蜂从蜂群的衔接关系看，秋季培养越冬蜂群，越冬蜂是春季繁殖的饲喂蜂，春繁是培育当年生产蜂群的基础。秋繁是决定第二年春繁蜂群发展的关键，是中蜂养蜂生产重要环节。所以，在养蜂生产四季管理中，秋繁是基础，是极为重要的阶段。

一、秋繁是培养越冬蜂的重要时期

1. 秋繁的越冬新蜂是第二年春繁的饲喂蜂

秋繁在一年四季养蜂生产管理中是极其重要的阶段。度过夏季高温，蜂群衰退、胡蜂危害、巢虫入侵、食物减少等各种因素影响，给中蜂秋繁带来诸多困难。没有秋繁培育优质越冬蜂群，春繁就没有基础。而在中蜂饲养管理中，很多人对中蜂春繁比较重视，恰恰疏忽了秋繁培育越冬蜂的关键环节。

特别是中、北亚热带山区，越冬之前培育的新蜂，正是第二年春季繁殖的饲喂蜂，只要秋繁能成功地培育成大群新蜂，大多新蜂未经过采集便进入越冬期。寒冷的冬天，蜂群结团保温，中蜂个体大多处于半休眠半饥饿的越冬状态。当早春开繁后，越冬工蜂便承担着饲喂与抚育新蜂的任务，保持45 ~ 60d。当新蜂群恢复起来，越冬蜂群经过春繁恢复期后，仅保留原蜂王，越冬工蜂完成整个蜂群交替后基本死亡。接着蜂群中新蜂成长起来，逐渐成为新的饲喂蜂，蜂群便进入春繁后期的增殖阶段。从秋繁最后一批新蜂到完成蜂

群中新的饲喂蜂成长起来，蜂群便实现了新老交替。有些山区中蜂越冬时间长达 70～90d，甚至 100d 以上，东北山区中蜂越冬时间会更长。

每个生产蜂群每年的新生与第一批新蜂培育，就需要上年秋繁最后一批新蜂来承担这项重要任务。

2. 秋繁蜂群质量关系到越冬蜂群群势

一般来说，在亚热带地区，特别在中、北亚热带地区的中蜂秋繁，往往初繁时间都会在农事节气的寒露与霜降之间。这一时期气候环境、蜜源条件、蜂群群势、饲喂水平等因素影响中蜂秋繁蜂群。经过夏季，蜂群出现群势衰退，进入秋季，前期气温高，后期气温低，时冷时热，外界蜜源逐渐减少，尤其是粉源缺乏，再加上人工饲喂不当及管理不善，将直接影响秋繁的质量。一旦秋繁失败，弱小群越冬，若在越冬前没有留足越冬蜂粮，进入早春繁殖期，越冬蜂量少，无法实现保温，哺育蜂严重不足，就会在春繁期间无法培育出新的强群。只有秋繁培育出越冬大群蜂群，才是第二年春繁实现生产强群的基础。所以，秋繁是培育越冬蜂群的重要时期，也是中蜂饲养管理一年四季中最重要的阶段。

二、越冬蜂群群势是春繁的重要保障

1. 越冬蜂群势大小影响春繁新蜂群的发展

越冬蜂是上年度留下的最后一批新蜂，是下一年春季繁殖的饲喂蜂。越冬蜂群结团保温，以保持生命，越冬蜂群越大，蜂团越大，保温效果越好（图82）。越冬蜂群的大小，直接影响春繁幼虫饲喂的质量和蜂群的发展水平。一般越冬蜂群中哺育蜂按 1：1 或 1：1.2 比例抚育幼虫，越冬蜂群 3 足脾有 1 万～1.5 万只蜂，有 60% 能承担哺育任务，早春繁殖恢复期能成功抚育与培养 0.6 万～0.9 万只新蜂。进入春季繁殖增长期，春繁的新蜂抚育水平更高。当春季繁殖进入增长期，外界气温逐渐上升，外界蜜粉源植物逐渐开花，加上人工精心饲喂与呵护，便可在春季春繁结束时获得新蜂强群。

如果越冬蜂群小，春繁阶段哺育量少，哺育幼虫能力缺乏，就会出现民间所说的"碗碗蜂""捧捧蜂"。在早春繁殖的恢复期，蜂王产卵后，幼

图82 越冬蜂群结团（张新军 摄）

虫逐日增多，抚育蜂会严重不足，发生哺育失衡现象，幼虫饥饿死亡，甚至保温不足，引起幼虫病。所以，越冬蜂群群势大小，将直接影响春繁蜂群的质量。

2. 保持强群越冬是蜂群春繁的重要保障

一般中蜂卵、虫在巢房内正常生长发育的温度在 34 ~ 35℃。进入春繁期间，若越冬蜂量小，经人工保温，蜂团逐渐散开，蜂王开产，初期卵、虫刚开始可以得到保护。但蜂王连续产卵，子脾上蜂群密度逐渐降低，巢内温度开始下降，蜂群中子脾保温严重不足，加上后期饲喂蜂不足，幼虫出现营养不良。整个蜂群就会出现幼虫冻死，甚至会产生幼虫腐臭病和囊状幼虫病。而强群在人工保温和补充饲喂条件下，蜂量大，蜂能护住脾，巢内温度恒定，卵、虫生长发育温度合适，就能快速培育出优质的新蜂群。所以，保持强群越冬是蜂群快速春繁、快速壮大蜂群群势的重要保障。

三、春繁是全年度养蜂生产的重要基础

1. 蜂群春繁时间与繁殖水平影响春季生产

根据养蜂生产的需要，有计划地进行人为干预蜂群的春季繁殖，可以实现全年度生产稳产高产。本章节的蜂群春繁是指人工饲养的中蜂蜂群，排除农户闲散传统饲养和缺少人工饲喂自然开繁的蜂群。

一般来说，春繁需要 60d 左右时间，才能培育出当年生产强群。中蜂群可按照本地区第一批蜜源大流蜜期的时间，确定早春开繁时间。比如：武陵山区（包括雪峰山、武陵山、大娄山）、秦岭、大巴山、巫山、大别山等山区早春第一批油菜大蜜源开花泌蜜时间在 3 月 5—20 日，那么中蜂春繁开繁日应在立春节气前的 1 月 15 日至 2 月 5 日。通过人工保温和补充饲喂，精心呵护，一个正常越冬蜂群恢复期约 30d，增长成为强势生产群约需 29d，整个春繁期为 55 ~ 60d。当蜂群形成较强的生产群时，刚好通过春繁培育的采集蜂群与春季大流蜜期时间同步，便可采集早春蜜源油菜及其他植物花蜜。

蜂群只有获得春季采集机会，蜂巢内蜂粮积累较多，便为后期甚至全年养蜂生产奠定较好的基础。若蜂群繁育滞后，在春季大流蜜期到来便会失去春季乃至上年度蜂群生产的机会。

2. 春季繁殖培育强群有利于全年度养蜂生产

当蜂群进入春季繁殖期，人工补充饲喂直至春季流蜜期为 45 ~ 55d。这一阶段前期气温低冷，甚至雨雪天气持续很长时间，后期气温有所上升。但是，春季时有倒春寒袭击，若人工保温不足，饲喂不当，便会造成蜂群营养失

调，新蜂体质弱和疾病发生。即使进入繁殖后期，蜂群发展仍然较差，成为弱势蜂群。弱群在养蜂生产中，采集力较差，酿造蜂蜜能力较弱，很难实现生产目标。

若人工精心饲喂，蜂群发展较快，群势强，青壮年蜂所占比例大，采集蜂数量多，采集力、生产力强，蜂粮积累快。强群抗逆性和抗病性强，在同等保温条件下，倒春寒和长期低温对强群影响小，对弱群影响大。强群在全年度养蜂生产中，能始终保持旺盛的生命力和较高的生产力。所以，春季繁殖优质强势蜂群是全年度养蜂生产的重要基础。

四、夏季保持群势是秋繁与秋季生产的关键措施

1. 夏季保持蜂群群势是秋季生产的关键

武陵山、巴巫山、秦岭南坡以南及罗霄山、大别山的长江流域，进入夏季中后期，高温酷暑气候，日平均气温 22 ～ 25℃，有些低海拔山区最高气温 33℃以上。这一时期，外界蜜源减少，工蜂哺育力减弱，甚至蜂王停产。蜂群在前期春末初夏产生分蜂，进入盛夏高温期以后，蜂群群势极易衰退。若夏季管理不善，7—8 月通风降温条件差，蜂王已停产，蜂群没有培育出新蜂和适龄采集蜂。那么，当武陵山及巴巫山、秦岭和大别山区秋季主要蜜源五倍子 9 月上、中旬进入大流蜜期，由于蜂群缺乏采集蜂，就不能顺利生产五倍子蜂蜜。因此，在夏季高温期，为蜂群创造通风降温条件，补充饲喂，保持群势，培育大批的适龄采集蜂，才能在武陵山区 8 月下旬和 9 月五倍子开花泌蜜期实现强群采集，达到稳产高产。

2. 保持夏季蜂群强群是秋季繁殖的基础

进入夏末初秋，7 月至 8 月初，在小暑至大暑节气高温期，既要培育秋季适龄采集蜂，又要抓紧时间发展蜂群，为 10—11 月（霜降前后）的秋季繁殖做好前期准备。这一时期，通过人工补充饲喂蜂群，加强通风降温、给水补盐等科学饲养管理手段，使蜂群始终保持在强群水平上，就能使蜂群顺利度过夏季高温期，又能培育大群，为秋季繁殖打下很好基础。所以，保持夏季蜂群强群是秋季繁殖前期的关键环节与措施。

五、中蜂四季消长规律与各个时期特征

1. 中蜂消长规律

在武陵山区人工饲养的中蜂蜂群，每年从冬蛰前后开始进入越冬休蜂阶

段，次年立春至雨水节气进入春季繁殖阶段，春繁期间前段为恢复期，后段为增长期。进入清明之后，直至立秋前后，或夏秋之交，保持较长时间的旺盛。古代民间所说"谷雨不放蜂，十桶九桶空"，是指自然条件下，传统饲养方式，谷雨节气蜂群应有强盛采集力。人工饲养的蜂群经过春繁后，应在春分、清明、谷雨季节，蜂群旺盛，采集快速。但是，度过夏季高温进入秋季，出现群势衰退期。民间常说"七蜂八败""九月收蜂割蜜糖"。衰退期从7月中下旬至9月初，进白露节气，天气变凉，中蜂蜂群便进入春季以来的第二次复壮期，也是秋繁期之前时间。然后，当蜂群通过秋繁恢复壮大后，直至冬蛰前后，蜂群开始休整，结团保暖，处于半饥饿半休眠越冬状态度过越冬期。

故武陵山区及秦巴山区、罗霄山区、大别山区人工饲养中蜂群势在一年中消长规律：始于立春，发于春分，盛于清明，衰于立秋（夏至至立秋节气），复于白露，休于冬蛰。

始于立春：1月20日至2月10日，人工春繁开始，布巢保温，放王产卵，补充饲喂，蜂群进入恢复期。

发于春分：3月5日以后，春暖花开，气温稳定后，蜜源渐丰，蜂群开始增殖，群势增长，3月10日蜂群进入快速增长期与春季生产期。

盛于清明：4月5日前后，前期春季积累，蜂巢蜂粮充足，蛋白饲料丰富，蜂群旺盛，清明至谷雨进入强盛期。这一阶段气温不断上升，前期群势积累，蜂群开始拥挤，产生分蜂，后期会出现分蜂热。只要巢穴通风，食物充足，这种旺盛群势可一直保持到7月中旬。

衰于立秋：7—8月高温，蜂群度过夏季高温后进入衰退期。7月15日前后，应通风降温，补饲补粉，继续保持群势，迎接秋季流蜜期到来。

复于白露：9月5日前后，气温逐渐下降，气候凉爽，前期蜂群群势发展不平衡，需调整群势，实现强群生产。秋季蜜源开花泌蜜，包括五倍子大面积泌蜜供粉，蜂群便进入复壮期与采集期。

休于冬蛰：从11月中旬至12月中旬，武陵山区陆续有晚秋季节蜜源和部分冬季蜜源逐渐开花，中蜂强群便可组织冬季蜂蜜生产，12月15日以后，中低山蜂群先采后休，高山蜂群边采边休，12月20日左右中蜂群便进入冬季冬蛰越冬期。

依据武陵山区中蜂群这种群势消长规律又可分为群势恢复期、群势增长期、群势保持期、群势衰退期、群势复壮期和蜂群越冬期。

一年中，一般正常水平条件，中蜂强群与弱群群势消长规律如图83所示。

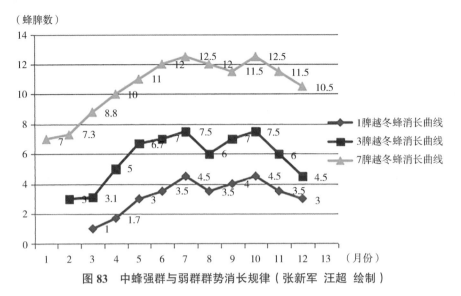

（蜂脾数）

图83 中蜂强群与弱群群势消长规律（张新军 汪超 绘制）

2. 中蜂不同时期蜂群特征

（1）群势恢复期

蜂群恢复期是指中蜂经过越冬期，进入春季繁殖阶段的第一时期，当第一批春季繁殖后累积的新蜂完全替代年前的越冬蜂，蜂群中个体数量恢复到越冬前的蜂群中个体数量。这一时期称为蜂群恢复期。

越冬蜂经过早春排泄后，哺育蜂开始恢复分泌蜂王浆饲喂和哺育小幼虫，调制蜂粮饲喂大幼虫。越冬蜂日渐衰老，体质下降，平均1只工蜂只能哺育1～1.2只幼虫。蜂群恢复期在1月20日至2月25日，为28～35d，比如：6脾蜂的越冬蜂群有15 000～18 000只蜜蜂，它们最重要的职能是将新蜂培育起来，春季繁殖后新蜂达到15 000～18 000只时，越冬老蜂全部死亡之前，新蜂完全替代老蜂后，新蜂开始有了饲喂能力，蜂群哺育力增强，蜂群便进入下一阶段快速增长阶段。

（2）群势增长期

蜂群增长期是指蜂群中新蜂完全替代越冬蜂后，新蜂哺育力明显增强，蜂群个体数快速增长，群势强盛起来。这一群体数量增长时期，称为群势增长期。

蜂群增长期在2月20日至3月20日，需要30d左右。这一时期外界气温在15℃以上，有了蜜粉源，蜂群中蜂王产卵积极，工蜂哺育力强，平均每只新工蜂能哺育2只幼虫。在这一时期，强群优势十分明显，工蜂采蜜、采粉、酿蜜贮蜜、哺育饲喂等十分繁忙，蜂群呈现快速增长。一般6脾以上的蜂群，进入增长期 15d，或春繁后 45d 左右，蜂量便可达 9 ~ 10 足脾。越冬蜂群若是 2 ~ 3 脾的蜂群就会需要更长时间才能培养成强群，而且会失去春季第一次流蜜期的生产机会。

（3）群势保持期

蜂群群势保持期是指中蜂群在春季繁殖结束后，强群蜂群在实物充足条件下，今后很长一段时间内，保持强势蜂群的繁育力、哺育力、采集力和生产力。蜂群保持强大的群势阶段，称为群势保持期。

蜂群保持期一般在 3 月 25 日至 7 月中旬，外界气温逐渐升高，蜜粉源植物陆续开花泌蜜供粉，前期蜂群不仅采集、酿造、贮藏生产效率高，同时也是蜂群增殖高峰阶段，群势不断增长，中期开始出现分蜂，从 4 月 5 日至 5 月 30 日，长期呈现这种势头，往往出现分蜂热和飞逃（蜜压子脾）。6 月 30 日至 7 月下旬以后，特别是当蜂群进入夏秋之交的高温期，蜂群哺育力开始下降，蜂王产卵不积极，管理难度增大。在这一阶段，若连续长期阴雨，即使外界蜜源开花蜜蜂也无法采集，巢内缺蜜的蜂群会出现饥饿，甚至饥饿死亡。

（4）群势衰退期

蜂群衰退期是指中蜂群保持较长时间旺盛群势后，7 月中、下旬至 8 月下旬，进入夏秋之交的高温期和缺蜜期，群势开始出现衰退现象。若饲养管理不当，出现"七蜂八败"现象，提前进入衰退期。相对于保持期和后面复壮期，蜂群哺育力、繁殖力、采集力普遍下降。蜂群群势进入这种衰退阶段，称为群势衰退期。

一般在 7 月中、下旬至 8 月下旬，外界长期气温高，蜜源植物开花减少而分散，加之高温闷热天气，如果缺乏遮阴和通风散热条件，没有适当地补充饲喂和清洁水源，蜂群就会出现严重衰退，直至白露节气前后。在遮阴和通风条件较好的情况下，人工适当补饲补水，可减轻蜂群衰退程度。环境条件优越的地域，也可以避免群势衰退期。一般中蜂蜂场夏季在潺潺流水的河溪边，葱葱绿荫、微微轻风的疏林环境中最佳。

（5）群势复壮期

群势复壮期是指中蜂群度过夏季高温期，出现群势衰退后，进入秋季白露、秋分节气前后，气温逐渐下降，外界秋季五倍子（图 84）、秋季向日葵、荞麦、玉米等蜜粉源开花泌蜜供粉，蜂群哺育、繁殖、采集与生产得以恢复，蜂群进入繁殖与复壮阶段，这一阶段也正是秋季生产和繁殖前期。

秋季繁殖期一般在 10 月上旬至 11 月中、下旬，在前期培育适龄采集蜂，准备采集初冬鸭脚木、枇杷、野桂花等蜜源。后期蜂群进入秋季繁殖期，应

充分利用外界环境条件和蜂群内在动力，中、高山应进行恰当保温，有效地繁蜂，培育适龄越冬蜂。培育适龄越冬蜂最迟不宜超过立冬至小雪节气。

中亚热带每年秋季天气转凉，进入9月初秋季蜜源开花，包括大宗蜜源五倍子、秋季向日葵、玉米、荞麦、野菊花和后期冬季鸭脚木、枇杷、野桂花（早桂或冬桂）等植物开花泌蜜供粉，蜂群又重新恢复采集和繁殖，进入秋季复壮阶段，这一阶段前期也是培育新蜂王阶段。

（6）蜂群越冬休蜂期

中蜂群越冬期是指经过秋繁复壮后，进入冬蛰节气前后，外界气温低下，蜂群中工蜂采集与生产、饲喂与哺育，逐渐减少，蜂王产卵逐渐停止，并且蜂群开始结团保暖，进入严寒冬季，巢内安静，蜂群开始呈现半休眠半饥饿越冬状态（图85）。

图84　五倍子开花（张新军 摄）

图85　中蜂越冬蜂团（张新军 摄）

中蜂群越冬期一般在11月下旬至次年1月25日，也是每年中蜂养蜂生产的最后一个季节。有些地方前期仍可生产枇杷蜂蜜、鸭脚木蜂蜜和野楂花蜂蜜，之后进入严寒冬季、气温低下，蜂群为了延长生命，开始结团保暖，保存实力，安全越冬，直至第二年春季复苏。越冬蜂是蜂群家族承上启下的重要桥梁，为了蜂群家族的遗传延续，保证它们安全越冬，必须在越冬之前为蜂群备足蜂粮。中、高山蜂群提前进入越冬期，越冬期较长，低山略晚进入越冬期，越冬期较短。

第二节　春季繁殖与养蜂生产

一、中蜂春繁的时间和目标任务

中蜂春繁是指中蜂群经过漫长越冬期后，进入早春繁殖季节，人工给予蜂群适时保温升温，放王开产，直至春季繁殖新蜂完全替代越冬蜂，完成世代交替的恢复期，当蜂群群势经过前期恢复期，后期气温缓慢回升，蜂群进入增长阶段，直至成为具有采集与生产的强势蜂群。这一春季的整个恢复期和增长期阶段称为中蜂春季繁殖阶段，这一阶段人工保温、饲喂和蜂王产卵的过程，简称中蜂春繁。

1. 中蜂春繁时间确定

人工饲喂中蜂春繁时间并不是等到3—4月油菜花开的时候，而是在立春前后。长江以南武陵山、雪峰山、大娄山和长江北岸的大巴山、巫山地区，早春开繁时间在1月15日—2月10日。中蜂养殖场可根据不同海拔高度、不同小气候环境、不同群势、当年气候条件和当地春季第一次大流蜜期之前55～60d来选择早春开繁时间。

一般早春春繁蜂群的恢复期需要28～30d，春繁后期的群势增长期需要25～30d。整个春繁期需要55～60d。若1月15日开繁，经过60d左右春繁阶段，培育出生产强群，便可在3月15日前后采集油菜大流蜜期的花蜜。

每年进入立春节气以后，气温开始回升，古人曰"逢春一日，水暖三分""五九、六九，河边看柳"，但是，早春遇上长时期低温和雨水天气，蜂群开繁应推迟几天，即春繁应宜迟不宜早。

高海拔山区、小气候环境较寒冷地域以大群6脾以上越冬蜂群也可略晚开繁；低海拔山区、小气候温暖和早春流蜜期早的地域越冬蜂群可略早开繁。

2. 中蜂春繁任务与目标

中蜂春繁任务，通过人工创造条件，将越冬蜂群顺利过渡到春季生产强群，包括蜂群保暖升温、重新布巢、放王产卵、人工饲喂、科学加脾、加础扩巢、防病治病等一系列管理环节。在早春寒冷低温期间实施蜂群保温，后期蜂群通风防闷、去湿等护理，使蜂群在恢复期完成新老交替，在增长期实现快速增殖壮大。

中蜂春繁目标，通过人工的精心呵护，促进蜂王积极产卵，培育健康新蜂，使新蜂群快速发展成强势蜂群，蜂群中适龄的青壮年采集蜂比例增多，能与当地春季大流蜜期相吻合，实现强群生产稳产高产。

二、春繁期气候环境与前期蜂群管理

1. 中蜂春繁期气候特征

中蜂春繁恢复期28～30d，前期为冬春过渡阶段，气候寒冷，气温低下，时有冰雪天气；进入中后期，气温缓慢上升，时有倒春寒袭击，后期气温逐渐

升高，时有阴雨天气，蜂巢内湿度较大，幼虫易感染疾病。当外界蜜源开始陆续开花，2月下旬以后工蜂采有少量蜜粉。2月下旬至3月中旬，蜂群新蜂进入增长期，黄连、木姜子、杨、柳、油菜、李、桃、梨、杏、贴梗海棠、榆树以及野山花等小蜜源植物逐渐开花。3月下旬至4月中旬，南方荔枝、龙眼和本地大面积油菜、紫云英、刺槐、柑橘、脐橙、蚕豆，以及多种野蔷薇、插田泡、火棘等野山花相继陆续开花泌蜜，为蜂群壮大和养蜂生产提供了很好条件。

2. 蜂群早期管理

（1）促进蜂群排泄，观察排泄物

冬末初春，促蜂排泄是春繁前期的一个重要环节。越冬蜂群经过漫长冬季，蜂群消耗蜂巢中越冬蜂粮，一直没有排泄，体内积累了大量粪便和污物，应在早春开繁前，利用晴朗天气，打开巢门促蜂排泄。一般早春开繁前，选择天气晴朗，阳光照射强，气温上升7℃以上，风力在2级以内，在上午11:00至下午14:00，撤去蜂箱外遮盖物，打开巢门，放蜂作飞行排泄。同时，可用40%～50%糖浆适量饲喂蜂群，每群100～200mL，引导蜜蜂吃食，刺激中蜂飞行排泄，使蜂群顺利进入春繁阶段。

高山蜂群可在室内越冬，同样在春繁前期，将蜂群搬出安置在蜂场，按照蜂群原位置交错与间隔排列布群，选择晴朗天气，打开巢门，促蜂排泄。

蜂群排泄时，应对蜜蜂进出巢门、飞行排泄状态及排泄粪便进行观察。正常蜂群，蜜蜂进出巢门顺畅有序，空中飞行敏捷有声，排泄粪便黄色、长条形、不散。若蜜蜂腹部较大，飞行排泄物稀薄，落在地面、树叶、蜂箱等物体上，是黄褐色、散射状，则为"拉痢疾"。发现蜜蜂拉痢疾，应及时给蜂群施用磺胺类或痢特灵类药物治疗。当蜂群排泄后，可适当补充盐水，提高蜜蜂个体体质。

（2）处理饥饿群，合并弱群和无王群

中蜂群在早春开繁的同时，利用晴朗天气检查蜂群，若蜂箱内发出长久的嗡嗡蜂声，工蜂清理死蜂出巢，视为饥饿蜂群，应立即调入蜜脾，削开部分封盖，供蜜蜂取食。也可在傍晚，用50%～60%糖浆进行救助饲喂。若箱内蜂群秩序嘈杂，工蜂出进巢门混乱，空中飞行无序滞留，应打开箱盖，及时检查是否失王。发现失王群，立即介王或合群，并入有王群。

对于越冬蜂群因饥饿死亡、群势衰减或蜂量较小的弱群，应及时合并蜂群，将合并后多余的蜂王，连同关王笼一起安置在强群中，保护与储备起来，留作备用。

三、中蜂春季繁殖方法与蜂群管理

1. 春繁第一阶段恢复期

（1）调脾布巢，保暖升温

早春繁殖前调整巢脾、布置巢穴是春繁前一项重要准备工作，保暖升温是春繁中一项重要保障措施，这两项工作也是春繁放王开产的基础。选择气温稳定的晴朗天气，快速进行越冬蜂群检查，抽出多余空脾，清除劣质老巢脾和污染、霉变的蜜、粉脾。换入优质蜜脾、粉脾和或半蜜脾，换入的巢脾应经过消毒灭菌和杀虫处理，以保障春繁蜂群的安全。巢穴布置做到蜂脾相称，蜂完全能护住脾。这样才能使早春繁殖中卵、虫巢房有足够保温条件，卵、虫巢房温度可达 33 ~ 34.5℃，蜂团能护住中间子圈或子脾。

蜂群布巢时，应保证有充足的饲料，以防蜂群在风雪交加、阴雨连绵的天气食物缺乏。巢内饲料以优质蜜脾和蜜粉脾为主。3 ~ 4 脾蜂春繁，应有 1 张优质蜜脾、1 张蜜粉脾、1 张半蜜脾、1 张用过 1 次的茧衣脾，茧衣脾安置在中间，供蜂王产卵，蜜粉脾在两侧，春繁蜂路保留 6 ~ 7mm。单巢箱春繁时，巢穴布置在中间，巢穴外侧用隔板和吊板挡隔。无论是 4 脾蜂、5 脾蜂、6 脾蜂，乃至更多蜂量，留足蜂饲料非常重要。

蜂群布巢时，应准备 1 ~ 2 个清洁卫生、已灭菌的空蜂箱作为周转箱，用于临时存放抽出巢脾，以便清除原蜂箱内蜡渣和死蜂，原蜂箱可用喷灯喷火灼烧杀虫灭菌，逐一清理，逐一更换。布巢完毕，应在放王产卵前进行保暖升温。保暖升温要求做到"里三层、外三层"。所谓"里三层"，是将布巢完毕后的巢穴用吊板、隔板保护好，在吊板、隔板外用海绵、泡沫板或小棉絮、稻草等保温材料进行垫充，盖上纱网副盖和覆布，覆布上再加一层薄毛毯（图 86）。所谓"外三层"就是盖上大盖以后，在大盖上方和蜂箱周围，用草编遮盖，再在外面盖上防风防雨布，也可用已杀菌锯木屑或稻草和草垫垫在蜂箱底部。这样，对于早春春繁蜂群起到很好的保护作用。保暖升温条件越好，蜂王产卵与蜂群哺育越积极，繁殖力越高。

中蜂春繁分阶段适度保温，

图 86　春季蜂群保温（张新军 摄）

立春、雨水节气，冬春之交寒冷天气做到"里三层、外三层"。惊蛰节气前后，视气候变化情况进行酌情增减保温材料；到春分节气，当大量新蜂已成为采集蜂时，就应逐渐撤除保温材料，保持巢内通风，降低巢内温度，防止蜂巢闷热。

（2）双群布巢，放王产卵

同箱布巢是将两个越冬蜂群安置在同一蜂箱内，中间用隔板隔开，隔成两个相邻的蜂群，把两群的子脾、产卵脾靠近隔板，蜜粉脾放在外面两侧，两个蜂群巢门开设在靠近隔板两侧。这样，有利于提高蜂群巢温，加快春繁速度，快速培育生产强群。当巢箱布巢完毕，保温条件具备，当天或第二天便可放王开产。在放王时，将关王笼从蜂团中间轻轻提取，放置在中间两个巢脾的上梁框之间，关王笼抽动式笼门朝下，在不侵扰蜂群的情况下，慢慢地抽开笼门，蜂王便爬出笼门，回到蜂群中。放王同时，要注意观察蜂群有无围王现象，若发现蜂群围王，应立即解救蜂王，重新关入笼中，等待蜂群散团，清巢后的第2d再次放王。一般放王1～2h后，蜂王便可开始产卵。刚开始几天产卵量小，待天气晴朗，气温稳定后，产卵量逐渐增多。

春季在第一次大流蜜到来之前的15d，两个蜂群共达到10脾以上蜂量，可关囚1只蜂王，抽掉中间隔板，便可组成一个生产强群。

（3）补充饲喂，适时适量

在立春至惊蛰农事节气之间，蜂王开产后，巢内缺乏蛋白质饲料，故必须在给春繁蜂群补充饲喂糖饲料的同时，补充饲喂蛋白质饲料，并适当给水和补盐。蜂群中贮备的蜜脾主要用于倒春寒和雨雪天气时食用。补充饲喂是加快蜂群繁殖、培育生产强群的重要措施。

图87　春繁蜂群饲喂糖饲料
（张新军　摄）

一般在整个春繁恢复期和增长期都应给予补充饲喂。放王开产当天便可补充饲喂糖饲料和少量蛋白质饲料。第6d以后，花粉蛋白质则是第3d以后幼虫和15日龄前幼蜂生长发育不可缺少的营养，在外界没有大量粉源时，补充饲喂蛋白质饲料是不能间断的。

①喂糖饲料。用优质白糖与水比例6:4，煮沸溶解，冷却至30～40℃时，倒入巢内塑料槽式饲喂器。春繁初期先按每群200～300mL，增长期每天饲喂300mL以上，每天傍晚饲喂1次（图87）。蜂群当天没有消耗完，可两天1次。进入春分前后，当外

界油菜、木姜子、杨树等大量开花，便可逐渐停止补充饲喂。往往蜂群新老蜂交替时，对糖的需求量大，幼蜂和幼虫对蛋白质需求量大，成年工蜂停止哺育时，对糖的需求量大。

②喂蛋白饲料。春繁期间蛋白饲料是大幼虫、幼蜂生长发育必要的营养来源，丰富的蛋白饲料对中蜂春繁十分有利。1万只幼虫生长发育过程中，需要消耗蜂粮1.2～1.5kg，其中蛋白饲料占30%以上。1～14日龄的幼蜂生长发育期间，需要消耗大量蛋白饲料。民间流传的"四两花粉一斤蜂"，说明蜂花粉及蛋白营养在中蜂春繁中的重要性。春繁期，没有饲喂蛋白质饲料的蜂群，大批幼虫往往在封盖前会因营养不良而发育成残翅个体，蜂群常常出现"见虫不见蜂、见蜂不成群"的现象。所以，在中蜂繁殖期喂糖不喂粉，是培育不出一个优质中蜂强群的。

选用冷藏的优质油菜花粉，用清水调湿润，置蒸汽锅内，隔水高温蒸煮10min，进行灭菌，冷却至40℃时，将100目以上脱脂大豆蛋白粉或豆粕粉，按20%～30%添加量加入已蒸煮灭菌的蜂花粉中，可少许添加复合维生素和氨基酸，进行充分搅拌，制成可捏成饼或团的蛋白混合饲料饲喂蜂群。每群用量视蜂群群势，首次饲喂量在50～100g，每天傍晚与饲喂糖饲料同时进行。将花粉团或饼放置蜂群中两个梁框上（图88），用手轻轻压扁，尽量使蜂群食用的面积大。蛋白饲料上方用一块小薄膜纸片盖上，以防水分蒸发。以当天或两天吃完为好，以防蛋白饲料放置时间过长产生霉变或干结。

春繁期间，人工补充饲喂也可用发酵蛋白饲料。

③喂水。在春繁前期给蜂群喂水，主要是防止蜜蜂外出时采水会被冻死。中蜂吸水后，一是可用来体内新陈代谢和输送营养、排泄污物等；二是用来舔吸蜂巢中蜂蜜和花粉，以调制蜂粮，饲喂幼虫。

喂水时，可用塑料鸭舌饲喂器或自吸式塑料瓶饮水装置。使用鸭舌饲喂器时，将水灌入饲喂器瓶内，安装好饮水塑料栅网，用鸭舌式瓶盖盖上，将鸭舌部分从巢门伸入巢箱内，中蜂便可在蜂箱内采水（图89）。也可用自制塑料瓶装置饲喂器，用塑料瓶灌上清洁水后，再用棉纱条制成导水通道，一头塞进塑料瓶，一头引入巢箱内，再在巢箱内用玻璃或塑料小片托住引

图88 春繁蜂群饲喂蛋白饲料（张新军 摄）

图 89　人工饲喂清水器（张新军　摄）

水棉纱条，中蜂就可在蜂箱内采水。

早春期间，必须保证巢箱内长期有清洁水源，这样就可以让蜜蜂在寒冷的天气时不外出，减少蜜蜂因采水冻死和劳累早死，以延长越冬哺育蜂的寿命。

④补盐。在蜂群进入春繁阶段给蜂群适当补充饲喂盐水，以增强越冬蜂群个体和新蜂个体体质。蜜蜂对微量矿物质元素需要量小，但一旦缺乏，蜜蜂就会寻找潮湿的岩、矿石舔吸盐分，或者从牛和人的排泄物中舔吸。矿盐是不能消化的盐分硝酸盐，动物排泄物会引起蜂巢污染。所以，补充盐水可以减少越冬蜂外出在矿石上采盐，或在路边牲畜排泄物和人的排泄物中摄盐。

喂盐时，盐与水比例可按 0.2∶100 或 0.3∶100 比例，配成 0.2%～0.3% 盐水（钠盐、钾盐），装入鸭舌饲喂器中，盖上鸭舌网眼塑料盖，倒立，将鸭舌从巢门口伸入巢内，供蜜蜂采吸。也可塑料瓶中装入盐水，用粗布条或粗棉条，将盐水从瓶口中引入巢门内，让蜜蜂可在巢内采吸。一般春繁期给越冬蜂群和春繁新蜂的早期和中后期各补喂 1 次，每次 2～3d。

2. 春繁第二阶段增长期蜂群管理

（1）加脾加础，扩大巢穴

当蜂群中新蜂完全替代越冬蜂后，蜂群春繁进入增长期。这时期，气温回升，外界开始有少量蜜粉源开花。子脾面积扩大到 80% 以上，新蜂数量不断增加，群势进入快速增长期。蜂巢内上梁框出现蜡斑或小赘脾，便可以向巢内产卵区加入优质的空蜜脾或用过 1～2 次的茧衣脾，安置在卵、虫子脾与封盖子脾之间。如果在第一次加脾 5～7d 后蜂多于脾时，根据情况选择晴朗天气再向产卵区加 1 张空巢脾。在向蜂巢内加入巢脾时，应检查蜂王产卵脾上方有无蜜圈，有蜜圈时，若呈现蜜压子圈时，应削去蜜盖，让蜜蜂转移与腾空巢房，扩大产卵子圈。

向巢内加巢脾时，前期应加已用过两次的空蜜脾或用过 1～2 次的茧衣脾；早期不能加巢础，以免增加工蜂造脾与哺育负担。当外界气温升高、粉源充足、巢内进粉多、工蜂有意愿造脾时，方可加础扩巢（图 90）。

（2）午揭晚盖，通风去潮

进入春分前后，蜂群达到7脾以上，气候温暖，气温不断上升，群势增长快速。这个时期，应按顺序逐渐逐日撤除保温材料。先撤除巢内保温材料和覆布上小毛毯等材料，保留巢箱外部保温材料和遮雨布。晴天做到午揭晚盖，在白天天气晴朗，风力2级以下，上午 11:00 至下午 14:00 揭开

图 90　向中蜂蜂群加础（张新军　摄）

蜂箱外遮雨布和草编，打开大盖，让阳光直射覆布，蒸发水分，积累温度。下午 14:00 之前盖上大盖。到了傍晚，人工补充饲喂完毕，将箱外草编挡风遮雨布盖上。这样午揭晚盖，通风去湿是较好的保温去湿措施。

（3）继续扩巢，预防分蜂

一般分蜂发生在3月下旬至6月，武陵山区以4月中下旬发生分蜂较集中，故称为"分蜂热"季节。当春季繁殖进入后期，蜂群已有很强的群势，利用晴天开箱检查时间，发现蜂群中蜂多于脾，梁框上有赘脾，部分蜜脾上有凸凹不平的地方，用削蜜刀清除赘脾，削平巢脾（图91、图92）。发现有自然王台可以去掉，预防分蜂。这时，在强群中可加空巢础，促进蜂群造脾，减少"分蜂热"发生。初期把巢础加至巢脾外第一张蜜脾与第二张蜜脾之间，供蜂群造脾，待 3d 后蜜蜂已造好优质的巢脾，便可将新造巢脾移至中间产卵区，供蜂王产卵。

图 91　人工清除巢内赘脾（张新军　摄）

图 92　人工消除上梁框赘脾（张新军　摄）

当蜂群 6 ~ 8 脾，蜂满脾，多于脾，子脾已封盖，第一批山花和油菜花泌蜜供粉，蜂群有不少花粉进巢，便利用晴朗天气，可向中部产卵区中间加 1 张空脾供蜂王产卵，向外侧第 2 张脾位置上加 1 张空脾，供进蜜贮蜜用。前期加脾要稳，后期加脾要准，保持蜂脾一致，蜂量覆盖脾的面积 90% 以上。

（4）调整群势，组织生产群

应在第一批主蜜源油菜花进入大流蜜期之前 15d，及时检查全场蜂群蜂量，及时调整生产群群势，力争主生产群 8 脾或 8 脾以上。群势达不到的，可合并蜂群或组织主副群生产。组织主副群生产时将小群中封盖子调入生产群，壮大生产群群势，以准备采集与生产春季主要蜜源蜂蜜。但仍然注意蜂群中若出现自然王台，显现分蜂迹象，应及时采取措施，保持通风条件，控制分蜂。

当油菜大量花开，蜂群大量进蜜进粉时，可向蜂群加入 1 ~ 2 张蜡质巢础，供蜂群造脾。若有大面积粉压子脾时，可将粉脾移至边脾或移至靠巢门一侧，利于贮存备用。同时，可向蜂群加 1 ~ 2 张巢础，供蜂群造脾。

当主蜜源油菜花进入大流蜜前 5 ~ 7d，即可在蜂多于脾的条件下，进一步扩巢，加继箱，组织生产群多箱体生产。有条件时，调入青壮年采集蜂，蜂路调至 10 ~ 12mm，等待蜂群在多箱体内适应 2 ~ 3d，便可临时关王 9 ~ 10d，让蜂群集中精力生产优质春季蜂蜜。

（5）培育雄蜂，适时育王

培育雄蜂，适时育王是中蜂饲养中一项非常重要的工作。利用春季优质的油菜、紫云英、蚕豆等蜜粉源，在大流蜜前 25d 左右，选择具有优良性状的蜂群，进行人工饲喂，培育优质雄蜂（图 93）。当有大量雄蜂出房后，便可按计划开展人工育王。春分至小满节气之间是人工育王的好时机，这一时期，育王成功率高，育出新王质量好，可很好地实现优质蜂王与强势蜂群结合的生产蜂群，为中蜂高效生产奠定基础。同时，也是较好的分蜂季节，为新分蜂群提供新蜂王。

图 93 群巢门前聚集黑色雄蜂
（张新军 摄）

春季利用强群，培育足数的新王，便可一次性淘汰蜂场老蜂王和劣质蜂王，保证全场蜂王与蜂群均衡发展，利于饲养管理。新蜂王质量好，产卵力高，易于发展与维持强群，在蜜源条件好的季节组织生产强群，有效地利用油菜花期、紫云英花期、紫花苕子、刺槐花期、柑橘与脐橙花期及二月兰和各种野山花、中药材蜜源，生产优质的中蜂蜂蜜。

（6）加强管理，防治病虫害

春季早春气温低，气温变化快，忽高忽低，时有倒春寒发生。中蜂开繁后，若保温不足，遇寒潮时，蜂群易结团，卵和幼虫在蜂团外得不到恒温保温，便容易死亡。后期温度上升，但巢内湿度大，遇低温寒潮，幼虫易患囊状幼虫病和幼虫腐臭病。一旦疾病发生，应及时关王断子，治疗疾病。采取综合措施，包括加强保温、科学饲喂、更换蜂王、清理病脾、中草药与药物治疗等。严重患病蜂群，应及时销毁和深埋。

春繁期间，为了防止早期病害和后期巢虫害侵入，对于3脾以下弱群，要加强保温，放缓繁殖速度。在前期由于哺育力不足，可放缓蜂王产卵速度，采取"关九放十、关放结合"的方法，保持抚育平衡，减少病害侵入。待平均气温稳定在10℃以上，最高气温能达15℃时，便可积极促进繁殖。对于蜂量太少的"捧捧蜂"弱群，也可以采用割脾紧蜂，保温稳繁方法，复壮蜂群。但是，越冬弱群往往因前期繁殖速度慢，春季是难以采集与生产蜂蜜的。

四、春季养蜂生产与蜂群管理

1. 调查蜜源，预测泌蜜期

充分利用主要蜜源生产优质中蜂蜜。当春繁蜂群进入增长期后，蜂群中青壮年工蜂越来越多，可达到预期生产蜂群。在这一时期，调查当地主要蜜源和辅助蜜源开花期，以便组织生产蜂群，集中采集与生产春季蜂蜜。如2月下旬至3月上旬的黄连蜂蜜；3月中下旬的木姜子、李、梨、柳树和一些野山花等百花蜂蜜，3—4月生产以油菜为主的单花蜂蜜，4月生产刺槐、柑橘、脐橙、紫云英、拐枣单花蜂蜜和蚕豆、贝母、野豌豆、川牛膝及野山花等一些辅助蜜源的百花蜜，中蜂可生产百花蜂蜜和高山药用植物特色蜂蜜。

蜂群管理要求利用优质蜜粉源培育优质蜂王，合并弱群，组织春季生产。春季利用周围大蜜源可进行小转地放蜂，做到繁殖生产两不误。4月中下旬和5月上旬是中蜂分蜂较集中的月份，要采取措施控制分蜂热，集中力量抓养蜂生产。

2. 稳取春季蜜，留足蜂饲料

中蜂8脾以上强群在春季采集大蜜源花蜜，生产优质封盖蜂蜜，8脾以上蜂群采用继箱生产时，将封盖 90% 以上的蜜脾，存于继箱 7 ～ 15d，便可取优质成熟蜂蜜（图 94）。6 ～ 7 脾蜂群单巢箱生产时，便可抽出封盖 7 ～ 8d 蜜脾取蜜。春季取蜜，前期要轻取稳取，留足饲料蜂蜜。一般不取子脾蜜和未封盖蜂蜜，不取弱群和病群蜂蜜。当大流蜜期结束，取 2/3 封盖蜂蜜，留 1/3 封盖蜂蜜作为蜂群饲料，直至下一个流蜜期到来之前，确保巢内有充足的优质蜂蜜作饲料。

春季取蜜提脾时动作要轻、快，不宜将蜂群长期暴露在外，减少冷空气侵袭蜂群。

图 94　完整中蜂封盖蜜脾
（尹文山　提供）

第三节　夏季管理与生产管理

一、夏季气候特征与蜂群度夏

1. 夏季气候特征

根据武陵山区中蜂夏季养蜂生产管理特点，中蜂夏季管理期应为 5 月中下旬至 8 月。5—6 月为中蜂夏季生产管理的第一阶段，也是重要的生产期。7—8 月为中蜂夏季生产管理的第二阶段——高温期，也是人们所称的蜂群衰退期。

第一阶段生产期气候特征：5—6 月，进入梅雨天气，气温在 25℃左右。后期缓慢上升，低山区最高气温达 30℃，晴雨交加，高温高湿，空气闷热。5 月初期蜂群与 4 月一样易产生分蜂热，后期易发生病虫害和敌害。但是，在有些山区，这种气候又十分有利于夏季蜜源植物开花泌蜜。

第二阶段高温期气候特征：进入 7—8 月，夏季高温期，气温在 30 ～ 35℃，蜂群中蜂王遇高温会停止产卵，工蜂停止哺育，采集蜂外出活动少，蜂群普遍发生衰退现象。海拔 900m 以下山区，阳光直射，时遇高温干旱。海拔 1 000m 以上山区，虽然气候变化快，玉米粉源较多，但蜜源植物大量减少。

2. 蜂群度夏

夏季蜂群前期易产生分蜂热，易受病虫害危害，弱群出现立蛆、烂子，失王群工蜂易产卵。有时又因前期贮蜜量大引起巢内狭窄，巢温过高，造成蜂群飞逃。有时病虫害、敌害频繁发生，蜂群发生飞逃现象。后期高温期蜂群易出现趴在巢箱外成为胡子蜂，蜂群能量消耗大，蜂王停产，工蜂停止哺育，蜂群群势下降 20% ～ 60%。长期降雨，食物不足的蜂群，易产生饥饿死亡。

中蜂夏季高温期管理难度大，整个越夏期是中蜂蜂群衰退最严重的时期。故在南方山区中蜂饲养管理上，有"宁越三冬，不越一夏"之说。

二、夏季第一阶段生产期蜂群管理

1. 选择场所，蔽阴度夏

夏季到来，为了避免后期高温对蜂群饲养管理造成严重影响，应选择通风顺畅，轻风微微，小气候凉爽的蔽阴场地或疏林地、森林边缘、大树下、沟河边等蔽阴通风处、并且附近有较好的盛夏蜜源和水源等场所布置蜂群，确保蜂群安全度夏（图95）。同时，又能很好地组织生产群，采集与生产夏季中蜂蜂蜜。

图95　稀疏林地度夏蜂群（张新军 摄）

2. 选用新蜂王，换入新巢脾

经过春夏之交培育出一批新蜂王，保障越夏蜂群使用新蜂王。新蜂王能保持旺盛的产卵力，可培育一大批适龄越夏蜂，有利于进入越夏后期蜂群安全度夏。进入炎热夏季之前，应抽出老、劣巢脾，换入新巢脾，新巢脾透气性好，可增加蜂巢内的散热效果。所以，4—5月多造新脾，6—7月多用新巢脾，是保障蜂群度夏的一项很好的措施。

3. 调整群势，留足蜂粮

5—6月是中蜂蜂群进入夏季的第一阶段，也有很多地区入夏后蜜源大流蜜，如山桐子、乌桕、青肤杨、漆树、荆条、黄柏、山茱萸、板栗、椴树、七叶树、吴茱萸、杜英等主要蜜源开花泌蜜及川牛膝、玄参、党参、黄芪等药用蜜源开花泌蜜。所以，5—6月也是中蜂夏季的生产期。这一阶段，应调整群势，组织好采集群，生产优质的夏季蜂蜜。一般夏季生产单巢箱应达到6 ～ 7张脾群势，当达到8 ～ 10张脾群势，用多箱体继箱组织生产群，其中，继箱中6 ～ 7张脾，巢箱2 ～ 3张脾，蜂路调至1.2cm左右。夏季无论是生产期还是非生产期，蜂群中留有足够蜂粮，是安全度夏季高温期的条件保障。

调整群势后，检查蜂群时，注意要削去赘脾，毁掉自然王台，控制分蜂热。

4. 防治失王，处理工蜂产卵

炎热的夏季，也是人工饲养的中蜂蜂群容易失王的季节。在前期春季油菜

大流蜜期之后，接着进入紫云英、柑橘、脐橙及各种野山花集中流蜜，蜂群发展快，积累蜂数多，蜂多于脾，形成强大群势。进入夏季，人工检查蜂群时不慎失王，或前期分蜂成功，换成处女王，而处女王交尾后丢失，或蜂王受侵害出巢丢失等因素造成蜂群失王。蜂群失王后，初期蜂群情绪稳定，6～8h以后，蜂群感觉失王，开始躁动。有的蜂群在12～48h躁动不安，出勤减少。有的蜂群便出现改造工蜂房，急造王台，开展自救，将工蜂幼虫培育成处女王。有的弱群（或分蜂群），本身饲喂与哺育力量弱，蜂王本来就处于半停产状态，结果失王多日后，蜂群中巢脾上只剩下4～6日龄大幼虫和全身发黑、发亮的老龄蜂，基本上找不到幼龄蜂。结果，失王群部分工蜂恢复卵巢管发育，在工蜂房产未受精卵。工蜂产卵早期一房一卵、一房两卵，后来出现一房多卵（图96）。卵粒站立不正，东倒西歪，失王时间太久，会出现一批个体小，形态、大小又不一致的黑色小雄蜂，这些细小畸形雄蜂没有利用价值。

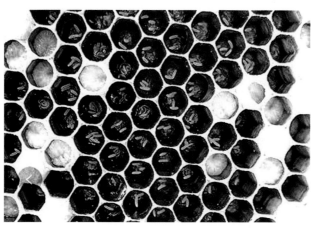

图96　工蜂在巢房内产下一房多卵（王学领　摄）

　　在中蜂生产管理中，蜂群失王早期，应在箱外观察和开箱检查时及时发现，便可及时介入产卵王，也可以通过人工降温后，介入成熟王台，蜂群情绪很快稳定，工蜂产卵也会随之消失。若工蜂产卵时间较长，产卵面积较大，应淘汰所有工蜂产卵子脾，调入优质产卵王和优质空巢脾。若出现极少量工蜂产卵，可直接人工用75%酒精小棉球擦洗，去掉清除工蜂卵粒，或采取割脾办法去掉工蜂卵脾。然后，向初期工蜂产卵蜂群调入优质产卵王和小幼虫脾，工蜂也会很快停止产卵，恢复正常秩序。若工蜂产卵太久，甚至已经有大量黑色的雄蜂，应该直接淘汰该蜂群。

　　在处理工蜂产卵蜂群时，不能急于给予蜂群饲喂，应等到介王后第一批正常子脾封盖时，便可适当用 40% ～ 50% 糖浆进行饲喂。

三、夏季第二阶段高温期蜂群管理

1. 营造小环境，多法降高温

夏季高温期到来，高温多旱，气候干燥，应给中蜂蜂群搭盖凉棚或遮阳网（图 97），叠加继箱，扩大巢穴，开大巢门，调大蜂路，营造小环境，保持蜂巢通风条件。在加继箱布巢时，不要将了脾贴近蜂箱内侧箱壁，以免高温灼伤虫、蛹。高温期打开箱盖通气纱窗，叠揭大盖通风口附近的覆布，单巢箱蜂群也可在巢箱纱盖上方加浅继箱作为通风除湿巢室。保持巢内空气对流。有条件时应每天向蜂箱外喷洒凉水，采用多种方法降温。同时，将蜂路调至 1.2cm 左右，并给蜂群饲喂清洁水和补充 0.1% ～ 0.2% 盐水，以增强蜜蜂对高温天气的抵抗力。

图 97　中蜂蜂场度夏遮阴棚（张新军 摄）

2. 适量奖饲，保持群势，培育适龄采集蜂

武陵山区是我国五倍子分布最广泛而又最密集的山区，海拔 900m 以上，五倍子 8 月中下旬至 9 月初开始开花泌蜜，海拔 800m 以下的山区 8 月下旬至 9 月中旬开花泌蜜。7—8 月初无论是传统圆桶、方桶饲养的蜂群，还是活框饲养的蜂群，只要通风降温条件优越，适量饲喂，保持群势，培育好适龄采集蜂，进入 8—9 月就能采集与生产很好的五倍子蜂蜜。

若人工饲养中蜂，没有精心管理过程，没有给予蜂群优越的生存环境，往往就会出现"七蜂八败"的现象。因此，7 月非生产期除了采取各种降温措施给蜂群降温外，无论巢内有粮或无粮，都应给予适当奖饲，每 2 ～ 3d 都应用

 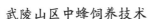

30%～40%蜂蜜水或糖浆适量饲喂，刺激蜂王产卵，调动工蜂哺育积极性，培育适龄的秋季采集蜂。

一般中蜂蜂群在5—6月会出现两种情况：一是强群采集与生产蜂蜜多，出现蜂蜜压子、压巢（传统圆桶和方桶）现象，要及时取出蜂蜜2/3，保留1/3，7—8月仍要适当奖励饲喂，培育适龄采集蜂；二是由于前期分蜂热，蜂群出现过分蜂，群势下降，7月上旬以后因缺少蜜源，更应加强饲喂，保持与发展群势，7月至8月初，要适当奖饲，才能培育适龄的秋季采集蜂。

3. 防治病虫害，控制飞逃群

7—8月，酷暑盛夏，炎热高温，巢内闷热，外界缺蜜粉源，饥饿蜂群易产生飞逃。胡蜂、蚂蚁、蟾蜍侵害，病害发生，弱群易产生巢虫、绒茧蜂、寄生蝇为害。蜂群受到严重生存危机，便产生飞逃。弱群在蜂王停产后，内隐外患，巢虫危害，极易垮群。高温期应勤于箱外观察，发生敌虫害，立即采取综合预防措施，控制敌虫害发生，减少损失，尽快恢复蜂群群势，保证蜂群安全越夏。

在我国山区中蜂饲养区，由于环境条件不一致，蜜源分布不均衡，自然界中蜂蜂群为适应环境和食物条件而产生生态系统内迁飞。人工饲养中蜂，则由于人工饲喂与管理方法不当，蜂群受病、虫、敌害侵扰，容易发生飞逃。因此，在夏季来临之前，可以在蜂群巢门装上防逃片或多功能防逃器，控制蜂群飞逃，防止蜂王丢失。

4. 抽脾缩巢，保持蜂群

当7—8月上中旬夏季高温持续一段时间后，由于人工管理不当，蜂王停产，有些蜂群群势下降30%以上，甚至下降60%。在立秋至处暑之间，应抽出多余巢脾，紧脾缩巢，合并弱群，叠加空继箱，保持蜂巢内空气流通。布好巢房，留足蜂粮，以保证蜂群现存群势不再下降。部分山区到8月下旬以后，气候逐渐转凉，蜂群缺乏蜂粮，应进行奖励饲喂蜂蜜水，刺激蜂王产卵，为10月中下旬采集野桂花蜜至11月中蜂群秋季繁殖打下基础。

四、夏季蜂群生产管理

1. 调查夏季蜜源，预测流蜜期

武陵山区包括雪峰山、大娄山连片山区，是我国中蜂饲养区中蜜源植物与野生中蜂资源比较集中的地区之一。当进入夏季第一阶段生产期，5—6月，气温缓慢升高，高温高湿，给夏季蜜粉植物开花泌蜜创造了条件。这一时期，蜜粉源开花泌蜜供粉植物较多，如乌桕、椴树、黄柏、荆条、青肤杨、漆树、七叶树、拐枣、女贞、栲树、吴茱萸、杜英以及地柏枝、乌泡、刺苞头、三叶草、向日葵和一些药材、瓜果、蔬菜、玉米等相继开花，泌蜜供粉。在一些地区蜜源比较集中地方，预测夏季蜜源集中流蜜期对中蜂夏季生产优质蜂蜜十分有利。

进入夏季第二阶段高温期，7—8月，高温干旱、酷暑炎热，蜜粉源开花泌蜜供粉的植物逐渐减少，只有少数山区有一些集中蜜源，如小叶刺楸、玄参、党参、薄荷、香薷、向日葵、玉米、川牛膝，以及一些蔬菜瓜果类等开花泌蜜。但是，高温期蜜源植物数量少、分布不均匀，有些条件较好的地区，中蜂可采集与贮存蜂粮，中蜂群度夏群势仍然不减。多数地区只有零星蜜源，可以维持蜂群生活。有些地区，在高温期则十分缺乏蜜粉源，蜂群在高温和饥饿中度过夏季。经常下大暴雨，长期饥饿，会造成中蜂饥饿死亡。

因此，在中蜂养蜂生产中，考虑全年度均衡生产，应因地制宜地安排好中蜂适度饲养规模。在蜜源丰富季节，要贮备与留足后期的蜂粮。在缺蜜粉源季节，要给予适当饲喂。

2. 组织采集群，生产夏季优质蜜

进入初夏，中蜂群在春季繁殖之后，蜂群已有7～8脾群势，一大批适龄采集蜂有较强的采集力。5—6月，外界夏季蜜源将陆续开花，延续2个月的集中蜜源，强势蜂群便可采集与生产夏季蜂蜜。甚至有些地方可生产单花蜜种，如黄柏、青肤杨、漆树、吴茱萸、乌桕、荆条和7月杜英等花期集中的地方，便可集中生产优质单花蜂蜜。较强的中蜂群，在这一次集中蜜源期，可生产15～20kg优质蜂蜜。

这一时期，若蜂群群势不均，可组织主副群生产，或大流蜜之前，提前15d合并弱群，形成强群，进行诱导饲喂，便可采集与生产夏季蜂蜜。采用多箱体继箱生产，通风条件好，可以减少分蜂热发生。传统三峡桶或方桶安置在蔽阴条件下，生产夏季蜂蜜也是较好的选择。能利用夏季5月至7月初生产优质的封盖中蜂百花蜂蜜，为后期蜂群安全度夏打下较好基础。

3. 稳取夏季蜜，留足蜂饲料

6—7月，当蜂群生产较多的封盖蜂蜜，无论是活框还是传统直径26～28cm的三峡桶等可以贮存满巢蜂蜜，甚至出现蜜压子现象。这时便可稳取夏季封盖蜂蜜。一般若在后期还有蜜源条件，可取2/3的蜂蜜，留下1/3蜂蜜作为蜂群后期度高温的蜂粮。若在后期缺乏蜜源，就只取1/2的蜂蜜，留下1/2蜂蜜作为蜂群后期饲料。

第四节　秋季繁殖与生产管理

一、秋季气候特征与蜂群特征

1. 秋季气候特征

根据中蜂饲养区养蜂生产实际和蜂群管理特点，武陵山区、巴巫山区、秦岭南部、大别山、幕阜山等都属于中亚热带山区，秋季中蜂管理期应为8月中下旬至11月上旬，即从立秋以后到立冬节气之间。中蜂进入秋季后，8月中旬至9月中下旬为中蜂秋季管理第一阶段，为秋季生产期。10月至11月中旬，即从寒露节气以后，到立冬、小雪节气前后，为中蜂秋季管理第二阶段秋季繁殖期。即秋繁往往是在秋季第二阶段，这是一年中最关键的时期，是培育适龄越冬蜂，打下第二年春繁的重要基础。

第一阶段秋季生产期气候特征：8月中旬至9月下旬，前期高温缓慢减退，高温为主，气温在25 ~ 32℃，时有秋雨和干旱交替。这一阶段，间隙秋雨，有利于秋季大蜜源五倍子和何首乌、薄荷、野藿香、紫花香薷等植物开花流蜜（图98、图99）。后期天气逐渐凉爽，气温在22 ~ 28℃，有利于秋季其他零星蜜源和人工种植荞麦、向日葵开花流蜜。

图98　五倍子花（张新军 摄）　　　图99　紫花香薷开花（张新军 摄）

第二阶段秋季繁殖期气候特征：10月至11月中旬，气温降至18 ~ 22℃，遇雨水天气，气温会降至15 ~ 20℃，秋冬之交蜜源逐渐开花，蜜粉源植物量相对减少，人工饲养中蜂进入秋季繁殖关键时期。前期，若在9月蜂群复壮起来，在这一阶段加强人工补饲，精心策划，有些地方在7—8月人工补充种植秋玉米、秋荞麦、秋向日葵、高山返季油菜和后期野菊花、茶花、野桂花等，9月下旬至11月上旬陆续开花泌蜜供粉，秋繁蜂群便可利用秋冬蜜源，顺利秋繁，培育一大批越冬新蜂，打下第二年早春春繁的基础。

2. 蜂群特征

度过炎热夏天，进入秋季，若受夏季高温影响，蜂群出现长时间停产，8月群势下降很快，形成弱群，并发生病虫害，包括幼虫病和巢虫、绒茧蜂、寄生蝇等。若夏季遮阴、通风、降温条件好，蜂群一直保持较强的群势，进入秋季，蜂王恢复产卵，蜂群恢复哺育，这种蜂群易恢复群势。当蜂群在采收五倍子花蜜和其他蜜源花蜜阶段，强群也会出现分蜂欲望，便可利用秋季优质蜜粉源，特别利用五倍子开花期进行造脾和补充育王，更换新王进入冬季。

二、秋季第一阶段高温期生产管理

1. 通风降温，补饲促产

小气候凉爽、空气流通是中蜂安全度过高温的重要条件。但是，中亚热带山区初秋季节，天气仍然高温干旱，为了迎接秋季流蜜期和秋季第二阶段繁殖期的到来，进一步给蜂群遮阴纳凉，继续保持蜂群阴凉环境和巢内通风，用继箱饲养蜂群，以扩大巢内空间。也可将巢箱、继箱倒置，空继箱在下，巢箱在上，增加空气流动。由于越夏蜂群群势减退，进入秋季，处暑节气以后，一旦第一场雨水后，"一场秋雨一阵凉"，是蜂王开产、蜂群哺育的转机阶段，而外界缺蜜少粉，就必须进行适时适量饲喂，促王产卵，促蜂哺育。非生产期若贮蜜不足，可用加糖浆30% ~ 40%饲喂，每天1次，每次200 ~ 300mL，蜂群吃完不剩。若贮蜜足，可用20% ~ 30%蜂蜜水饲喂，每日每群50 ~ 100mL，便可促进蜂王产卵和蜂群哺育，甚至能筑造新脾。在8月下旬五倍子初花期之前10 ~ 15d停喂糖浆，可转喂五倍子蜂蜜水。即把前几天采集少量零星五倍子蜂蜜摇出，适当加水饲喂蜂群，有利于蜂群采集生产五倍子蜂蜜。

2. 调整蜂群，扶强补弱

8月初，当秋季来临，依然高温，大多越夏蜂群出现群势衰退。一旦天气转凉，创造条件给蜂群降温。蜂王恢复产卵，蜂群哺育积极性提高，尽快恢复群势，以采集9月五倍子花蜜和后期秋季繁殖。这时，调整全场蜂群群势，以达到7 ~ 8脾满脾蜂强群，进一步给予优厚的食物条件，保障强群不衰。平衡群势，中等群势5 ~ 6脾满脾蜂，应从预备蜂群中抽调2 ~ 3张大幼虫脾或封盖子脾，连蜂带子一起合并到中等群势蜂群中，壮大中等蜂群群势，培育成为8月下旬和9月五倍子等花期生产强群。这样，能确保蜂场80%以上蜂群可以

培育成下一次大流蜜期的生产强群。20% 弱势蜂群加强饲喂，培养成为生产预备群，可以通过下一次大流蜜期进入后期秋繁发展壮大，培养成为越冬强群。

3. 组织强群，生产成熟蜜

武陵山区、巴巫山区，地域广阔，植被丰富，五倍子（盐肤木）分布广，特别是武陵山区，8 月中旬前后，五倍子由中高山向低山逐渐开花泌蜜。在五倍子分布广而密集的地域，花期 25 ~ 30d，利用继箱饲养中蜂强群采集与生产五倍子蜂蜜。一个五倍子花期，每个强群蜂可生产优质成熟五倍子蜂蜜 20kg以上。此时，还有何首乌、薄荷、野藿香相继开花泌蜜，后期还有人工种植的秋荞麦、秋向日葵等相继开花。

当中蜂蜂群进入秋季转凉阶段，应抓紧时机，采集与生产秋季蜂蜜，繁育与发展蜂群，为后期秋繁培育越冬蜂打下蜂群和蜂粮基础。

4. 培育新蜂王，淘汰劣质老王

进入白露前后，外界高温开始下降，气候逐渐转凉。五倍子、秋玉米、秋荞麦、晚向日葵、薄荷等秋季蜜粉源植物开花泌蜜供粉，蜂群采集与抚育积极性高涨。利用这个机会，在中蜂强群中开展人工育王，培育一批秋季蜂王，淘汰一些度夏劣质蜂王和部分老蜂王，秋季换新蜂王，下一阶段更易繁殖和培育一大批越冬新蜂，壮大蜂群，使蜂群成为越冬强群。

5. 加入蜡础，修造优质巢脾

当外界有丰富的蜜粉源时，蜂群进蜜量大，蜂群有分蜂意愿，可向蜂群加入蜡质巢础，适当在新巢础上涂一层薄薄的新蜡液，以促进筑造巢脾积极性。

特别是利用秋季大流蜜期给强大蜂群加入新巢础，蜂群可筑造出优质的巢脾。给蜂群加巢础，应于气候凉爽的傍晚加入蜂群中，安置在子脾与蜜粉脾之间，待筑造巢房后，再移至产卵区供蜂王产卵。在充足进蜜时，也可将蜂群中封盖蜜脾抽出。并在封盖蜜与隔板之间或两个封盖蜜脾之间，加入新巢础框，使蜂群快速筑造巢脾，以便贮蜜。

三、秋季第二阶段秋繁期管理

1. 结合当地实际，择机进入秋繁

当蜂群通过秋季第一阶段复壮后，进入寒露、霜降节气，有一大批蜂群群势恢复较好，呈现强王强群或新王新蜂，为蜂群后期秋季繁殖创造了很好条件，便可择机秋繁。秋繁是培育优质越冬蜂群的，为第二年早春繁殖打基础，也是中蜂养蜂生产与蜂群管理最重要环节和最关键时期。我们常说："没有秋繁，就没有春繁。"即秋繁是培育越冬新蜂，越冬新蜂就是第二春季繁殖期的哺

育蜂或饲喂蜂。所以，没有蜂群秋繁基础，就没有蜂群春繁的条件。

若大雪至冬蛰节气蜂群进入越冬休蜂期，那么，在越冬期之前，就要培育一大批出房认巢飞行和排泄飞行而未经哺育的越冬新蜂，从蜂群壮大到一大批越冬新蜂，共需要 55～60d，秋繁就应该在寒露与霜降节气之间开始。秋繁开始培育第一批新蜂时，需要 20d，当第一批新蜂出房后，再经过 20d，蜂群积累了 20d 新蜂而得以更新。大多成为大龄壮年蜂，进入 40d 以后，蜂群老蜂逐渐被新蜂替代。这时，要培育一个越冬新蜂强群，则需要向后增加 20d 左右，才能实现新蜂为主的越冬蜂群。所以，通过秋繁实现蜂群更新，达到强群大群越冬共需要 55～60d。

因不同海拔高度、不同区域的气候环境不同，越冬时间也不同。一般武陵山区、巴巫山区中蜂秋繁初繁日往往在秋分和霜降节气之间，大雪、冬至节气前后结束，即开始休蜂越冬。强群秋繁日可适当推迟几天。弱群秋繁日应适当提前，高山可提前，中低山可略晚。但秋繁初繁日千万不能晚于霜降或立冬节气，以免后期遇长期低温和雨雪天气，造成错失中蜂秋繁良机。

2. 继箱布巢秋繁，确保秋繁质量

在 9 月白露至秋分之间，五倍子大量开花泌蜜供粉期间，可适当向强群加础造脾，造出新脾可供后期秋繁时作产卵脾，是最佳选择。秋繁初期在 10 月寒露至霜降之间，7 脾以上满脾蜂量的蜂群便可用继箱布巢秋繁。封盖子脾和蜜脾调入继箱，巢箱布置 1 张新脾和 1 张半蜜脾，形成产卵区，供蜂王产卵。这时，要注意留足蜂粮，密集蜂群，足够蜂量是秋繁的重要条件。所以，布巢时一定要抽出多余巢脾，使蜂群密集。

当气温在 20～25℃时，巢箱产卵区保留 2 张巢脾即可。当气温下降至20℃以下时，巢箱产卵区保留 3 张脾，产卵脾则安置在中间，以保持子脾温度（图 100）。蜂群抚育第一批 2 张子脾时，将封盖子脾和大虫脾调入继箱的中间与巢箱产卵区对应位置，便可向巢箱加入优质空巢脾。以后视气候环境和蜂群繁育情况，每 5～7d 检查巢箱蜂王产卵和子脾封盖进展，及时将封盖子和大幼虫脾抽出，调入

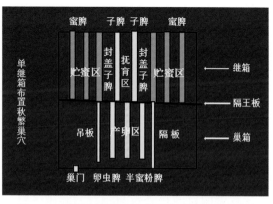

图 100　继箱布置秋繁蜂群示意（张新军 绘制）

到继箱的中间位置。将继箱封盖子出房的巢脾及时抽出，以备后用或者作为贮蜜脾。用优质空巢脾和新巢脾繁蜂，可以确保秋繁的质量。

秋繁进入 50d 后，新蜂完全替代老蜂，蜂群实现了更新，一大批新蜂已排泄完毕，未经过哺育阶段，大雪至冬至节气前后便进入冬季的越冬阶段。

3. 科学奖饲，满足蜂群秋繁

秋繁蜂群巢内保持充足的蜂粮，才能激励蜂群积极哺育。一般中蜂秋繁的新子脾与成熟封盖蜜脾按 1∶1 比例贮存在秋繁蜂群中。也就是说每繁殖 1 张成熟的新子脾就应配给 1 张优质蜜脾，繁殖 2 张新子脾配给 2 张蜜脾，如此类推，直至秋繁结束，贮足越冬蜂粮为止。秋繁期间，若外界出现大流蜜，能满足哺育需要，也应少量奖饲，刺激蜂群哺育。对于秋繁蜂群而言，不论巢内贮备蜂粮多少，都应给予蜂群适当奖励饲喂。外界缺少蜜粉源时，还要做到奖补结合，先少后多，先稀后浓的方法饲喂蜂群。

秋繁初期，当第一批育子达成批封盖后，便可以少量低浓糖浆饲喂蜂群，即用 20% ~ 30% 浓度糖浆饲喂，饲喂量为每群每次 100mL 左右。

秋繁进入中后期，蜂群中新蜂较多，逐渐以 40% 糖浆饲喂，饲喂量为每群每次 200 ~ 300mL，直至最后一批越冬子全部封盖，以保障蜂群秋繁循序渐进地稳步进行。在秋繁期间，不宜用过浓过量糖浆饲喂秋繁蜂群，以免引起中蜂群应激反应。加脾产卵时，应加经过熏蒸灭菌的巢脾。

4. 防治病虫害，保障秋繁安全

当五倍子及秋季蜜源开花期已过，大部分蜂群已恢复并壮大起来。但是，前期夏末初秋也是病虫害危害高发期，有很多群势不强的蜂群受到侵害，直接影响秋季繁殖期的蜂群。胡蜂侵害，蚂蚁、绒茧蜂、蜡螟、寄生蝇为害等，弱群更容易发生病虫害，甚至后期发生幼虫病。若防治不力，蜂群就会垮群。所以，在秋繁前期，没有蜜源开花泌蜜或没有采集生产的蜂群，可进行预防性施药，以防后患。当秋繁第一批新蜂出房后，非生产期即 11 月可用青霉素进行预防。在向巢箱加产卵脾的 5 ~ 7d 即可按每群给药 8 万 ~ 10万单位，调入 40% 的糖浆中饲喂蜂群，每 2d 1 次，连续 3 次。也可将青霉素或红霉素等药物加入适量的饲喂水中，饲喂蜂群。凡是用青霉素和红霉素治疗过蜂病的巢脾，应在施药结束后更换所有施药巢脾，施药巢脾不得用于贮蜜。

5. 调节巢内环境，保护适龄越冬蜂

秋繁的目的是繁殖与培育适龄越冬蜂，适龄越冬蜂是蜂群中大多已进行排泄飞行和认巢飞行而未经过哺育和采集的新蜂，是延续至第二年春繁的哺育

蜂。因此，适龄越冬蜂的保护是非常重要的工作。布好蜂巢，贮足蜂粮，做好防闷、防热和后期防寒措施。经过 50 ~ 60d 培育的秋繁蜂群，蜂量达到 7 ~ 8 脾时，未经采集蜂达到 50% 以上，但是前期若缺乏蜜源，又缺少饲喂时，就会影响越冬蜂寿命。而秋繁后期没有很好的保温条件，或蜂巢空气不流通，随意加劣质巢脾，都将影响秋繁质量。因此，秋繁期间，产卵脾必须用优质巢脾和新巢脾。当气温在 20 ~ 25℃时，巢箱产卵区放 2 张巢脾，巢脾间距调至 1.2 ~ 1.5cm，继箱巢脾间距调至 1.0 - 1.2cm。气温低于 20℃以下时，巢箱产卵区放 3 张巢脾，巢脾间距调至 1.0 ~ 1.2cm。秋繁后期，若气温突降至 15℃以下时，适时在箱外加保温物，关闭继箱通风窗口，以免幼虫受低温侵害。进入初冬和秋繁后期，应掌握外界蜜粉源开花泌蜜时气候环境，可边采集边作补充繁蜂的措施，适时掌握与做好蜂群的越冬准备。

6. 双王蜂群秋繁，壮大越冬蜂群

中蜂蜂群用继箱布巢秋繁，巢箱安置蜂王产卵为产卵区，继箱为新蜂区和贮蜜区。若在夏末秋初遇上蜂群群势衰退，一直低迷，秋季第一阶段仍未恢复壮大起来，一直 3 ~ 5 脾蜂量，表现为弱群或中等群势蜂群，就可以采用双王群继箱进行秋繁。双王群继箱秋繁蜂群，是快速壮大培育大批适龄越冬蜂的较优选方法。

布巢方法，即巢箱内用隔板从中间隔断，布置 2 个产卵区，将 2 个蜂王分别安放在 2 个产卵室内，巢箱上加盖平面隔王栅板，再叠加继箱。巢箱两个产卵区靠近中间隔板，各 1 张半蜜脾，1 张优质产卵脾，两个巢门分别靠近隔板两侧。继箱安置大幼虫脾、封盖子脾、蜜脾和粉脾。大幼虫脾和封盖子脾在巢箱两个产卵区上方的中间对应排列，在继箱子脾两侧安置粉脾和蜜脾。秋繁期间，继箱双王群秋繁，其双王产卵，新蜂量大，可快速壮大越冬蜂群。

当秋繁即将结束，视蜂群新蜂发展情况，可随时关囚 1 只蜂王，保留 1 只强壮蜂王，第 2 天抽掉中间隔板，合并产卵区，形成一个越冬强群。

进入大雪、冬蛰节气，蜂群总量达到 7 ~ 8 脾足脾蜂量之后，根据当地气候环境，提前关王，拆除隔王栅板，布置越冬蜂巢，形成越冬强群。低山区有经验的养蜂员，第二年早春利用越冬强群，把握时机，提前进行早春繁殖，就容易壮大蜂群，在第一次油菜大流蜜期获得较好的春季蜂蜜。同时，在春季也可以提前进行分蜂分群。

四、利用秋季蜜源，兼顾繁蜂与生产

武陵山区秋季前期气温高，时有秋雨，8月底、9月初五倍子开始开花流蜜，由高山向低山发展，花期1个月左右。五倍子在9月集中开花泌蜜供粉，中蜂群的群势发展很快，可生产优质成熟五倍子蜂蜜。同时，还可培育一批新王。进入深秋初冬，山区蜜粉源相对减少，而且分布不均匀。一些地区逐渐缺蜜粉源，靠零星蜜粉源和人工饲喂进行秋繁。而有一些地区秋荞麦、晚玉米、秋向日葵、茶树、鸭脚木、野菊花、枇杷和野桂花（柃）相对集中，相继开花，十分有利于蜂群秋繁补繁。同时，中蜂养殖场还可生产晚秋初冬的中蜂蜜。但是，初冬期气候变化快，冷暖交替，时有低温，各种集中蜜源流蜜期有各自的流蜜特点和气候环境特征，养蜂场应根据当地实际情况，在保护越冬蜂群的基础上，处理好繁蜂与生产矛盾，做到繁蜂采蜜两不误。

1. 防范低温寒潮，保护秋繁新蜂

若蜂群群势不平衡，放蜂场所分布有零星蜜源，应防止蜂群发生盗蜂和飞逃，以免造成秋繁失败。后期野桂花流蜜期间，时有寒潮、阴雨低温气候，应注意掌握好保温、保子、保蜂措施和最佳断子越冬时期。

深秋和初冬季节，晴天白天气温15～20℃，夜晚气温10～15℃，有些蜂场进入油茶和茶花蜜源场所，应提前进场采粉，饲喂酸性糖浆，及时退场或提前退场。这时，中高山时有秋雨连绵，冬季霜冻，应加强保温、保子、保蜂措施，保护好初冬新蜂。

2. 抓住机遇，繁蜂生产两不误

根据秋繁总体规模，中蜂养殖场组织强群开展秋季养蜂生产，尽量多采蜜、多贮蜜。如继五倍子之后，秋分至寒露节气，秋荞麦、野菊花、野藿香、薄荷、野坝子等一批秋季蜜源相继开花流蜜，有的地方集中花期20～25d。前期荞麦花期流蜜量大，蜂群进蜜快，应防止蜜压子脾，可适当加入优质巢脾用于贮蜜。取蜜时，留足蜂粮，抽出空巢脾，密集蜂群。进入晚秋初冬，遇低温应适度保温，适当奖饲，增加蜂群哺育积极性，抓住最后机遇，稳步繁蜂，做到繁蜂生产两不误。

3. 组织蜂群采集，适时贮蜜越冬

秋冬之交，零星蜜源较多的山区，应根据秋繁情况，在前期贮蜜不足情况下，可组织蜂群小转地采集秋冬之交蜜源，霜降至大雪节气，枇杷、鸭脚木、野桂、野菊花、九里光等相继开花，尽量多贮蜜，当贮蜜达到一定量时可以适当取蜜，也可将封盖蜂蜜抽出部分，低温保存，以备越冬期使用。蜂群中应始终保持一定的贮蜜量作为越冬蜂粮，以确保蜂群安全越冬。

第五节　冬季蜂群管理与生产技术

一、冬季气候特征与蜂群特征

1. 冬季气候特征

根据中蜂饲养区养蜂生产管理特点，中亚热带山区，特别是武陵山区和巴巫山区，中蜂冬季管理期为11月中下旬至2月上旬。前期11月，气温缓慢变冷，有时也会出现持续晴暖天气，气温在15℃左右，后期12月以后进入严冬寒冷季节，山区气温一直低下，在5～9℃，遇大雪冰冻，气温降至0℃以下，甚至长期处于–7～–1℃，也有–7℃以下极寒天气数日。

11月至12月上旬为补充秋繁期和冬季生产期相融合的时期，遇有枇杷、鸭脚木、野桂花蜜源，可边采集边补充繁蜂。12月中旬至次年1月为关王断子期或越冬休蜂期，是保护秋繁新蜂和蜂群安全度过寒冷冬季的最重要时期。

第一阶段补充秋繁和冬季生产，要结合当地气候特征：深秋季节之后，进入冬季初期，冷暖交替，气候干旱，一般气温在15～20℃，遇冬雨气候，气温一路直下，急骤降至9℃以下。但是，遇多日晴天，出现昼夜温差大，素有"小阳春"气候之说。特别是偶有间歇性小雨，十分有利于冬季野桂花（枔）、鸭脚木等冬季蜜源大流蜜，好的年份，每群中蜂可采收20kg左右冬季野桂花蜂蜜。遇连续冬雨气候，气温急骤下降至7℃以下，则不利于冬季蜜源开花，即使长期冬雨，偶有晴天中蜂采集量也会很少。

第二阶段关王断子与越冬休蜂期气候特征：在南方很多地区，特别是长江中上游一带山区，遇暖冬气温往往在12～15℃，一般野桂花（枔）集中分布在海拔500～900m，有20多个品种，分别有早桂、冬桂和春桂不同品种，有些地区从10月中下旬至次年1月下旬，野桂花不间断开花泌蜜。中蜂可生产优质野桂花蜂蜜。但是，进入小雪冬蛰节气，三九寒天，将会遇到长期低温–2～0℃，到了冬蛰至大寒节气，中高山将进入冰冻期。气温在–10～–5℃。所以，中高山中蜂应提前关王断子，进入越冬休蜂期。

2. 蜂群特征

在中蜂养蜂生产中，冬季蜜粉源是十分宝贵的资源。往往中蜂养蜂场在延续秋繁和保护蜂群的同时，可采集冬季蜜源的花蜜。初冬，温度适宜，蜂群前

期蜂王产卵和蜂群哺育仍在进行。遇寒潮侵袭，蜂群迅速结团保暖，卵和幼虫经常会被冻伤死亡。这时，要特别注意补救性繁蜂或补充性繁蜂，应根据气候变化施以保温措施。深冬季节，蜂群咬脾结团，进入越冬休蜂期。蜂团前期在巢脾的下方，随着气温进一步下降，因热空气向上，蜂团向上运动，蜂王位于团中心，受到蜂群极力保护。蜂团中心工蜂与蜂团外部工蜂不断相互交换位置，以方便取食和保持蜂团恒温。

蜂团中心温度在 15 ~ 20℃，蜂团表面温度在 5 ~ 10℃。当外界天气温和，气温 9℃以上时，蜂团就会散团，气温低于 7℃以下，蜂团就会紧密。蜂团中心的蜜蜂饥饿时，会向外移动，取食蜂粮，蜂团外部的蜜蜂取食后静止一段时间，会向蜂团中心移动。整个越冬期，保持着这种冷暖交换和轮换取食方式，蜂群处于半饥饿半休眠状态度过寒冷的冬季（图 101）。早春到来，只要气温在 9℃以上，人工施以保温措施，蜂团开始散团。

图 101　越冬中蜂群（张新军　摄）

二、越冬蜂群条件要求

1. 大群强群

中蜂秋繁无论成功还是失败，越冬前都应调整为大群，大群可在初冬期进行补救性繁殖，大群强群蜂王产卵停产迟，能很好地利用初冬蜜粉源和人工奖励饲喂，培育出大量新蜂，实现强群越冬。越冬强群新蜂量大，是第二年春季繁殖、恢复群势、壮大蜂群和全年度稳产、丰产的基础。弱群越冬相对消耗蜂粮多，第二年春季繁殖慢，群势恢复与发展缓慢，易患幼虫病，管理难度大，难以进行春季和初夏第一阶段的蜂蜜生产。

2. 幼龄蜂多

中蜂强群越冬蜂，蜂量大，没有经过采集和哺育的幼龄蜂多。幼龄蜂寿命长，越冬期蜂量减数少，第二年春繁哺育蜂多，幼虫保温和哺育有优厚条件，早春期间蜂群恢复快，群势发展壮大迅速。所以，秋季后期利用最后一个蜜源期或科学奖饲，培育大量适龄越冬蜂，是蜂群安全越冬和第二年春季发展及春季生产的重要基础。

3. 青年蜂王

中蜂越冬蜂群的蜂王应是青年蜂王。青年蜂王秋繁期产卵量大，维持较大的越冬蜂群，越冬蜂群失王概率小。早春繁殖，保温条件合适，开产早，产卵粒多。只要蜂群有青年蜂王，有充足的哺育蜂，春繁就有快速恢复与壮大蜂群的基础，就有实现早春强群生产的有利条件。

4. 蜂粮充足

中蜂越冬蜂群在越冬期间要消耗一定的蜂粮，越冬蜂粮应为优质成熟蜜或糖饲料。过稀、发酵的蜂蜜、劣质糖饲料以及甘露蜜等都不能作为蜂群越冬蜂粮。越冬蜂粮应在关王断子、越冬布巢之前备足，一般每足脾蜂量应有1.5kg左右的越冬蜂粮。若蜂群蜂粮不足，可在越冬关王之前1周内，及时用50% ~ 60% 糖浆足量补充饲喂。蜜蜂为了贮备冬季蜂粮，便会将糖饲料转移至巢脾中，贮备冬季蜂粮。也可通过灌脾方法补充越冬蜂粮，以保障蜂群安全越冬。若越冬期蜂粮严重不足，会造成越冬蜂饥饿，越冬期蜂量大减，对第二年春季繁殖造成很大影响。

三、冬季第一阶段补充繁蜂与冬季生产期

1. 保护性生产，补充性繁蜂

当冬季来临，中蜂秋繁进入尾声，晴天气温在9 ~ 15℃，若外界分布有较好的冬季蜜粉源，中蜂养殖场可选择背风向阳的干旱阳坡安置蜂群，对蜂箱外围进行适度保温，做好冬季寒潮和雨雪天气的蜂群保护工作。可采集冬季蜜源，如野坝子、鸭脚木、枇杷、油茶、野桂花（柃）等。有些地区，经常雨过天晴，气温稳定在10 ~ 15℃，野桂花（柃）中早桂、冬桂、晚桂相继持续开花，中蜂生产可抓紧时间生产野桂花蜂蜜。丰产年份每群可生产野桂花蜂蜜20kg以上。冬季取蜜要选择晴天，要稳取，取蜜时远离蜂群，防止盗蜂发生。在即将越冬休蜂之前，九里光等初冬季节辅助粉源相继开花泌蜜供粉，利用初冬蜜粉源进行补充繁蜂，增加越冬蜂新蜂量。这时，只要天气晴朗，偶有间歇性小雨，晴天中蜂仍能安全飞行和正常排泄。巢内仍有花粉进巢，便可在食物充足、保温适当条件下，进行补充性繁蜂。特别是夏季度夏衰退的蜂群，而后来也没有机会繁殖足量新蜂的弱群，应拆除继箱，淘汰花子脾，合并弱群，重新布巢，密集蜂群，箱底加垫保温物，副盖上加一层保温厚布等一般保护性措施，呵护好新子脾和新蜂，使蜂群能很好补充繁蜂。大雪前后，气温在5℃以下，甚至继续下降，蜂群已经不能进行补充繁蜂时，就应提前关王断子，安置蜂群越冬。

2.合并弱群，做好越冬准备

补充秋繁和冬季采蜜即将结束，及时抽出蜂群中多余巢脾，进行逐一清理、消毒、灭菌，置冷藏室进行贮藏。若秋繁后，仍未发展的3脾以下弱群，提前将弱群合并，重新布巢。一般来说，3～4脾满脾蜂越冬蜂群为一般群势，5～6脾越冬蜂群为中等群势，7～8脾越冬蜂群为大群强群，9～10脾越冬蜂群为超强群（表5）。这时，应该根据第二年养蜂生产规模发展，做好早春春繁发展规划，合理安排越冬蜂群规模。

表5　越冬蜂群蜂量、群势与春繁相关性

蜂量脾数	群势	与春繁相关性
1～2	弱小	春繁较迟，发展慢，易患病
3～4	一般	春繁较慢，后期发展快
5～6	中等	春繁较快，恢复快速
7～8	大、强	春繁很快，培育生产强群
9～10	超强	春繁非常好，提前分蜂

从表5看出，越冬蜂群达到5～6脾时，对于春繁来说效果比较好。可以在较短时间内（春繁恢复期）恢复群势，若加强科学饲喂管理，快速增殖，这种蜂群经过春繁哺育出的新蜂群，可以较好地在春季第一次大流蜜的蜜源开花期生产优质春季蜂蜜。因此，对于第二年早春生产，在越冬之前，利用晴朗天气，合并弱群，组成大群进入越冬是比较合理的。

3.及时补充饲喂，留足越冬饲料

中蜂蜂群即将进入越冬休蜂期，留足饲料越冬是越冬蜂群的重要保障，越冬饲料要求贮备天然成熟、不结晶的封盖蜂蜜。一般在本地秋繁的最后一个花期流蜜时，让蜂群储备足量的封盖蜂蜜，以留给蜂群在越冬休蜂期利用。若蜂粮贮备不足，应在关王断子前1周，利用连续晴天，对蜂群进行饲喂，以60%～70%糖浆充足饲喂3d，让蜂群将糖饲料搬至巢脾，并进行转化，贮备过冬。也可用优质蜂蜜加10%水，充分搅拌后进行饲喂。禁止使用发酵蜂蜜、工业白糖、甘露蜜作为蜜蜂越冬蜂粮。

每足脾蜂量越冬需要消耗蜂粮1.0kg左右，5～7足脾蜂越冬期间需要贮备蜂粮5～7kg，约3脾左右优质蜂粮。

四、冬季第二阶段越冬休蜂期

1.确定越冬时间，选择越冬场所

当外界气温下降至 5 ~ 7℃时，中蜂便开始结团，进入越冬休蜂期，它们在巢中结团保暖，食用巢内蜂粮，度过寒冷的冬季。

武陵山区，一般在大雪至冬至或小寒至大寒节气，气温连续 5 ~ 7℃，即可关王断子，越冬休蜂。一般高山先越冬，后春繁，低山晚越冬，早春繁。中蜂越冬，海拔 500m 以下低山区气温在 5 ~ 7℃时，海拔 700 ~ 1 100m 中高山气温会降至 0 ~ 3℃；海拔达 1 200m 以上高山区气温降至 0℃以下，甚至长期冰冻。大寒节气结束，低山区人工饲养中蜂群越冬休蜂期逐渐结束，立春、雨水节气便可开始春繁。

一般低山区蜂群越冬期时间短，中高山、高山蜂群越冬期相对较长。因此，往往冬季第一阶段生产期时间长，第二阶段断子越冬休蜂期短；若第一阶段生产期时间短，那么第二阶段断子越冬休蜂期相对较长。在中亚热带的武陵山区（包括雪峰山、大娄山）、幕阜山区、巴巫山区有冬季蜜源地区，应非常准确地掌握本地气候环境变化和中蜂养蜂生产条件，确定越冬休蜂期，及时关王断子，休蜂越冬。有些地区后期没有蜜源，可采取人工施冷方法，催蜂结团越冬。早施冷、早休蜂越冬，有利于蜂群哺育蜂寿命延长，更有利于蜂群早春繁殖。

选择越冬场所是蜂群安全越冬的保障。越冬蜂群应选择坐北朝南阳坡安置越冬场所，蜂箱布置时，巢门不得有阳光直射，以免刺激蜜蜂出巢活动，影响个体寿命。蜂箱大盖上应用能遮挡雨雪的板材和草垫等，应避免冬季北风直入巢门和雨雪浸入蜂群，引起蜂群受到伤害，感染疾病而死亡。也可用木板、稻草将巢门遮挡，让蜂群在黑暗中安静越冬，避开北风口。有条件的高山区，可以将蜂群入室越冬。

在整个越冬期常常出现冰天雪地，天寒地冻，蜂群应进行适度保温。

2.布置越冬蜂巢，及时关王断子

进入断子越冬休蜂前，选择晴朗天气，安置中蜂群越冬场所后，用关王笼关囚蜂王，快速布置好越冬蜂巢。布置越冬蜂巢时，抽出多余巢脾，做到蜂脾相称，甚至蜂多于脾，贮备足量的蜂粮，准备蜂群越冬。

根据中蜂生物特性和冬季结团向上移动的重要习性，中蜂蜂团在蜂巢中间，蜂团外径与 3 ~ 4 张巢脾的宽度接近。圆桶、方桶大群蜂团有 4 张脾宽度。因此，布巢时，中间 2 ~ 3 张巢脾略带少量蜂蜜，间距在 1.5 ~ 1.7cm。

在中间 1 ~ 2 巢脾的中下部，用刀削出长 6 ~ 10cm、宽 5 ~ 6cm 的弧形缺口，有利于蜜蜂咬脾结团。也可根据蜂群大小将中间 1 ~ 2 张带少量蜂蜜的巢脾下方用刀切割 1/3 或 1/2，其他贮备蜜粉脾分别布置在巢内蜂团的外侧，间距在 0.8 ~ 1.0cm，在贮蜜脾上方中间位置钻有洞孔 2 ~ 3 个，以方便蜜蜂取食。

用竹木栅式关王笼或塑料关王笼关囚蜂王（图 102、图 103），再用 24 号细小铁丝携上关王笼，吊挂在中间巢脾弧形缺口附近。随着冬季气温逐渐低下，热空气向上，蜂团开始逐渐上移。间隔 7 ~ 9d，应将关王笼轻轻向上移动，蜂团向上移动时，能有效地保护蜂王。

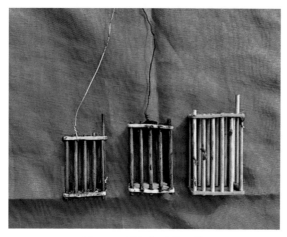

图 102　越冬蜂群关王笼　　　　　　图 103　用塑料关王笼关王
（张新军 摄）　　　　　　　　　　（张新军 摄）

如前期双王群继箱秋繁，达到 8 ~ 10 脾越冬强群，关囚 2 只蜂王，抽出巢箱中间隔板，也可用继箱布巢越冬。拆除继箱与巢箱之间隔王栅板，上下对称布巢，使上下蜂团联系紧密，聚集蜂团无障碍，形成一体。

注意越冬蜂群巢门应避开阳光直射，防止巢内高温闷热，蜂箱不能出现裂痕、穿孔透光透风，以免寒风穿巢，蜂群出现冻害。特别要保护好关王 15 ~ 20d 后出房的最后一批新蜂，尽量做到适度保温，不闷热、不受风灌雨淋，不发生冻害。

3. 创造环境，保护好越冬蜂群

中蜂越冬蜂群是中蜂养蜂生产十分宝贵的生产蜂群资源，必须在越冬期保护好越冬蜂群。若在越冬期蜂群处于饥饿、寒冷的环境下，因饥寒交迫而死亡，第二年春季就没有了基础蜂群。若闷热，蜜蜂在冬季就会散团，活动量加大，寿命缩短。冬季外界无蜜源，蜂群一见到阳光或光亮就会出巢空飞，大量越冬蜂寿命就会缩短，造成群势衰退。因此，进入大雪、冬至、小寒、大寒节气，越冬蜂群，关王断子后，巢内不宜填充保温材料，箱内有一定空间，空气流通顺畅，箱外可适当用防风挡雨材料搭盖。尽量保持蜂群宁冷勿暖、冻蜂结团，尽量不开箱检查，多做场内观察和蜂箱外倾听，保持越冬蜂群相对处于一个半饥饿半休眠安静状态。

高山极寒气候，长期处于 –5 ~ 0℃时，少数地区甚至出现 –10 ~ –5℃时，可将蜂群安置在大棚内或空房内越冬。先将越冬大棚或室内门窗用布帘钉好，以遮光挡风。在蜂群入棚入室之前，进行蜂箱编号，以便越冬期结束，搬往场地按蜂群原位置摆放。选择一个天气较冷的日期，关闭巢门，将蜂群搬至室内，拆除外包装保温材料，摆放整齐，在黑暗中安全越冬。室内略喷洒清水，保持一定湿度。值得注意的是，室内保持通风，越冬蜂群一定不能闷热，保持室内温度长期处在 5 ~ 7℃。

一般来说，中蜂大群、强群抗寒性强，弱群、小群抗寒性差。3 脾及 3 脾以下的弱群越冬安全性比强群越冬安全性差。所以，强群、足粮、适度保温是中蜂蜂群安全越冬的重要保障。

4. 箱外倾听观察，及时解决蜂群问题

无论中蜂蜂群是室外越冬，还是室内越冬，深冬季节气温低，但是，有时出现暖冬现象，或时冷时暖，气温也与早春一样变化无常。越冬期间不宜开箱检查，应经常进入蜂场或室内进行箱外观察与倾听。注意调节遮风挡光板，早期气温暖和时，要对蜂群进行施冷，遇冷冻极寒天气，要给予适当箱外保温等措施，调节好蜂群温度，保持蜂群安静越冬。巢门前检查和箱外倾听时，若发现巢门前有蜂飞出，可能巢内气温偏高，闷热不通风，蜂团散团，应及时给予蜂群施冷；若发现巢门内外有死蜂，死蜂腹部瘪小，体色正常，甚至死蜂数量不断增加，应为饥饿死亡，应立即进行救助饲喂；若发现有蜂飞出排泄，粪便稀散，应为下痢疾，应尽快予以施药治疗。

在无风天气，轻轻地走近蜂箱，耳朵贴进蜂箱箱板倾听，感觉蜂群安静，仅有轻微的嗡嗡声音，用手指轻弹一下蜂箱板，能听到"嘶"的一声，马上又静下来，说明箱内巢温合适，蜂团正常。当耳朵贴近蜂箱箱板倾听，若感觉有嘈杂声，声响较大，并有蜂飞出，说明巢温较高，应立即予以施冷，促蜂结团。若感觉蜂群长时间发出"嗡嗡"声响，蜂群表现为不正常现象，应针对性开箱检查，快速进行处置，保证蜂群安全度过寒冷冬天。

第六章　蜜蜂产品生产技术

第一节　蜂蜜与蜂蜜质量

一、蜂蜜概述

1. 蜂蜜的概念

根据国际食品法典委员会标准，蜂蜜定义为"蜂蜜是指蜜蜂采集植物花蜜或植物活体分泌物或植物活体上吮吸蜜源的昆虫排泄物等生产的天然甜味物质，是由蜜蜂采集与自身分泌特有物质混合，经过转化、沉积、脱水、贮藏并存于蜂巢中直至成熟。"

我国国家标准委员会、国家食品药品监督管理局发布蜂蜜标准，标准中蜂蜜定义"蜂蜜是蜜蜂采集植物的花蜜（蜜露）、分泌物与自身分泌物混合一起，带回巢中，经过充分酿造成熟的天然甜性物质。"

中蜂蜂蜜是中华蜜蜂采集各种蜜源植物的花蜜、蜜露、分泌物与自身分泌物相混合，带回巢中，经过反复酿造成熟的纯天然甜性物质。中蜂分泌蜡质将成熟蜂蜜封盖存放于蜂巢内，用作蜂粮。

2. 蜂蜜的酿造

Eyer 等研究（2016）证明了蜜蜂在蜂巢中酿造蜂蜜具有主动和被动脱水两种机制。主动脱水是蜜蜂的"舌囊回落"实现的，即工蜂通过口器反复地将花蜜从蜜囊吐到伸出的吻上，然后再回到蜜囊不断脱水，又不断混合活性酶。被动脱水是花蜜贮进蜂巢后，水分将花蜜挂在巢房壁上，并用翅膀扇风使蒸发的过程。当蜂蜜脱水到一定程度后，蜜蜂用腹部蜡腺分泌蜡液将即将成熟蜂蜜封盖于巢房中。一开始蜜蜂封盖时，给每个贮蜜的巢房中留出一个小孔洞，以便于蜂蜜进一步散发水分，直至完全成熟，蜜蜂才会再次分泌蜡液将小孔洞封严。这就是蜂蜜的后熟过程，完全成熟蜂蜜其含水量会在 20% 以下。

自然成熟完全封盖的蜂蜜，活性酶值高、水分含量低。根据蜜蜂酿造蜂蜜的全部过程看，蜂蜜封盖后，还应进一步保存在蜂巢内 7 ~ 10d，甚至更长。

这样，取蜜脾削盖时会发现蜡盖和蜂蜜之间还有一个 1mm 左右隔离空间。

在我国不同的气候区、不同季节生产成熟蜜含水量有差别。在云南热带雨林中大蜜蜂封盖成熟蜜含水量为 22.7%，意蜂成熟蜜含水量为 20%，长江流域上年度生产的完全封盖成熟蜜含水量为 20% 左右，而下半年度生产的完全封盖成熟蜜含水量 ≤ 19.6%，我国北方、西北生产的成熟蜜含水量 ≤ 19.6%。武陵山区中蜂生产的完全封盖成熟蜜一般含水量在 18% ～ 20%。传统蜂桶养蜂，完全封盖蜂蜜，每年 9—10 月取 1 次，含水量可达 18% ～ 19%。

3. 蜂蜜的成分与质量

研究表明，蜂蜜中成分很多，主要糖类有果糖、葡萄糖和少量蔗糖、麦芽糖、乳糖、松三糖，总糖占蜂蜜总量的 65% 以上，其次蛋白质、维生素、酸类、活性酶、无机盐和挥发性芳香物质等。还有极少量脂肪、生长素等。蜂蜜中所含维生素主要有维生素 B_2、维生素 B_6、维生素 B_{12}、胡萝卜素等。蜂蜜中所含酸类主要有苹果酸、柠檬酸、乳酸、草酸等。蜂蜜中活性酶主要有淀粉酶、葡萄糖酶、过氧化物酶等。

另外，蜂蜜中还含有挥发油类物质醇、醛、酸、酮、酯等，挥发油是对蜂蜜的芳香气味和口感起一定作用的成分。比如：苯乙醛、β - 苯乙醇、令苯二甲酸二异辛酯、邻苯二甲酸二异丁酯、棕榈酸乙酯、亚油酸乙酯、十八酸乙酯、二十三烷等成分，它们含量多少都会对蜂蜜香型和口感有影响。

一般来说，在晴朗天气，蜜蜂刚采集回巢的花蜜，含水量 ≥ 40%，波美度 35° 左右；干燥气候条件下，经过蜜蜂多日酿造，水分慢慢地蒸发，水分减少，波美度提高。酿造 2d 后，含水量在 23% ～ 25%，波美度 38° ～ 39°；酿造 3d 后，含水量 ≤ 20%，波美度 40° ～ 41°；酿造 5 ～ 7d，形成封盖的成熟蜜，含水量 18% ～ 19.6%，波美度 42° ～ 43°。蜂蜜的含水量与波美度变化见（表 6）。

未经过蜜蜂酿造的花蜜中，嗜食酵母菌含量很高，在 20℃ 以上温度中，短时间即可发酵；未完全酿造成熟的蜂蜜，含水量在 25% 以下时，在 25℃ 以上温度存放 20 ～ 30d 就会发酵；当蜂蜜中含水量在 20% ～ 24%，温度在 20 ～ 25℃ 时，存放 30 ～ 60d 开始发酵，存放半年以后，就会逐渐变质。

表 6　蜜蜂酿造蜂蜜不同天数含水量与波美度对蜂蜜品质影响

酿造天数	含水量（%）	波美度（°）	品质影响
1	≥ 40	35	花蜜极易发酵
2	≤ 25	39	25℃，易发酵，易变质

酿造天数	含水量（%）	波美度（°）	品质影响
3	≤ 20	40	25℃，1年以上变质
5 ~ 7	≤ 19.6，≥ 18	42，43	20℃以下，5年以上不易变质

*完全封盖成熟蜜，含水量17%以下，波美度≥ 43°，自然条件下，阴凉处，贮藏30年以上都不会变质。有人将1968年收藏的中蜂蜂蜜置阴凉贮柜中，至今没有发现变质情况，口感仍然良好。

根据我国当前应用的蜂蜜标准，包括国家食品安全《蜂蜜》GB14963—2011和《蜂蜜》GH/T18796—2012，蜂蜜理化指标必须符合（表7）中指标要求。

表7 蜂蜜理化指标

项目	一级品	二级品
水分（%），≤	20	24
荔枝蜂蜜、龙眼蜂蜜、柑橘蜂蜜、乌柏蜂蜜、鹅掌楸蜂蜜	23	26
果糖和葡萄糖含量（%），≥	60（优质成熟蜂蜜参照）	
蔗糖含量（%），≤	5	
除下款以外的其他品种 桉树蜂蜜、柑橘蜂蜜、紫苜蓿蜂蜜、荔枝蜂蜜、野桂花蜂蜜	10	

蜜蜂在酿造蜂蜜过程中，由于不断添加口腔分泌物，使蜂蜜中活性酶不断增多，其中淀粉酶、葡萄糖酶在其他酶的作用下，将植物花蜜中蔗糖转化成果糖、葡萄糖，使蔗糖含量减少至5%以下。所以，一般成熟蜜蔗糖含量在5%以下。

蜂蜜中活性酶酶值是判断蜂蜜新鲜程度的指标。一般刚刚从蜂箱取出的完全成熟蜜，淀粉酶值在13.9 ~ 17.9mL/（g·h）。极少量蜂蜜活性酶值有区别，比如，新鲜成熟的枣花蜂蜜活性酶高达23mL/（g·h），新鲜荞麦蜂蜜活性酶高于30mL/（g·h）。

二、中蜂蜂蜜包装与贮藏

1. 中蜂蜂蜜包装与分装

散装中蜂蜂蜜大包装应使用清洁、干净、干燥的食品级塑料桶（壶）、不锈钢桶、陶瓷大缸或其他无毒无味的器具等。原料大包装，可用食品级加厚塑料桶和专用蜂蜜大包装钢桶。中蜂蜂蜜分装小包装，应使用清洗干净经过灭菌的干燥玻璃瓶、食品级塑料瓶、陶瓷罐类等。

包装物贮藏与分装场所必须远离污染物和畜禽、动物养殖场所，要求清洁卫生，便于操作。操作人员必须在操作前洗手消毒，穿戴洁净工作服，戴卫生口罩。注意有肠道疾病、呼吸道疾病患者不能进入操作间，更不能从事食品分装。

2.中蜂蜂蜜贮藏

中蜂蜂蜜贮藏于单独的阴凉、通风干燥场所（仓库），中蜂蜂量在 -10℃～ -12℃冷库中贮藏，可存放更衣时间，有条件的应贮藏在低温冷库中。中蜂蜂蜜不宜置阳光下暴晒和高温密闭的环境，远离污染环境。切勿与挥发性异味品和具有腐蚀性物品混放，包括不能同腌制品、汽油、农药、化肥等物品混放。

第二节　中蜂成熟蜜种类及特征、特性

武陵山区蜜源植物十分丰富，一年四季交错开花，泌蜜供粉。在不同地区、不同植被环境下，中蜂均可以生产纯天然多花源蜂蜜和少数单花蜜种，以及高山药用植物蜂蜜等。

一、中蜂蜂蜜种类

1.中蜂百花蜜或中蜂土蜂蜜

是指自然条件下中蜂采集优质木本、草本、藤本药用植物、农作物、果树、瓜果、花草、经济林木等多种植物花蜜，通过反复酿造，成熟后用蜂蜡全封盖并贮存在蜂巢中的优质蜂蜜。这种蜂蜜含有不同季节 50 多种不同期开花植物甚至 100 多种植物的花蜜、花粉，含有特种酚类芳香物质，复合型花香与口感。不同地域、不同蜂群采集与酿造的蜂蜜，色泽、感观、口感不一致。中蜂封盖百花蜜、土蜂蜜其颜色多样，乳浊状、琥珀状、深琥珀状（图 104）。

在武陵山区可利用山坡、河流峡谷闲散土地，种植或补充一些特殊芳香蜜粉植物或药用植物，以解决间隙期蜜粉供给，生产较

图 104　各种中蜂成熟蜂蜜样品
（张新军　摄）

好的中蜂百花蜜和中蜂土蜂蜜。

2. 中蜂单花蜜种成熟蜜

是指中蜂采集在特定季节和特定区域范围某种大面积集中开花泌蜜的单品种植物花蜜，酿造成熟后全封盖贮存在蜂巢中单花蜂蜜。如春季中蜂采集黄连蜜、油菜蜜、紫云英蜜、柑橘蜜，夏季采集乌桕蜜、小叶刺楸蜜、草木樨蜜、荆条蜜、光叶杜英蜜、吴茱萸蜜，秋季采集五倍子蜜、荞麦蜜、野坝子蜜、冬季枇杷蜜、鸭脚木蜜、野桂花蜜等，这些单花蜂蜜品种各具不同色泽与口感。如柑橘蜂蜜前期略浅橘色，后期浅琥珀色，口感清香、甜味重；荆条蜂蜜浅琥珀色，甘甜带微酸；五倍子蜂蜜琥珀色带浅绿，口感清香，初期微微带涩，后期口感好（图105）；野桂花蜂蜜白色，后乳白色，脂质状结晶，温水溶解气味脂香，口感甜而不腻（图106）。

图105　中蜂五倍子蜂蜜（结晶前）　　　图106　中蜂冬季野桂花蜂蜜（结晶前）
　　　　　（张新军 摄）　　　　　　　　　　　　（张新军 摄）

3. 高山特色药用植物蜂蜜

是指在山区药材种植区中蜂采集特色药用植物的花蜜，酿造成熟后全封盖，贮藏在蜂巢中单花或多花药用植物蜂蜜。一般来说，生产高山药用植物蜂蜜，一定是药用植物面积大或品种多。如武陵山区很多县市种植药材几万亩、几十万亩，或者自然界中集中连片，达万亩之多，如黄连、贝母、黄柏、党参、玄参、桔梗、五味子、金银花、何首乌、枸杞、黄芪、川牛膝、五倍子、野坝子、野藿香、野菊花等。中蜂采集这些药用植物的花蜜，经过自身酿造并混合贮藏于蜂巢中，成为高山特种药用植物蜂蜜。这种药用植物蜂蜜其芳香气味大多随花性，品质优良，具有很好的特殊保健效果。

二、中蜂成熟蜜外部特征

1. 全封盖，蜡盖白干型

中蜂将蜂蜜酿造成熟后，分泌蜡液将成熟蜂蜜封盖贮藏在蜂巢中。蜡盖呈现蜡白色或白色带银灰色（图107）。

2. 蜜脾平整，蜜盖有间隙

蜜蜂在封盖蜂蜜时，为进一步散去蜂蜜中水分，它们在对巢脾中蜂蜜封盖时，前期封盖在每个巢房孔中间留下一小孔，待里面蜂蜜水分进一步蒸发后，蜂蜜体积变小，蜜蜂用蜂蜡再次封住小孔。这样，使成熟蜜与封盖的蜡盖之间便有一层间隔层，为1mm左右。

图 107　中蜂全封盖成熟蜜
蜜脾（张新军 摄）

3. 无裂痕，偶有少数空房眼

中蜂全封盖蜜脾上无裂痕。蜜蜂在一张脾上进蜜时，有少数房眼是晚出房的蜂蛹巢房，大流蜜期每天进蜜，蜂群没有及时清除，当蜂蜜酿造成熟时，泌蜡将蜂蜜封盖后，幼蜂出房，蜂眼就留下来，成为蜜脾中遗漏的房眼。

4. 流动性慢，易结晶

成熟的中蜂蜂蜜取蜜，削去蜡盖，压榨或分离出来，流动性慢，气温较低时呈膏状流体，过滤难度大，在25℃以上环境中，流动性较好。存放一段时间，中蜂蜂蜜就呈现不同状态的结晶。中蜂蜂蜜结晶浅琥珀色、琥珀色或乳白色和棕黄色，初期多有颗粒感。

5. 外观状态和口感、气味呈现多样性

中蜂在不同地区、不同季节、不同养蜂场、不同蜂群采集同样蜜源植物的花蜜，酿造生产的同品种的蜂蜜，其色泽、气味、口感甚至结晶状态都会不一致，呈现多样性。

三、中蜂成熟蜜品质特性

1. 新鲜蜂蜜口感随花性强

中蜂采集多种花蜜酿造出具有多种花香、花性的复合型芳香气味和相应口感的蜂蜜，主要依据蜂蜜中醛类、酯类等挥发油及植物花粉的含量，决定蜂蜜的气味和口感。

2. 中蜂单花蜜颜色与口感多样性

中蜂成熟百花蜂蜜大多以浅琥珀色、琥珀色、深琥珀色为主。而单花蜂蜜

颜色则多样性更突出，如油菜蜜初期白色，贮存一段时间后呈浅琥珀色；板栗蜜暗褐色；荞麦蜜前期蛋清色，后期黑色；黄柏蜜浅黄色橘黄色；五倍子蜜略带青绿色；野桂花蜜前期白色透明，后期乳白色、脂质状结晶等（表8）。

表8　部分中蜂单花蜂蜜品种外观色泽与特殊口感

品名	采集期	颜色	口感	贮藏变化
黄连蜂蜜	2—3月	略带青色	甘甜带苦	贮存后清凉苦味
板栗蜂蜜	5—6月	暗褐色	微涩、微甜	贮存后涩味减轻
荞麦蜂蜜	5—10月	初蛋清色后墨色	味辛涩，后微酸	贮存后黑色微酸
黄柏蜂蜜	6—8月	浅橘黄偏白	味苦	贮存后淡黄苦味重
吴茱萸蜂蜜	5—6月	初青淡色	甜度适中	贮存后，浅淡琥珀色
五倍子蜂蜜	8—9月	乳白略带青绿色	甘甜微青	贮存后甘甜适中，浅绿色
野桂花蜂蜜	11至翌年2月	初白色，后结晶脂白色	特殊脂质芳香	贮存后，雪白浓稠结晶

3. 中蜂蜂蜜结晶

结晶是由于蜂蜜中葡萄糖结晶核作用下形成，结晶核在低温条件下，逐渐扩大，形成结晶团。结晶团外部包裹着果糖，在低温作用下，沉降系数加大，形成大面积结晶。蜂蜜结晶是正常的物理变化，一般中蜂蜂蜜 9 ~ 15℃时，容易结晶，中蜂蜂蜜采收后，半年左右就会出现结晶。中蜂野桂花蜂蜜低温呈现乳白色结晶，而放置 –10℃以下贮藏，很长时间不会结晶。

4. 中蜂蜂蜜吸水与失水

中蜂蜂蜜在雨季或潮湿气候环境中容易吸水，在秋季或干旱气候环境中容易失水。因此，中蜂蜂蜜在常温下贮藏，应注意器具盖的密封，在保持通风、干燥、阴凉的室内贮存或低温冷库中贮存。

5. 中蜂蜂蜜吸味与变色

中蜂蜂蜜吸味，不宜用腌制品容器盛装，不与有异味的物品混放，更不能与酒精、农药、化肥混放。中蜂蜂蜜呈弱酸性，容易与金属容器中铝、锌、铁、铬等金属元素发生化学反应，生成黑色和有害物质，使蜂蜜颜色变深，并逐渐变质，对人体有害。因此，中蜂蜂蜜除了用不锈钢容器、食品级塑料容器、玻璃容器盛装与贮藏外，不能用含铁、铝等元素金属容器盛装与贮藏。

四、中蜂蜂蜜产品质量技术要求

中蜂蜂蜜产品质量技术要求仍执行国家食品安全《蜂蜜》GB14963—2011

和《蜂蜜》GH/T18796—2012 标准。中蜂土蜂蜜、中蜂百花蜂蜜和单花蜂蜜是中蜂采集与酿造成熟，封盖后仍保存在蜂巢内 7d 以上，蜜脾全封盖，蜡盖干型白色，平整一致，波美度 ≥ 42°，含水量 ≤ 19.6%（单花蜜种柑橘蜜、乌桕蜜、鹅掌柴蜜略高以外），活性酶 ≥ 10mL/（g·h），蔗糖 ≤ 5%（单花蜜种柑橘蜜、乌桕、紫苜蓿蜜略高以外）。

第三节　中蜂蜂蜜生产方法及注意事项

一、中蜂蜂蜜生产方法

中蜂成熟蜜生产基本方法就是预测蜜源植物流蜜期，提前培育适龄采集蜂，组织采集与生产强群，科学布巢，多箱体继箱生产，加强流蜜期生产群管理，留足饲料蜜，取全封盖成熟蜜，分离与过滤蜂蜜，盛装与贮藏蜂蜜。具体生产操作技术与基本方法如下。

1. 预测流蜜期，提前培育适龄采集蜂

无论是大宗单花蜜源还是多种花期集中蜜源，都应根据当地多年对其开花泌蜜时间和条件、气候特征的观察，提前预测开花的始花期和流蜜盛期。在始花期之前 50d 就加快蜂群繁育，缺蜜期补充饲喂、培育适龄采集蜂，培养成大群，迎接大流蜜期到来。使用强王强群、控制分蜂、用中草药防治病害。

2. 组织强群采集与生产群

当外界蜜源开始流蜜，组织大群强群作为生产群，一般强群应在 7 ～ 8 脾满脾蜂量以上，蜂群中青壮年蜂比例大。蜂场应有预备蜂群，当流蜜盛期，即可用预备蜂群青壮年蜂向生产蜂群补充采集蜂。在蜜源初花期可用初期花蜜按1:1 或 1:2 的比例加水稀释，给予蜂群作 2 ～ 3 次诱导饲喂，诱导蜂群对采集对象的适应和兴奋，增强蜂群采集花蜜的积极性。

3. 科学布巢，实现多箱体继箱生产

当外界蜜源进入流蜜盛期，依据中蜂贮蜜向上的生物特性，科学布巢，扩大蜂巢，使用多箱体继箱生产。巢箱内保留 1 张空脾和 1 张半蜜脾，供蜂王产卵，继箱内生产与贮存优质成熟蜜。巢箱内子脾上方若有部分封盖蜜，用刀削开，引导工蜂取食或搬至继箱，留下蜂王产卵空间。进入大流蜜期和生产盛期，切勿向生产蜂群加巢础，应让蜂群集中精力采蜜、酿蜜、贮蜜。视贮蜜量向继箱内加优质空巢脾，增加库容量。抢抓流蜜期时机，如蜂群中青壮年蜂多，也可适当关王 9 ～ 10d，减少采蜜期工蜂饲喂量，让其集中精力采集花蜜，

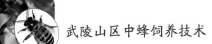

酿造蜂蜜。

4. 加强流蜜期生产蜂群的管理

第一，在大流蜜期开始之前，若面积大、流蜜量大、花期长的季节，可取出蜂巢中贮蜜，并根据进蜜速度向继箱加入较完整优质空蜜脾，以增加采集量和蜂蜜产量。蜜蜂贮蜜是蜂群抚育与生活的需要，它们会在盛花期大量贮蜜。所以，流蜜期应组织好生产群，保证其积极贮蜜。

第二，在大进蜜期间，及时调动蜜脾。观察蜂群快速进蜜和巢内易于集蜂区域，当蜜蜂的密集区进蜜已满脾，将满框蜜脾抽调到贮蜜区，任其酿造和封盖，在原蜜蜂密集区与快速进蜜区加入一空巢脾，以增加进蜜量。

第三，在大流蜜期间，保持强势生产群旺盛的采集积极性。同时，注意蜂群分蜂热的产生，应及时清除继箱中王台，及时削去赘脾，适当抽出成熟蜜脾，加入空巢脾，调整蜂路，增加通风条件，以消除分蜂热。

第四，在流蜜后期，蜜源植物流蜜量显著减少，相应粉源也减少，继箱中封盖蜜脾增多，可将封盖蜜脾调至一起贮存在蜂群继箱内。少量未封盖蜜脾仍保留在蜂巢，可以为蜂群提供食物，蜂群仍然继续繁殖。当从巢箱中抽出大虫脾或初蛹脾调入继箱时，如遇高温期，不将大虫脾置继箱靠外侧，应适当分散虫脾，以免灼伤虫脾。如遇低温期适当将虫脾安置在封盖蜜脾与未封盖蜜脾之间，以确保继箱哺育区巢温恒温。

二、中蜂蜂蜜的采收与贮藏

1. 中蜂蜂蜜的采收

（1）中蜂蜜的采收原则

中蜂蜂蜜采收是收割贮藏在蜂巢中封盖的成熟蜜，取蜜基本原则是取全封盖蜂蜜，避免高温和低温阴雨天随意取蜜，取蜜时留足蜂粮。不取未封盖蜂蜜，不取蜂群中子脾上蜂蜜，不取缺蜜期夏季蜜，不取蜂群中异样蜜。距下一次大流蜜期时间短，可以多取；遇下一次流蜜期时间长，就必须少取。

（2）蜂蜜采收的准备

采收蜂蜜是中蜂蜂群生产的最后一个生产环节。在采收前，准备好蜜脾周转箱、削蜜刀、喷烟器、喷水壶、蜂刷、蜂衣、不锈钢摇蜜机或压榨机、蜂蜜过滤器或洁净滤网（100目左右）等。采收蜂蜜时，必须做到场所、工具、器具消毒和采收人员的清洁卫生，保障蜂蜜生产的安全。做到准备工作完备，采收生产环节有序。

（3）采收过程

第一，从蜂群中抽出整张成熟蜜脾进行抖蜂脱蜂，用蜂刷轻轻扫掉封盖蜜脾上的少量蜜蜂。将蜜脾放进周转箱内，依次排列，送往摇蜜地点。注意摇蜜地点最好在室内或养蜂棚内，离蜂群不宜太近。特别是初冬和冬季取蜜，打开蜂箱时间要短，动作敏捷，不扰蜂群，注意取蜜的蜂群保温。

第二，用已消毒的不锈钢削蜜刀依次削开蜜盖，将削去蜜盖的蜜脾放入洁净蜂蜜分离机内进行旋转分离。小型分离机有2脾、4脾、8脾，可根据养蜂场生产需要选用。传统木桶取蜜，则可用小型中蜂蜂蜜压榨机压榨蜜脾。

第三，分离或压榨出来的中蜂蜂蜜，用60目或80目过滤器或纱网过滤，过滤后装入清洗干净、消毒好的器具中，盖上器具盖，搬至贮藏间贮藏。

2. 中蜂蜂蜜贮藏

中蜂蜂蜜贮藏按本章第一节做好蜂蜜贮藏工作，并分门别类做好生产记录和出入库记录，贴好标签，标签内容包括品名、编号、产地、批次、总量、规格、净重、生产日期、生产人员、管理人员、通信地址、联系方式。

有条件的个人或专业合作社生产的中蜂蜂蜜的信息可输入计算机，以便于利用溯源系统进行动态跟踪。

三、中蜂蜂蜜生产特别注意事项

中蜂蜂蜜生产全过程确保生产蜂群强势，食物充足，中草药科学预防疾病，预防敌虫害，减少病虫害发生。不得施用抗生素和其他禁用兽药等，以避免中蜂蜜的污染。

中蜂群生产采集期间，采集范围若有森林、农作物、药材喷洒农药和白僵菌一类生物药剂，得到告知后，应立即转场，远离该采集区。否则，蜜蜂会中毒，该批次蜂蜜及其他产品被视为严重不合格。

第四节　中蜂巢蜜生产技术

一、巢蜜（中蜂）定义

中蜂巢蜜是中蜂采集植物花蜜和分泌物加上自身分泌物带回巢中，贮存在人工定制的巢蜜盒中，经过充分酿造，待完全成熟后泌蜡封盖，保存在巢蜜盒中一种定型状状的封盖蜂蜜。人们称这种封存在巢蜜盒中的蜂蜜为巢蜜。

中蜂巢蜜定型视塑料盒的形状而定。有大小不一的长方形、圆形和单面、

双面巢蜜之分，生产中以长方形居多。巢蜜在市场上以独特的、全封盖、原生态状态，备受消费者的欢迎。但是，也有人不习惯巢蜜的食用方法。

二、生产封盖巢蜜的基本条件和方法

1.基本条件

中蜂生产封盖巢蜜的条件，一是必要的工具和器材，包括巢蜜盒、优势蜡质巢础、不锈钢割蜜刀，以及清洁干净、安全卫生的巢蜜框架。二是生产巢蜜的强势生产群且已培育出大量适龄采集蜂。三是外界有供生产巢蜜的蜜源植物开花泌蜜供粉。四是专门人员具备巢蜜生产的熟练技术。

武陵山区中蜂生产巢蜜，有优越的蜜源资源和常年生产的花期，奠定了很好的基础。特别是本地区中蜂优良品种，维持大群，采集力高，生产快速，很多集中农作物、果树、中药材和丰富的分散蜜源都可利用。有很多县市种植几万亩和自然资源十几万亩蜜源、甚至几十万亩以上的农作物蜜源和药用植物蜜源，对于生产优质封盖巢蜜十分有利。

2.巢蜜生产方法

（1）预测蜜源开花期，培育适龄采集蜂

生产巢蜜应该根据本地区气候特征和蜜源开花情况，预测下一次蜜源开花期和泌蜜期，提前50d培育适龄采集蜂，预备好巢蜜生产群。在培养生产群期间，如果外界蜜源不足，应作好补充饲喂，培养强群。

（2）订制好巢蜜盒，安放巢蜜蜡础

根据生产计划和生产进度安排，应在流蜜期之前，做好巢蜜盒的蜡础安放，按巢蜜盒形状、大小切割优质蜡础。如长方形巢蜜盒多以外尺寸长14cm×宽10cm，内尺寸长13.5cm×宽9.5cm×厚5cm生产巢蜜，就应切割13.5cm×9.5cm巢础，切割以后，安放在巢蜜盒内（图108）。然后，将巢蜜盒安放在巢蜜框上，一般每个巢蜜框排列两排，每排3个巢蜜盒，每个巢蜜框安置6个巢蜜盒，每个群蜂可安置3～5个巢蜜框，共18个以上巢蜜盒。

（3）固定巢蜜盒，安放巢蜜框

根据蜂箱大小选择专用的巢蜜框，将已安放巢础的巢蜜盒固定在专用的巢蜜框上。一般生产巢蜜的蜂箱选择浅继箱，专用巢蜜框高度应与浅继箱内空高度相对一致，以防蜜蜂筑造赘脾。

（4）选择生产群，精心布好巢穴

在流蜜期到来前，选择强群作为巢蜜生产群，抽出巢箱内刚进蜜的所有巢脾，加进巢蜜生产框，按每群 3 框布置在巢箱内，待巢蜜盒内已筑好巢房，开始进蜜时，再在生产群巢箱上加上继箱。把已进蜜的巢蜜框调入生产群的继箱中。按群势强弱，每个继箱先布置 3 ~ 5 框巢蜜框，两框之间蜂路调至 8mm 为宜，若蜂路留宽，易造赘脾，或造成巢蜜不平整。

（5）加强生产群管理，保障巢蜜质量

当蜂群已经正常生产巢蜜时，应加强观察，清除赘脾。根据中蜂贮蜜向上性特性，要适当调整巢蜜盒上下位置，即当巢蜜框中上部巢蜜已封盖 80% 以上，而下部巢蜜还未封盖，可将巢蜜框翻转 180°，使下部未封盖巢蜜盒调到上面，已封盖巢蜜盒调到下面。这样，就可引导工蜂将未封盖巢蜜进一步酿造成熟，泌蜡封盖，使全群生产巢蜜均匀一致，成熟后封盖平整无空眼（图 109）。

图 108　塑料巢蜜盒及蜡础（张新军 摄）　　图 109　全封盖成熟巢蜜（张新军 摄）

若一个流蜜期内，蜂群中仍有一部分未封盖巢蜜，可清理出来，集中存放到强群中。待下一次流蜜期到来，进一步采集生产和酿造成熟封盖。一般在下一次大流蜜期到来之前 7 ~ 10d，可用该蜜源的蜂蜜水对所有生产群进行诱导饲喂，诱导生产群集中精力采集与生产，封盖贮存巢蜜，实现稳产高产。

3. 巢蜜的采收与贮藏

（1）巢蜜的采收

当生产群中巢蜜已全部封盖，或有 99% 以上蜜房封盖，再在蜂群存放 5 ~ 7d，便可进行采收。采收后，将巢蜜置清洁卫生的平板上，拆卸巢蜜盒。削去巢蜜盒四周外沿的一些小赘脾，将蜡渣清理干净。之后用干燥卫生的巢蜜盒盖盖上，盖好后的巢蜜即成为半产品，便可送入冷库贮藏。

（2）巢蜜的贮藏

由于武陵山区地处中亚热带，夏秋季气温高，为防止巢虫等侵害巢蜜，生产好的巢蜜应先置冷库或冷柜 –10℃ 以下冷冻 3 ~ 5d，再取出存放在 ≤ 20℃ 以

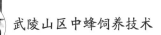

下室温下贮藏。巢蜜存放半年，应再次置 –10℃以下冷冻 3 ~ 5d，以防止蜂蜜浸出到巢蜜盒外面。一般如果巢蜜生产规模大，进行批发业务，则应将巢蜜集中在低温冷库中长期存放。

第五节　蜂花粉的生产

一、蜂花粉的来源与用途

蜂花粉是由蜜蜂采集回巢的植物雄性花药上的花粉，加上部分花蜜和蜜蜂的分泌物混合而成一种不规则的颗粒状花粉团。

花粉是种子植物在开花时，花朵的雄蕊上花药产生的雄性配子体，称为植物花粉，又称植物的"精子库"。在植物性成熟时，花粉可经过媒介传播到植物花朵的雌蕊柱头上，长出花粉管，进入卵细胞，释放精子，实现受精，便可产生植物果实种子。蜜蜂采集蜂可用全身绒毛收集植物花粉，用前足花粉刷清理全身花粉，加上少许蜂蜜和口腔分泌物，将花粉混合后，粘在后足花粉篮，成为蜂花粉颗粒，又称为花粉团。它们将花粉团带回蜂巢，用作蜂粮，供幼虫和幼蜂生长发育的蛋白质饲料以及蜂群的蜂粮。蜜蜂收集植物花粉，花粉是植物的雄性生殖细胞，是植物遗传精子库，一般植物花粉的直径 10 ~ 40μm。在显微镜下观察不同植物花粉，外观形态各异，其色泽也不一样。

蜂花粉是蜜蜂机体所需蛋白质的重要来源，也是工蜂分泌蜂王浆重要基础物质，工蜂分泌的蜂王浆是为蜂王、蜂王幼虫以及工蜂、雄蜂幼虫和幼蜂提供的蛋白质食物。新鲜花粉是优质的蛋白质饲料，在蜂群繁殖时需要量大。一个中蜂强群年消耗 25 ~ 30kg 蜂花粉。繁殖期需要量大，蜂群中长期缺乏蜂花粉，蜂幼虫生长发育受阻，严重缺乏时，蜂王停产，蜂群往往就会衰退。因此，中蜂群在春季繁殖、夏季繁殖和秋季繁殖中，蜂花粉是非常重要而不可缺少的营养源物质。

二、蜂花粉的主要成分

蜂花粉的成分相当复杂，因植物种类不同而有差异。一般新鲜蜂花粉含15% ~ 30% 的水分（干燥后含水量在 8% ~ 10%）；含 15% ~ 20% 的蛋白质；1.3% 的氨基酸；25% ~ 48% 的碳水化合物；8.5% 的粗脂肪；3% 的灰分；5%的纤维素；1.2% ~ 1.5% 的总黄酮，3% ~ 4% 的未知物，还含有维生素、核酸、酶、激素等微量元素。每 100g 蜂花粉中含有 2 120mg 核酸，具有很强的活性，对蛋白质合成和生物遗传起重要作用，蜂花粉有 80 多种活性酶，还含有丰富的维生素 E 和肌醇，所以，蜂花粉被人们誉为"丰富而完全的营养库"。

三、蜂花粉的生产

1. 蜂花粉的生产条件

中蜂生产蜂花粉是在当地有大面积蜜粉源植物开花供粉时，中蜂能采集植物花粉。比如：油菜、蚕豆、板栗、玉米、向日葵、荞麦、茶花等开花供粉的植物集中开花期间，天气晴朗，气温适宜，蜂群哺育蜂充足、蜂王产卵积极，巢内贮粉较多，除满足蜂群繁殖外，有大量富余蜂花粉，便可安装脱粉器，利用中蜂蜂群生产蜂花粉。

2. 蜂花粉生产方法

（1）选择生产蜂群

选用中等群势单王蜂群，6 ~ 8 脾蜂量，选用双王群，9 ~ 10 脾蜂量，蜂群处于繁殖旺盛期。

（2）选择巢门脱粉器

脱粉器是收集与生产蜂花粉的必要器材，中蜂生产蜂花粉多选用不锈钢巢门脱粉器。中蜂巢门脱粉器采用 24 号或 26 号不锈钢钢丝制作刮粉孔圈，脱粉器是由 2 ~ 5 排细小孔洞组成，单孔孔径 4.2 ~ 4.5mm。一般脱粉孔的大小以采集蜂进出速度快、蜜蜂损伤小、脱粉率适中为适宜。脱粉率在 60% ~ 70%。这样，在生产蜂花粉的同时，可以兼顾为蜂群繁殖提供花粉，确保蜂群繁殖对花粉的需求不受影响。

（3）安装脱粉器脱粉

在安装巢门脱粉器之前，先取下巢门活动挡条，清理与刷净巢门内外箱板，将巢门脱粉器安装巢门板上，严密不留缝隙。根据开花植物面积、泌蜜供粉情况以及蜂群采集蜂数量，选择安装 2 排或 3 排、5 排孔径为 4.2 ~ 4.5mm的中蜂巢门脱粉器。并在脱粉器下面安置 1 个塑料花粉盆（或盒），采集蜂进入巢门经过脱粉器时，脱下的花粉团便落入花粉盆（或盒）中。

（4）蜂花粉的干燥

采集蜂从植物花朵上刚采集回巢的新鲜蜂花粉团松软湿润，一般含水量在15% ~ 30%。新鲜花粉具有丰富的营养与糖分，存放久了，易被微生物污染和发酵变质，昆虫易在堆积花粉团中产卵，孵化幼虫蛀食花粉。因此，当巢门花粉盆（或盒）中花粉团堆积时，应及时收集，并进行干燥和灭菌处理。

蜂花粉的干燥，一般养蜂场多采取日光晒干或阴凉通风处风干（图 110）。

在利用晴天阳光晒干时，应将新鲜蜂花粉平铺在干净白色布上，便于通风干燥，厚度在 0.5 ~ 1cm，在阳光下晒干时，中午 12:00 至下午 14:00 翻动 1 ~ 2 次，使蜂花粉快速干燥。当蜂花粉含水量在 9% ~ 10% 时，便可进行包装、贮藏。在干燥的季节，也可以将新鲜蜂花粉平铺在凉席或厚布上，置阴凉通风的室内风干。作者曾对新鲜茶花蜂花粉和荷花蜂花进行

图 110　日光干燥荷花粉（阮爱功　摄）

过远红外干燥试验，干燥后样品含水量 9% ~ 10%（图 111、图 112）。

（5）蜂花粉的包装和贮藏

由于蜂花粉吸湿性很强，经过干燥处理后的蜂花粉包装时，应用无毒无害的塑料袋或复合铝箔袋抽真空进行密封包装。这样，可防止蜂花粉吸湿霉变。蜂花粉小包装每袋 2kg、5kg 或 10kg；花粉中等包装可按 20kg、30kg。蜂花粉贮藏最佳条件是贮藏在 5℃ 以下的冷柜或冷库中，即可防止虫害、鼠害和霉变。养蜂场若生产与收集的蜂花粉数量少，主要留作下年度春季繁殖和本年秋季繁殖时使用。可以用糖粉混合贮藏，糖粉混合贮藏方法是将干燥蜂花粉和食用白砂糖，按 2∶1 的比例进行混合，装入容器中压实，表面加一层 3 ~ 5cm 厚的白砂糖，盖上盖子，再密封严实。这样，置阴凉干燥处保存，蜂花粉可以保持 1 ~ 2 年不会变质，蜂群缺粉时，可以用来饲喂蜜蜂。

图 111　干净、干燥的茶花粉（张新军　摄）　　图 112　远红外干燥蜂花粉试验（张新军　摄）

第六节　蜂蜡的生产

一、蜂蜡的来源与用途

蜂蜡，又称黄蜡，古代称蜜蜡。蜂蜡是由 8 ～ 18 日龄工蜂腹部第四腹节至第八腹节节间蜡腺细胞分泌出来的一种蜡液，遇空气后凝固成蜡鳞，工蜂加上自身分泌物，用咀嚼方式制成蜡粒，用于筑巢、封盖子脾、封存成熟蜜等。蜂蜡主要是一种脂肪性物质，由高级脂肪酸和高级一价醇合成的酯。将蜂蜡熔化，灌入各种模具中，冷却，再经过人工加工，在不添加任何其他物质条件下，形成固体状黄色蜡块或颗粒产品。蜜蜂蜡腺较发达，分泌蜡液量较大。据有关资料，每 2 万只蜜蜂一生中能分泌 1kg 蜂蜡，一个强群蜂群仅在夏季和秋季就分泌蜂蜡 5kg 左右。所以，强群在蜜源条件好的情况下可以多造巢脾。

蜂蜡在养蜂生产上是用来制造巢础和蜡台基的原料。蜂蜡在工业上用途十分广泛，医药、化妆品、农业、冶金、皮革、化工、纺织、电气、造纸和现代航空业都要使用蜂蜡。如农业上使用植物生长调节剂三十烷醇，可从蜂蜡中提取。中蜂蜂蜡提取的三十烷醇，比其他蜂种蜂蜡提取的三十烷醇含量要高，质量要好。我国古代战书蜡丸的外壳，民间妇女手工针线活所用蜡块都是用蜂蜡制成。2 000 多年前的秦、汉时期，少数民族地区开始用靛料和蜂蜡印染布料，制作各种民间工艺品，在云贵高原和武陵山区一直保存着这种蜡染传统工艺。也有用蜂蜡制成工艺品，如白色蜡烛和彩色蜡烛（图 113）。

图 113　蜂蜡制品——彩色蜡烛（张新军 摄）

二、蜂蜡的主要化学成分

蜂蜡中含有高级脂肪酸和高级一价醇合成的酯占 70.4% ～ 74.7%，游离脂肪酸 13.5% ～ 15%，饱和烃类 12.5% ～ 15.5%，不饱和烃类（主要为三十烷醇）占 2.5% 左右，蜂蜡中还含有少量的色素、微量元素和水。蜜蜂分泌的蜡液与蜡鳞，原本为白色，因在不同部位使用，并受花粉和蜂胶的影响，在高温条件

下熔化制蜡块后，呈现出浅黄色或黄褐色。蜜脾蜡盖、新巢脾、新造赘脾熔化的蜂蜡，纯度高，色泽呈现鲜黄、橘黄。旧巢脾溶化的蜂蜡，色泽呈现棕黄色或黄褐色。老化发黑的巢脾溶化后的蜂蜡呈现灰褐色。

蜂蜡在常温下为固体，无油脂气味。在高温下为液体，熔化后比重低，挥发出蜜蜡气味。蜂蜡熔点由于蜂蜡来源不同，加工原料形态不同而异。一般小蜡片或小蜡粒的熔点温度在 70 ~ 73℃，压榨机压榨出来的蜂蜡熔点温度在 62 ~ 65℃。

三、蜂蜡的生产

1. 蜂蜡的生产条件

蜂蜡的生产条件主要是要饲养强群蜂群，蜂群中有较多的 8 ~ 18 日龄泌蜡工蜂。每 2 万只工蜂在一生中能泌蜡 1kg，在外界蜜源条件或糖饲料充足时，泌蜡造脾速度快，蜂群每生产 1kg 蜡脾，消耗 3kg 以上蜂蜜。因此，利用充足蜜源和科学饲喂方法饲养强群，多造新脾是获得生产蜂蜡原料的重要条件。

2. 蜂蜡生产方法

（1）收集蜂蜡原料

蜂蜡原料是中蜂蜂场在整理蜂群时，收集赘脾，割掉雄蜂房盖和清理蜡屑集中起来，进行集中熔化生产蜂蜡。也可用人工制作的产蜡框加在蜂群中用于产蜡。产蜡框是将巢框上梁取下，在两个边条上顶端各钉一副"┏"金属框耳，在巢框 2/3 高度处，钉一根木横条，横条上方 1/3 用于蜂群造蜡脾，收集蜂蜡，横条下方 2/3 安装中蜂巢础，用于造脾筑巢，产卵或贮蜜。

（2）蜂蜡熔蜡前处理

蜂蜡熔蜡前，应将收集的蜡脾、赘脾、蜡渣中蜂蜜、蜂花粉、茧衣和巢虫等杂质清除干净，再根据制蜡原料多少和生产条件进行熔蜡、榨蜡或日光晒蜡。

（3）隔水式熔蜡

将蜂场积累的蜡脾、赘脾切小块和蜡渣集中置一不锈钢锅内，再将其放进一口盛水的大锅内，进行隔水式煮沸熔蜡，待蜡脾、赘脾、蜡渣全部熔化后，再将蜡液用纱布或滤网过滤，置容器内。然后，去掉悬浮在表面的杂质，将蜡液倒入定型模具中，冷却后，便可获得定型的蜡块。

（4）榨蜡机榨蜡

将收集的蜡脾、赘脾切小块和蜡渣集中放置一纱网袋中，放入榨蜡桶内，加热熔软，进行压榨蜂蜡。螺杆式榨蜡机由榨蜡机座架、榨蜡桶、旋转螺杆、上压板、底板等组成。榨蜡时，首先将榨蜡桶装满沸水加热。待纱网袋蜡熔化后，放干榨蜡桶内热水，随即将熔化蜂蜡连同纱网袋一并倒入压榨桶，盖上上压榨板，旋转螺杆，使上压榨板向下挤压，使蜡液经榨蜡桶底部的出蜡口流入盛蜡容器或定型模具，冷却后，便可获得定型的蜡块。

（5）日光晒蜡

日光晒蜡是人工制作的晒蜡机，由盛蜡圆桶容器、聚光玻璃，纱网和蜡盆等部件组成。日光晒蜡时，将蜂场积累的蜡脾、赘脾切小块和蜡渣一起，放入人工制作的日光晒蜡器中的纱网中，盖上聚光玻璃，置阳光下照射熔蜡。蜂蜡熔化后，蜡液浸积在日光晒蜡器下方蜡液浅盆，经蜡液浅盆一凹陷出口流入盛蜡容器或定型模具，冷却后，便可获得定型的蜡块。

一般晴朗天气，日光晒蜡器内温度可保持在100℃，夏季最高温度可达120℃以上。故在晒蜡操作时，应注意生产安全。

第七节　蜂王浆和蜂胶

一、蜂王浆

1.蜂王浆来源与用途

（1）蜂王浆来源

蜂王浆是蜂群中青年工蜂咽下腺（王浆腺）和上颚腺分泌的具有酸、涩、辛辣、微甜及特殊芳香气味的乳白色或淡黄色浆状物质。工蜂分泌蜂王浆主要是用于饲喂蜂王和哺育1～3日龄工蜂幼虫、雄蜂幼虫，蜂群中蜂王幼虫的生长发育及其终身食用蜂王浆，故蜂王浆又称"蜂皇乳"和"蜂皇浆"。

（2）蜂王浆在蜂群的用途

蜂王浆是蜜蜂三型蜂幼虫重要营养物质，蜂花粉是转化蜂王浆中蛋白质的主要原料，蜂王浆是由青年工蜂咽下腺和上颚腺分泌，蜂群中缺乏哺育青年工蜂，或外界缺乏花粉供给，蜂群会缺少蜂王浆，蜜蜂小幼虫无法获得营养，生长发育受阻。蜂王的食物主要是蜂王浆，常年由青年工蜂用口器饲喂方式为蜂王提供，外界长期没有花粉食物提供，工蜂就没有分泌蜂王浆基础物质，蜂王缺少蜂王浆就会停止产卵，甚至蜂王体型变小，出现全群飞逃，寻找新的栖息场所。

当外界蜜源丰富，粉源充足，蜂王产卵积极，蜂群发展快速。当蜂群群势壮大，封盖子多，卵、虫多，工蜂会在子脾下方筑造王台基，蜂王在王台基

内产下受精卵，青年工蜂用蜂王浆饲喂蜂王幼虫，培育新蜂王，做好分蜂的准备。若蜂群失王，工蜂也会把具 3 日龄内工蜂小幼虫的工蜂房改造成王台，饲喂蜂王浆，培育成新蜂王。人工制作王台基，经过蜂群清理后，移入小幼虫，青年工蜂便用蜂王浆饲喂幼虫，人工可有计划分批次培育新蜂王。

2. 蜂王浆的主要成分

蜂王浆是一类组分相当复杂的蜂产品，因蜜蜂品种、年龄、季节、植物花粉的不同，其色泽、感官、口感略有区别。鲜蜂王浆主要成分有：水分 64.5% ~ 69.5%、蛋白质 11% ~ 16%、碳水化合物 13% ~ 15%、脂类 6%、矿物质 0.4% ~ 2%、10- 羟甲基 – $\triangle_2$- 癸烯酸 1.4% ~ 2.3%。未确定物质 2.84% ~ 3%。蜂王浆含微量的雌激素和生长激素、乙酰胆碱类物质。蜂王浆对于更年期妇女具有一定辅助治疗功效，对于中老年人具有延缓衰老的作用。对于少年儿童有促进生长发育、抵抗疾病、益脑增智的功效。

蜂王浆中的蛋白质有 12 种以上，蛋白质占蜂王浆干重的 50% 左右。其中有 2/3 为清蛋白，1/3 为球蛋白。

目前在蜂王浆中已找到 20 多种氨基酸，氨基酸约占蜂王浆干重的 1.8%。人体中所需要的 8 种必需氨基酸，在蜂王浆中都有存在，其中脯氨酸含量最高。

蜂王浆含有核酸，其中含脱氧核糖核酸（DNA）201 ~ 223μg/g，核糖核酸 3.9 ~ 4.9mg/g。

蜂王浆中含有 13% ~ 15%（干重）的糖类，其中果糖占总糖的 52%，葡萄糖占总糖的 45%，蔗糖 1%，麦芽糖 1%，龙胆二糖 1%。

蜂王浆含有丰富的维生素，尤其是 B 族维生素特别丰富。另外主要有硫胺素、核黄素（维生素 B_2）、吡哆醇（维生素 B_6）、维生素 B_{12}、烟酸、泛酸、叶酸、生物素、肌醇、维生素 C、维生素 D 等，其中泛酸含量最高。

蜂王浆含有 26 种以上的脂肪酸，目前已被鉴定的有 12 种。如 10- 羟甲基 – $\triangle_2$- 癸烯酸（10-HDA）、癸酸、壬酸、十一烷酸、十二烷酸、十四烷酸（肉豆蔻酸）、肉豆蔻脑酸、十六烷酸（棕榈酸）、十八烷酸、棕榈油酸和亚油酸等，其中 10- 羟甲基 – $\triangle_2$- 癸烯酸含量在 1.4% 以上。

另外，蜂王浆还含有铁、铜、镁、锌、钾、钠等微量矿物质元素。

3. 中蜂与中蜂蜂王浆

中蜂长期在我国山区和山区边缘生存，既能采集大宗蜜源，又善于利用零星蜜粉源。中蜂青年工蜂咽下腺和上颚腺分泌蜂王浆用于饲喂蜂王和小幼虫。由于长期的适应性，中蜂王浆腺体中王浆腺小体数目比意大利蜜蜂少得多，王浆腺长度也比意大利蜜蜂短很多，很难生产大量中蜂蜂王浆。意大利蜜蜂每个蜂群每年可生产蜂王浆1～5kg，转地养蜂，追花夺蜜同时，可充分利用充足的粉源生产批量蜂王浆。有的意蜂蜂场，利用我国自主培育的浆王蜂群年生产蜂王浆10kg以上（图114、图115、图116）。

图114 意蜂生产蜂王浆（张新军 摄）

在中蜂养蜂生产中，遇上大宗油菜蜜粉源、荆条蜜粉源、椴树蜜粉源、向日葵蜜源的时机，中蜂强群也可生产一定数量的中蜂蜂王浆。中蜂在生产蜂王浆期间，若粉源不充足，每天傍晚都应给予人工适当奖励饲喂。但是，在中蜂养蜂生产中，不宜用中蜂蜂群生产商品蜂王浆。

在武陵山区、秦巴山区、罗霄山区也有少数中蜂养蜂场在油菜花期或其他蜜源条件较好的时期，利用8～9脾强群进行中蜂蜂王浆生产试验。武夷山区闽南蜂哥（2018）报道，在中蜂蜂王浆生产试验中，发现中蜂蜂王浆均为乳白色，底层有一层透明的胶原。

图115 王台中蜂王浆（张新军 摄）

图116 保鲜蜂王浆（张新军 摄）

二、蜂胶

1.蜂胶的来源

蜂胶是蜂群中采集蜂从多种胶源植物的新生芽、树干、树皮破伤处采集的树脂、树胶、树液混入自身上颚腺分泌物和蜂蜡等调制而成的一种芳香性固体胶状物（图117）。

2.蜂胶的组成成分

蜂胶的组成成分十分复杂，不同的胶源植物生产的蜂胶成分不尽相同，但蜂胶的主要组成成分大体相同。蜂胶中含树脂，香脂、树胶约占55%，挥发油占5%～7%，蜂蜡约占30%，其他物质约占8%。蜂胶的化学成分十分复杂，含有50余种黄酮类物质，总黄酮含量在11%～17%。含有数十种

图117　意蜂生产的原料蜂胶（张新军　摄）

芳香化合物，20多种氨基酸，30余种人体必需的微量元素。还含有丰富的有机酸、维生素和萜烯类、多糖类、活性酶等生物活性物质。蜂胶制品可用于降脂和治疗心血管等疾病。故人们称蜂胶为"紫色黄金"和"上天赋予人类的神奇礼物"。蜂胶也是一种天然免疫增强剂，已被列入《中国药典》的中药原料。

3.蜂胶的生物用途

蜂群采集蜂胶主要是用于修补蜂箱缝隙，粘合巢框耳、固定巢框、粘牢覆布、粘牢巢脾与上梁连接处，包埋易腐小动物尸体，抑制蜂巢细菌和其他微生物生长等。意大利蜜蜂喜好采胶用于防寒、防菌、防腐，产胶能力强。中蜂适应性强，抗寒性强，仅少量采集树脂、树胶，用来粘合巢框耳、巢脾与上梁连接处和覆布等。由于中蜂仅少量生产蜂胶，中蜂蜂群不宜用来生产蜂胶原料。

第七章 武陵山区蜜粉源植物

第一节 蜜粉源植物

一、蜜粉源植物概况

武陵山区是我国西南地区连片面积最大、森林覆盖率最高的山区，有的山区高达85%～98%。典型的喀斯特熔岩地貌，河流交错，地下、地表水资源十分丰富，原始森林古木参天，灌木丛遍布山区。天然乔木、灌木、草本植物和人工种植的药用植物、果树、油料、特种经济作物、园林植物、农作物等种类达200余科，种子植物有144科460属1 200余种，蜜粉源植物1 000余种。其中开花期长、分布面积大、中蜂能采集酿蜜的常见蜜粉源植物有100余种，零星分散的辅助蜜粉源有300余种。也有些人工栽培30年以上、50年以上、100年以上树龄的蜜粉源植物，还有千年以上古老蜜粉源植物分布。武陵山区一年四季，花开花落，从早春黄连、冻绿到深冬的九里光、枧等开花都能被中蜂利用。武陵山区被称为我国亚热带地区最大的"绿色之洲"。同时，也是中亚热带地区"中华蜜蜂绿色家园"和"中蜂最佳栖息地"。

在众多蜜粉源植物中，有不少是国家重点保护植物，如国家一级保护植物有连香树、香果树、珙桐、鹅掌楸；国家二级保护植物有刺楸、楠木、山毛榉（原生种）、黄连木、白辛树等；国家三级保护和各省地方保护植物：五针松、桢楠、半枫荷、八角莲、华榛、华南栲、枧等。

武陵山区各省市在"一县一业""一乡一业""一村一品"的农业集约化产业发展中，各县市大力发展特色种植和农产品加工，集约化经营，成为地方特色品牌，如"南国枣乡""柑橘之乡""脐橙之乡""冰糖橙之乡""甜柚之乡""杨梅之乡""猕猴桃之乡""黄连之乡""五倍子之乡""中药材之乡"等，这些优良品种在各个县市都有大面积种植，少则几万亩，多则几十万亩，甚至上百万亩，为中蜂养殖提供了非常好的条件，为形成一定规模林下经济产业和林－药－蜂、果－药－蜂等种养结合模式奠定了很好的基础（图118、图119、图120）。

图118　柑橘开花（张新军 摄）　　　　图119　甜柚开花（张新军 摄）

图120　五倍子开花（张新军 摄）

二、主要蜜粉源植物及其分布

1. 主要蜜粉源植物类别

武陵山区蜜源植物分布十分广泛，有很多优质的木本、草本、藤本蜜源植物，有人工栽培药用植物和大面积农作物，这些蜜粉源植物为中蜂生存、繁衍提供非常优越条件，中蜂利用的面积大、分布广、集中开花的蜜粉源有如下种类。

木本蜜粉源植物有野山桃、桃、梨、李（空心李、布朗李）、木瓜海棠、木姜子、柑橘、脐橙、冰糖橙、刺槐、枣树、板栗、拐枣、杨梅、七叶树（天思栗）、荆条、乌桕、山乌桕、杜英、黄柏、小叶刺楸、吴茱萸、漆树、栾树、五倍子、枇杷、鹅掌柴、柃等（图121、图122）。

草本、藤本蜜粉源植物有紫云英、二月兰、紫光苕子、野豌豆、野葡萄、三叶草、红三叶、紫花苜蓿、紫花香薷、野藿香、草木樨、乌泡、猕猴桃、金银花、野菊花、九里光等。

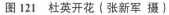

图 121　杜英开花（张新军 摄）　　图 122　冬季野桂花（柃）开花（张新军 摄）

特色药用蜜源植物有黄连、五味子、紫苏、黄精、黄芪、桔梗、党参、川牛膝、枸杞、白术、独活、贝母、苏麻、黄柏、玄参、何首乌、金银花、薄荷、十大功劳等。

农作物蜜粉源植物有冬油菜、春油菜、甘蓝、蚕豆、荞麦、向日葵、玉米、水稻、棉花、芝麻及大面积瓜类、豆科类等。

2.主要蜜粉源集中分布区域

在武陵山区 71 个县市普遍分布的蜜粉源植物有黄连、油菜、蚕豆、玉米、苦荞、川牛膝、苏麻、野菊花、九里光、梨、李、拐枣、乌桕、五味子、七叶树、板栗、黄柏、漆树、五倍子、野桂花等（图 123、图 124、图 125）。

图 123　梨树开花（张新军 摄）　　图 124　乌桕开花（张新军 摄）

柑橘、脐橙、冰糖橘、枣树、猕猴桃、枇杷、山桐子、皱皮木瓜、漆树、乌桕、吴茱萸及药材植物等蜜粉源植物，主要分布于武陵山北部三峡库区重庆和湖北宜昌、恩施以及东北部湖南常德、张家界及湘西州，有的县市人工种植特色品种蜜源植物面积达十几万亩、几十万亩之多，甚至百万亩。

荆条、小叶刺楸、辛夷花、五味子、杜英、华南栲、板栗、枰等蜜粉源植物，主要集中分布于武陵山东部和雪峰山一带、湖北长阳、秭归、五峰和东南部湖南邵阳、娄底、常德、怀化各县市（图126、图127、图128）。

香薷、野藿香、草木樨、野坝子、苜蓿、鹅掌楸、苦荞、甜菜、枸杞、党参、苏麻等蜜粉源植物，主要集中分布于西南部贵州铜仁和遵义等各县市。

图125 天思栗（七叶树）开花
（李平 摄）

图126 荆条开花（张新军 摄）

图127 板栗开花（张新军 摄）

图128 冬季枇杷开花（张新军 摄）

三、主要蜜粉源植物开花泌蜜期

1. 不同季节主要蜜粉源植物

武陵山区蜜粉源植物开花泌蜜供粉，从每年的早春2月至冬季12月都有，中蜂在早春和冬季气温在 7 ~ 9℃，天气晴朗，都可出巢采集。武陵山区主要蜜粉源植物开花期主要集中在每年 2 月下旬至 12 月上、中旬。按照不同季节开花的主要蜜粉源植物品种、名称见表 9。

表 9　武陵山区主要蜜粉源植物开花季节

季节	主要开花泌蜜供粉植物名称	主要供粉植物
春季	黄连、油菜、萝卜花、野山桃、李、梨树、桃树、贴梗海棠、杨树、木姜子、榆树、贝母、柠檬桉、蚕豆、苕子、香椿	中蜂春繁主要供粉植物：木姜子、油菜、萝卜花、蚕豆
夏季	刺槐、柑橘、脐橙、紫云英、黄柏、枣树、拐枣、猕猴桃、山茱萸、棕榈、栎树、山楂、湖北海棠、光叶杜英、乌柏、山乌柏、地柏枝、七叶树、青肤杨、华椴、漆树、连香树、五味子、板栗、荞麦、三叶草、玉米、委陵菜、野蔷薇、黄精、华南栲、楠树、胡颓子、荆条、吴茱萸、胡枝子、君迁子、猫乳、乌泡、楤木、刺楸、小叶刺楸、党参、黄芪、川牛膝、六道木、向日葵、苏麻、益母草、紫苏、虞美人	中蜂夏繁主要供粉植物：紫云英、荞麦、胡颓子、山楂、板栗、青肤杨、七叶树、委陵菜、野蔷薇、向日葵、玉米、田菁、益母草
秋季	秋荞麦、向日葵、十大功劳、五倍子（盐肤木）、栾树、瓦松、野菊花、薄荷、刺黄柏、紫花香薷	中蜂秋繁主要供粉植物：荞麦、向日葵、玉米、栾树、五倍子、野菊花
冬季	枇杷、芫荽、鹅掌柴、茶树、九里光、瓦松、柃（野桂花）	中蜂在冬季低温 10℃ 左右可采集蜜、粉、九里光、茶、柃

2. 常见蜜粉源植物开花期与采集相关度

在中蜂养蜂生产中，必须掌握本地区蜜粉源植物开花泌蜜供粉期，以更好地加强蜂群管理和养蜂生产。不同蜜粉植物开花泌蜜供粉与中蜂不同发育阶段和采集密切相关，对中蜂群群势发展和采集生产有直接影响。武陵山区常见蜜粉源植物开花泌蜜供粉与中蜂发育、采集相关度见表 10。

表 10　武陵山常见蜜粉源植物开花期与中蜂发育采集相关度

序号	植物名称	又名或俗名	学名	科属	分布	开花期	蜜粉采集	相关度
1	黄连	味连、川连、鸡爪连	Coptis chinensis Franch	毛茛科	疏林间、荫棚下、湿润阴坡地	2—3 月	蜜粉兼有	++
2	柠檬桉	留香久、靓仔桉	Eucaly ptus cituadora Hook	桃金娘科	坡岗地、栽培地、杂木林	2—3 月	蜜粉兼有	++
3	柳树	旱柳、河柳、山柳	salix spp. (babylonica)	杨柳科	河边、沟溪边、低谷湿地	2—3 月	粉丰蜜兼	+++
4	杨树	山杨树、明杨	Populus davidianaana Dode	杨柳科	坡岗地、疏林间、路边	2—3 月	蜜粉兼有	++
5	山桃	野山桃、毛桃、白桃	prunus persical (L.) Batsch	蔷薇科	灌木丛、疏林、坡地	3 月份	粉源为主	++
6	木姜子	山苍子、山鸡椒、猴香子	Liitsea Cubebac(Lour) Pers	樟科	山坡、岗地、路边	3—4 月	蜜粉兼有	+++
7	皱皮木瓜	贴梗海棠、木瓜铁脚梨	Chaenomeles speciosa (Sweet) Nakai	蔷薇科	山坡、岗地、种植地	3—4 月	蜜粉兼有	++
8	梨树	沙梨、梨子、麻安梨	Pyrus spp (Serotian)	蔷薇科	山坡、岗地、种植地	3—4 月	蜜粉兼有	++
9	李树	李子（空心李、布朗李）	Prunus salicina Lind	蔷薇科	宅基地、种植地、坡岗地	3—4 月	蜜粉兼有	++
10	油菜	芸薹、甘蓝、油白菜	Brassica campestris	十字花科	山坡、岗地、种植地	3—4 月	蜜粉丰富	+++
11	萝卜花	白萝卜花	Raphanus sativus L. Radish flower	十字花科	山坡、岗地、种植地	3—4 月	蜜粉兼有	++
12	贝母	川贝、山贝	Fritillaria cirrhosa	百合科	山坡、岗地、种植地	3—4 月	蜜粉兼有	++

续表

序号	植物名称	又名或俗名	学名	科属	分布	开花期	蜜粉采集	相关度
13	枣皮树	山枸杞	*Ziziphus zizyphus*	鼠李科	山坡、灌木林、疏林	3—4月	蜜丰粉嫌	++
14	蚕豆	胡豆、南豆	*Vicia faba* L.	蝶形花科	种植地、岗地、荒坡	3—4月	粉源为主	+++
15	野樱桃	樱珠、玛瑙、车厘子	*Ceraus pseudocerasus*(Lindley) Loudon	蔷薇科	山坡阳处、沟边、栽培地	3—4月	蜜粉兼有	++
16	榆树	山榆、大果榆	*Ulmus pumila* L.	榆科	山坡、丘陵及沙岗	3—4月	粉源为主	++
17	二月兰	诸葛菜、二月蓝、翠紫花	*Orychophragmus Violanceus*	十字花科	林间、凹地、湿地	3—4月	蜜粉丰富	+++
18	紫花苕子	光叶苕子、光叶紫花苕子、肥田草	*Vicia Villosa* Rothvar	豆科	荒坡疏林、岗地、草原、路边	3—4月	蜜粉丰富	+++
19	铁线莲	番莲、山樋、威灵海	*Clematis florida* Thunb	毛茛科	灌木丛、稀乔林、路边	3—5月	蜜粉兼有	++
20	芫荽	香菜、胡荽、满天星	*Corigandrun sutivum* L.	伞形科	荒地、路边、种植地	3—4月	蜜丰粉兼	++
21	野蔷薇	蔷薇花、多花蔷薇	*Rosa multiflora*	蔷薇科	山岗、坡边、林缘	4月上、中旬	蜜丰粉兼	+++
22	插田泡	栽秧泡、复盆子、黄泡	*Rubus ellipticus* Smith Vat. Obcordatus. Focke	蔷薇科	山岗、坡边、林缘	4月中、下旬	蜜丰粉嫌	++
23	黄连木	楷树、药树、鸡冠树	*Pistacia chinensis* Bunge	漆树科	山岗、林缘、灌木丛	4—5月	蜜粉丰富	+++
24	白刺花	狼牙刺、苦刺	*Sophora viciifolia* Hance	蝶形花科	山坡、沟谷、灌木林	4—5月	蜜粉丰富	++

 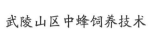

续表

序号	植物名称	又名或俗名	学名	科属	分布	开花期	蜜粉采集	相关度
25	山桐子	水冬桐、斗霜红、山梧桐	Idesia polycarpa Maxim	大风子科	向阳坡地、疏林地	4~5月	蜜粉兼有	＋
26	巴东栎	栎树	Auercus engleriaana Seem	壳斗科	山坡、林间、岗地	4~5月	粉源为主	＋
27	火棘	炎炎把果、赤阳子、红子	Pyracantha fortunean (Maxim) Li	蔷薇科	岗地、丘陵、灌木丛	4~5月	蜜粉兼有	＋
28	小果蔷薇	小金樱、山木香、小刺花	Rosa cymosa Trattinnick	蔷薇科	山地、丘陵、灌木丛	4~5月	蜜粉兼有	＋
29	麻栗	麻栎、橡子树、青冈	Quercus acutissima Carr	壳斗科	林地、山岗地	4~5月	粉丰蜜兼	＋
30	茅栗	野栗子、锥栗	Castanea Seguinii Dode	壳斗科	林地、山岗地	4~5月	蜜粉丰富	＋＋＋
31	山桐子	水冬桐、斗霜红、山梧桐	Idesia polycarpa Maxim	大风子科	向阳坡地、疏林地	4~5月	蜜粉兼有	＋
32	湖北海棠	野海棠、三叶海棠	Malus hupehensis (Pamp.) Rehd.	蔷薇科	150~1 700m 山坡或灌木林	4~5月	蜜粉兼有	＋
33	核桃	山核桃、野核桃	Juglans ca. thayensis Dode	胡桃科	灌木林、林地、坡冈	4 月份	粉丰蜜兼	＋
34	马尾松	山松、松树、巴山松	Pinus massonianal lab	松科	丘陵、岗地	4~5月	粉丰蜜兼	＋
35	佛甲草	佛指甲、指甲草	Seclumlineare Thunb	景天科	山石坡、石表层土	4~5月	蜜粉兼有	＋
36	刺槐	刺儿槐、德国槐、洋槐	Robinia psedoacaia Limn.	豆科	坡岗地、山坡、路边	4~5 月初	蜜丰为主	＋
37	多花黄精	老虎姜、仙人余粮	polygonatum oyrtonema	百合科	疏林间、经济林地	4~5月	蜜粉兼有	＋

续表

序号	植物名称	又名或俗名	学名	科属	分布	开花期	蜜粉采集	相关度
38	柑橘	空皮橘、蜜橘、黄橘、红橘	Citrus reticulate Blanco.	芸香科	坡地、岗地、种植地	4—5月	蜜丰粉兼	++
39	紫云英	红花草、草子、翘摇	Astragalus sinicus L.	蝶形花科	沟溪、田间、湿润地	4—5月初	蜜粉丰富	++
40	柏树	侧柏、山柏	Ptycladus orientalis (L.) Franco	柏科	灌木林、林边	4—5月	粉源为主	++
41	香椿	香椿铃、香铃子、香椿芽	Toona sinensis (A. Juss.) Roem	楝科	河边、宅院周边	4—5月	蜜源为主	++
42	栎树	粗皮青冈、软木栎	Quercus Limn	壳斗科	山坡、岗地、林间	4—5月	蜜粉兼有	+
43	栲	栲树、罗浮栲	Castanopsis falori Hance	壳斗科	林地、山坡、路边	4—5月	蜜粉丰富	+++
44	胡颓子	羊奶子、羊木奶子	Elaeagnus pungens thumb	胡颓子科	山地杂木林、向阳沟谷旁	4—5月	蜜丰粉兼	+++
45	漆树	山漆、山漆树	Toxicodendron Vernicifluam vemcithm (Stokes) F. A. Barkl.	漆树科	山谷、山坡、林间	4—5月	蜜粉兼有	+++
46	泡桐	沙桐、白花、红花泡桐	Paulownia elongata S. Y. Hu	玄参科	坡地、林边、路边	4—5月	蜜丰为主	++
47	五味子	山花椒、壮味、五味	Schisandra chinensis (Turcz) Baill	木兰科	山坡、岗地、路边	4—6月	蜜丰粉兼	++
48	枣树	大枣、山枣、野枣	Ziziphus Jujuba Mill.	鼠李科	沟溪、河谷、低岗种植地	4—6月	蜜丰粉兼	++
49	枸杞	平叶、尖叶枸杞子	Lycium chinense Mill.	蔷薇科	路边、石缝、斜坡	4—6月	蜜源为主	++
50	金银花	忍冬花、蜜桶藤、金银藤	Loonicere Japonica	忍冬科	灌木丛、林缘、种植地	4—6月	蜜源为主	++

续表

序号	植物名称	又名或俗名	学名	科属	分布	开花期	蜜粉采集	相关度
51	棕榈	山棕、棕树	Trachyclarpus fortune (Hook. F.) H. Wendl.	棕榈科	林地、庭院、路边	4—5月	蜜粉兼有	++
52	灯台树	山栾黄、六角树、女儿木	Cornus controversa Hemsley	山茱萸科	林地、山坡、路边	4—5月	蜜粉兼有	++
53	五味子	玉叶子、山花椒	Schisanara chinersis (Turcz.) Baill	木兰科	山坡、路边、草地	5月	蜜粉兼有	++
54	红三叶草	红车轴草、翘摇、红苘兰	Trifolium pretense L.	豆科	草地、平坡、路边	4—7月	蜜粉兼有	++
55	白三叶草	白车轴草、荷兰翘摇	Trifolium repens L.	豆科	草地、缓坡、路边	4—9月	蜜粉兼有	++
56	乌桕	木梓桕籽、木蜡树	Sapium sebiferum (L.) Roxb.	大戟科	山坡、路边、岗地	4—6月	蜜粉丰富	+++
57	山乌桕	红叶乌桕、山柳乌桕	Sapium discolor (Champ. Ex Benth.) Muell. Arg.	大戟科	山坡、路边、岗地	4—6月	蜜粉兼有	++
58	鹅掌楸	马褂木、双飘树	Liriodendron chinense (Hemsl.) Sarg.	木兰科	山地、林中、林缘	4—6月	蜜粉兼有	++
59	香叶树	红油果、臭油果、白香桂	Lindera communis Hemsl.	樟科	缓坡、沟溪、林边	4—5月	蜜粉丰富	+++
60	多花黄精	土灵芝、山姜、老虎姜	Polygonatum Cyrtonema Hua	百合	疏林间、松林、杉林间	4—6月	蜜粉兼有	++
61	鱼腥草	狗心草、折耳根、狗点耳	Houttuynia cordsta Thunb	三叶草科	湿地、种植地、沟溪边	4—6月	蜜粉兼有	++

续表

序号	植物名称	又名或俗名	学名	科属	分布	开花期	蜜粉采集	相关度
62	野蔷薇	野刺花、多花蔷薇、金缨子	*Rosa multiflora* Thunb	蔷薇科	灌木林、林边、沟溪边	4—6月	蜜粉丰富	+++
63	花椒	蔓椒、秦椒、青花椒	*Zanthoxylum bungeanum* Maxim	芸香科	疏林、山坡、凹地	5—6月	蜜粉丰富	++
64	山楂	红果、山里红	*Crataegus pinnatifida* Bunge	蔷薇科	坡边、岗地、种植地	4—5月	粉丰蜜兼	++
65	杜英树	光叶杜英、海南杜英	Elaeoceerpus nitenifolius	杜英科	山坡、疏林、路边栽培	5月	蜜丰粉兼	+++
66	益母草	益母蒿、益母艾、红花艾	*Leonurus Artemisia* (Lour.) S. Y. Hu in Soum.	唇形科	野荒地、田埂、向阳坡	5—6月	蜜粉兼有	+++
67	拐枣	枳具、鸡爪树	*Hovenia duleis* Thuab	鼠李科	山坡、林地、路边	5—6月	蜜粉丰富	+++
68	七叶树	天师栗、婆罗子、梭罗树	*Aesculus chinensis* Bunge	无患子科	山地、路边、秦岭有野生	5—6月	蜜粉丰富	+++
69	连香树	连香、五君树	*Cercidiphyllum japonicum* Sieb\ Et Zucc.	连香树科	山谷边缘、疏林同、杂木林	5—6月	蜜粉兼有	++
70	野葡萄	野生葡萄、蒲陶	*Vitis vinifera* L.	葡萄科	湿润沟边、林边	5—6月	蜜粉兼兼	++
71	欧夏枯草	棒头草、羊胡草	*Prunella Vulgaris* L.	唇形科	草地、荒山、路边	5—6月	蜜粉兼有	++
72	乌蔹莓	五叶莓、五爪龙、虎葛	*Cayratia japonica*	葡萄科	岗地上、沟谷湿地	5—6月	蜜粉兼兼	++
73	虞美人	丽春花、仙女蒿、人草	*Papaver rhoeas* L.	罂粟科	山坡地、种植地	5—6月	粉源为主	++

续表

序号	植物名称	又名或俗名	学名	科属	分布	开花期	蜜粉采集	相关度
74	匍匐枸子	地柏枝、铺地枸子、平枝枸子	Cotoneaster adpressus Bios	蔷薇科	山脊灌木丛、岩石缝、坡边	5～6月	蜜粉兼有	++
75	女桢	女桢子、四季青、白蜡树	Ligustrum lucidum Ait	木犀科	山坡、路边、林边	5～6月	蜜粉兼有	++
76	黄秋菊	黄波斯菊、硫黄菊	Cosmos sulphcereus	菊科	草地、林边、路边	5～9月	蜜粉兼有	++
77	狼牙委陵菜	委陵菜	Potentilla cryptotaeniae	蔷薇科	灌木丛、山坡、林边	5～6月	蜜粉丰富	+++
78	红果树	毛萼、披叶红果	Stranvaesia davidiana	蔷薇科	山坡、沟溪、路边	5～6月	蜜粉兼有	++
79	花楸	河楸、江南花楸、黄花楸	Sorbus pohuashanensis	蔷薇科	山坡、沟溪、低湿处	5～6月	蜜粉兼有	++
80	猕猴桃	中华猕猴桃、白毛桃、羊桃	Actinidia chinensis planch.	猕猴桃科	山坡、岗地、种植地	5～6月	蜜粉兼有	++
81	六道木	南方六道木	Abelia dielsii (Graebn.) Rehd.	忍冬科	山坡、林边、灌木丛	5～6月	蜜粉丰富	++
82	板栗	野栗子、大栗	Catanea mollissima Blume	壳斗科	山坡、岗地、林间	5～6月	粉丰蜜兼	+++
83	君迁子	黑枣、软枣、牛奶枣	Diospyros lotus L.	柿科	山地、山坡、林缘、山谷灌丛	5～6月	蜜粉兼有	++
84	猫乳	长叶绿柴、山黄、鼠矢枣	Rhamnella franguloides (Maxim) Weberb	鼠李科	山坡、路旁、山谷灌丛	5～6月	蜜粉兼有	++
85	青肤杨	肤杨树、倍子树、乌倍子	Rhus potaninii Maxim	漆树科	山坡、丘陵地、林边	5～6月	蜜粉兼有	++

续表

序号	植物名称	又名或俗名	学名	科属	分布	开花期	蜜粉采集	相关度
86	金鸡菊	孔雀菊、金钱菊	*Coreopsis drummondii* Torr	菊科	山边草地、林缘、路边	5—6月	蜜粉兼有	++
87	乌泡	香莓、谷乌苍、大乌苍	*Rubus multibracteatus* Levl. Et. Vant	蔷薇科	疏林、山坡边、路边	5—6月	蜜丰粉兼	++
88	川牛膝	白牛膝、毛牛膝、大牛膝	*Cyathula officinalis* Kuau	苋科	坡岗地、林边、丘陵	5—6月	蜜粉兼有	++
89	梓树	臭梧桐、火楸	*Catalpa ouata* Don	紫葳科	林地、山岗地	5—6月	蜜粉兼有	++
90	楠木	楠、楠树	*Phoehe zhemnan* S. Lee et F. N. Wei	樟科	林地、山岗地	5—6月	蜜粉兼有	++
91	山通木	搜山虎、万年藤	*Clematis finetiana* Levl. Et Vant	毛茛科	林缘、坡地	5—6月	蜜粉兼有	+++
92	巴东小檗	小檗树	*Berbdris hentyana* Schneid	小檗科	坡岗、林缘、林间	5—6月	蜜粉丰富	+++
93	金花小檗	鸡脚黄连	*Berberis wilsonae* Hemsl	小檗科	坡岗、林缘、林间	6—7月	蜜粉丰富	+++
94	大黄	将军、黄良、北大黄	*Rheum palmatum*	蓼科	林间凹地、种植湿地	6—7月	蜜粉兼有	++
95	升麻	龙眼根、周麻、绿叶麻	*Cimocifuga foetida* L.	毛茛科	林缘、坡岗、种植地	6—6月	蜜粉兼有	++
96	水稻	稻、稻谷（武陵有野生稻）	*Cryza sativa* L.	禾本科	水田、种植田	6—9月	粉源为主	++
97	胡枝子	苕条、杏条	*Lespedeza bicolor* Turca	豆科	向阳山坡、林缘、岗地	5—7月	蜜丰粉兼	++

续表

序号	植物名称	又名或俗名	学名	科属	分布	开花期	蜜粉采集	相关度
98	荞麦	苦莉、乌麦、三角麦	Fagopyrum esculentum Moench.	蓼科	沟谷、溪边、田间	5—10月	蜜粉丰富	++
99	荆条	荆紫、黄荆条、白荆条	Vitex negundl L. Var. heterophylla (Franch.) Rehd	马鞭草科	灌木丛、山地、阳坡	5—9月	蜜丰粉兼	++
100	吴茱萸	吴萸、茶辣、漆辣子	Tetradium rutocarpum (A. Jussieu) T. G. Hartley	芸香科	山坡地、平原、路旁、房前屋后	6—7月	蜜粉粉兼有	++
101	粉花绣线菊	火烧尖、日本绣线菊	Spiraea japonica	蔷薇科	坡坎、路边、林缘	6—7月	粉蜜兼有	++
102	一枝黄花	金柴胡、麒麟草	Solidaga decurrens Lour	菊科	山坡凹地、疏林湿地	6—7月	蜜粉兼有	++
103	楤木	鹊不踏、刺龙苞、刺苞头	Aralia elata (Miquel) Seemann	五加科	疏林、林缘、坡坎边	6—7月	蜜粉兼有	++
104	党参	防风党、仙草根、川党	Codonopsis pilosula (Franch.) Nannf.	桔梗科	灌丛、山地、林地	6—7月	蜜丰粉兼	++
105	槐树	国槐、中华本地槐	Sophora japonicalinn L.	豆科	林地、路边、房前后	6—7月	蜜丰粉兼	++
106	椴树	中国椴、华椴、紫椴	Tilia chinensis Maxim	椴树科	林地、山腰、山腹	6—7月	蜜丰粉兼	++
107	茴香	小茴香、茴香子	Foericulum Vulgare Mill	伞形科	湿润沟边、林缘沙壤地、种植地	6—7月	蜜丰粉兼	++
108	荆芥	香薷、小荆芥	Nepeta cataria L.	唇形科	灌木丛、山地、林地	6—8月	蜜丰粉兼	++
109	向日葵	葵花、太阳花	Helianthus annuus L.	菊科	山地、阳坡、田间	6—10月	蜜粉丰富	++

续表

序号	植物名称	又名或俗名	学名	科属	分布	开花期	蜜粉采集	相关度
110	黄芪	棉芪、黄耆、黄参、血参	Astragalus membranaceus (Fisch.) Bunge.	蝶形花科	林缘、灌丛、疏林、草地	6—8月	蜜丰粉兼	++
111	大叶泡	大叶泡	Physochlainamacrophylla Bonati	茄科	疏林、山坡、路边	6—8月	蜜丰粉兼	+++
112	玉米	玉蜀黍、包谷、棒子	Zea mays.	禾本科	种植地、田间、坡岗地	6—9月	粉源植物	++
113	截叶铁扫把	绢毛胡枝子	Lespedeza cuneata (Dum-Cours.) G. Don	蝶形花科	丘陵、山坡、路旁	6—8月	粉丰蜜兼	++
114	苏麻	白苏、赤协、香苏	Perilla frutescens	唇形科	房前屋后、沟边地边	7—8月	蜜粉兼有	++
115	黄柏	黄皮树、刺黄柏	Phellodendron chinense Schneid.	芸香科	山坡、岗地、种植地	6—7月	蜜粉丰富	++
116	勾儿茶	多花勾儿茶、牙公藤、金刚藤	Berchemia sinica Schneid.	鼠李科	向阳山坡、灌丛、路旁	7—8月	蜜丰粉兼	++
117	桔梗	铃铛花	Platycodon grandiflorus (Jaco A. DC.)	桔梗科	湿润坡坎、林缘、沟边	7—8月	蜜粉丰富	++
118	地柏枝	地合子、碎米鼠叶黄堇、石栗子	Corydalis cheilanthifolia Hemsl.	罂粟科	山边石坡、石边土层	7—8月	蜜粉兼有	+++
119	薄荷	野薄荷、土薄荷、仁丹药	Mentha canadensis Linnaeus	唇形科	湿润坡边、半荫坎边、种植地	7—9月	蜜粉丰富	+++
120	紫苏	赤苏、苏子、白苏	Perilla frutescens (L.) Britt	唇形科	向阳坡岗、坡地、路旁	7—8月	蜜粉丰富	++

续表

序号	植物名称	又名或俗名	学名	科属	分布	开花期	蜜粉采集	相关度
121	刺楸	云楸、丁桐皮、钉木树	Kalopanax septemlobus (Thunb.) Koidz.	五加科	地边、树林间、山林	7—8月	蜜粉兼有	++
122	十大功劳	阔叶、甘平十大功劳	Mahonia fortune (Lindl.) Fedde	小檗科	山边、沟溪边、路边	7—9月	蜜丰粉兼	++
123	石栎	槠	Lichocar pus glaber (Thunb) Nakai	壳斗科	山坡、林地、路边	7—8月	蜜粉丰富	+++
124	葎草	锯锯草、拉拉映	Humulus scandens (Lour.) Merr	桑科	沟、河、溪边、路坡边、坝边	7—10月	粉源为主	++
125	紫花香薷	野薄荷、土荆芥	Elsholtzia qrayi H. Leveillo	唇形科	湿润坡坎、林缘、疏林、沟边	9—11月	蜜粉兼有	+++
126	盐肤木	五倍子、倍子树	Rhus chinensis Mill.	漆树科	山坡、丘陵地、林边	8—9月	蜜粉丰富	+++
127	栾树	木栾、栾华、灯笼树	Koelreuteria paniculata Laxm	无患子科	山地、林地、路边	8—9月	蜜粉丰富	+++
128	野藿香	密花香薷、排香草	Elsholtzia densa Benth	唇形科	地边、山坡、草地	8—9月	蜜粉丰富	+++
129	辣蓼	水蓼、蓼草	Polygonum hydropiper L.	蓼科	低凹湿地、沟边、路边湿湿地	9—11月	蜜粉兼有	++
130	野坝子	野坝蒿、野苏麻、土香薷	Elsholtzia rugulosa Hemsl	唇形科	林边、沟边、灌木丛	9—10月	蜜粉丰富	++
131	瓦松	瓦花、瓦塔、狗指甲	Orosta. chys fimbriata (Trucz.) Berger.	景天科	石质山坡、瓦房、草房顶上	9—10月	蜜粉兼有	++
132	野菊花	野菊、野黄菊	Dendranthema indicum (L) Des Moul.	菊科	山坡、草地、田边路旁	9—11月	粉丰蜜兼	+++

续表

序号	植物名称	又名或俗名	学名	科属	分布	开花期	蜜粉采集	相关度
133	鹅掌柴	鹅脚木、公母树	*Schefflera octophylla* (Lour.) Harms	五加科	山地、岗地、林间	10—11月	蜜粉兼有	++
134	枇杷	芦橘、蜜丸、枇杷果	*Eriobotrya Japonica* (Thunb) Lindl	蔷薇科	山坡、庭院、种植地	10—12月	蜜丰粉兼	+++
135	茶	茶树、油茶、山茶	*Camellia sinensis* Kuntze.	茶科	坡地、岗地、疏林	10—12月	蜜粉兼有	++
136	柃	野桂花（早桂、冬桂、晚桂）	*Eurya* spp	山茶科	杂木林、灌木林、混生油茶林	10—1月	蜜粉丰富	+++
137	千里光	九里明、九里光、蔓草	*Senecio scandens* Buch–Ham. Ex D. Don	菊科	疏林、路旁、沟边草丛	10—2月	蜜粉兼有	++

* "++"表示相关度中等；"+++"表示相关度密切（此表主要参考徐万林《中国蜜粉源植物》黑龙江科技出版社出版，1992）

四、部分生产单花蜜种的蜜源植物

武陵山区蜜源植物中，有不少大面积密集分布，集中开花泌蜜，中蜂可利用生产单花蜂蜜的蜜源植物，如黄连、油菜、紫云英、柑橘（含脐橙）、荆条、苕子、荞麦、黄柏、吴茱萸、五倍子、栒等。这些蜜源植物连片分布，少则几千亩、多则几万亩，甚至几十万亩在一个区域内密集分布，集中开花，可生产优质中蜂单花蜂蜜。部分生产单花蜂蜜的蜜源植物分布与开花期蜂群管理如下。

1. 黄连（*Coptis Chinensis*）

又名味连、川连、鸡爪连，毛茛科黄连属。多年生草本植物，喜阴凉、温润，忌高温、干旱。在林下弱光、低温、空气湿度大的微酸性林地中种植，我国山区均有栽培。武陵山区黄连每年 2—3 月初开花，若连续天气晴朗，气温稳定在 9 ~ 12℃时，中蜂每群蜂可生产黄连蜂蜜 10 ~ 15kg。黄连蜂蜜生产期间注意中蜂春繁期保温和饲喂，防治"倒春寒"严重影响蜂群春繁。

2. 油菜（*Brassica campestris* L.）

又名芸薹、甘蓝、油白菜，十字花科。油菜是世界上分布最广的油料作物，武陵山区各县市均有栽培。油菜喜土层厚、土质肥，耐寒抗旱。每年 3 月中旬开花，蜜粉充足。在春季前期加强春繁，春繁后期达到强群可小转地生产，中蜂强群生产油菜蜂蜜，单产可达 25kg 左右。早春没有人工春繁，中蜂蜂群也可进行小转场繁蜂，转场时注意保温，保护好春繁蜂群，油菜花期已进入春繁期后，防止分蜂。

3. 紫云英（*Astragalus sinicus* L.）

又名红花草子、草子，蝶形花科。紫云英是我国南方春季绿肥植物，武陵山区各县市均有分布。20 世纪 70—80 年代我国种植面积达 800 多万公顷，现只有少数地区种植，中蜂可以定地或小转地生产。紫云英每年 3 月下旬至 4 月开花，泌蜜供粉。中蜂小转地采集完油菜花蜜后，接着采集紫云英花蜜。强群生产紫云英蜂蜜单产可达 20kg 左右。生产后期适时稳取春季中蜂成熟蜜，后期蜂群要防治分蜂。

4. 柑橘（*Citrus reticulate* Blanco）

又名蜜橘、黄橘、红橘、栓皮橘，芸香科常绿植物。分布于我国南方各省，栽培面积广。武陵山区各县市均有分布，集中在湖北、湖南、重庆三峡等地各县市，每年从 3 月下旬至 5 月陆续开花泌蜜，但花粉少，中蜂定地和小转地生产。进场前防止橘园喷洒农药引起中蜂中毒。进场时应带花粉脾，或间歇性少量补充饲喂花粉饲料，后期防止分蜂热。中蜂强群每群可生产柑橘、冰糖橘、脐橙、甜橙等蜂蜜 20 ～ 25kg（称为柑橘蜂蜜或橙花蜂蜜）。

5. 荆条 [*Vitex negundo* var. *heterophylla*（Franch）Rehd]

又名荆子、黄荆条、白荆条、马鞭草科。喜阳耐寒耐旱，生于路边草丛、坡岗边缘或石山小灌木林中。品种多，群体连续花期长。武陵山区以东部、东南、东北县市分布较多。海拔 700m 以下有大面积集中荆条蜜源，单株花期 1 个月左右，小范围集中花期 25d，平均花期长达 30d 以上。蜂群进场密度不宜过大，一般群蜂 7 ～ 8 脾，在荆条密集分布区域，每群可生产 8 ～ 10kg 荆条蜂蜜。

6. 荞麦（*Fagopyrum esculentum* Moench）

又名三角麦，蓼科。喜湿润气候，耐贫瘠，多为小杂粮种植，武陵山区可于 3—4 月种植，5—6 月开花；7 月、8 月种植，9—10 月开花。湿润天气，流蜜量大，中蜂强群集中采集可生产荞麦蜂蜜 15kg 左右。5—6 月荞麦开花时，蜂群仍有分蜂，注意保存蜂群群势。9—10 月开花，蜂群进入秋繁期，利用秋季荞麦花期进行初期秋繁。

7. 黄柏（*Phellodendron amurense* Rupr）

又名川黄柏、黄菠萝、元柏，芸香科乔木植物，喜光照，耐寒，喜腐殖质含量高的湿润土地生长，树干高、树冠稀疏，宜与其他灌木、草本蜜源植物混栽，对中蜂养殖十分有利。武陵山区每年 5—6 月开花，凉爽气候泌量丰富，流蜜量大，中蜂强群小转地集中采集，单群可生产 10 ～ 15kg 黄柏蜂蜜。黄柏蜂蜜味苦性寒，勿与其他蜂蜜混合。

8. 盐肤木（*Rhus chinensis* Mill）

又名五倍子、倍子花，漆树科，小乔木植物，喜阳耐旱，生于坡岗、林地边缘和稀疏灌木林、新开道路两旁坡地、干枯河床。武陵山区各县市均有分布，集中分布在 900m 以下的中低山区。湖北宜昌市五峰、重庆市酉阳和湖南怀化市新晃等地区五倍子种植面积大，有的地方出现几万亩、甚至几十万亩倍子树，每年于 8 月下旬至 9 月中下旬开花，连续花期，高山先开，低山后开。间歇性小雨天气，流蜜量大，中蜂强群可生产五倍子蜂蜜 20 ～ 25kg。晴天有利于蜂群后期秋繁，抓好五倍子大蜜粉源，培育秋季繁殖基础蜂群和人工育王。另外，补种秋荞麦在五倍子之后 10 月开花，可培养大群越冬蜂群。

9. 柃（*Eurya* Spp）

又名野桂花，山茶科，柃属植物。柃属植物品种很多，如细叶柃、尖叶柃、岗柃、华南毛柃、柃木等 40 多个品种。雌雄异株，蜜粉充足，喜温喜湿，

耐寒，在腐殖质含量高的湿润酸性土壤中长势旺盛。南岭、武陵山、巴巫山、幕阜山、云贵高原均有分布。在武陵山区、幕阜山区，根据野桂花开花期，又分为早桂、冬桂和晚桂（春桂）。野桂花是中蜂采集的优质冬季蜜源，武陵山区 600～1 000m 之间的野桂花生长旺盛，流蜜量大，每年 10 月至次年 1 月不断开花，多品种花期重叠或间隔期短。早期同山茶同期开花，防治蜂群茶花蜜中毒。定地或转地进场，应选择向阳避风的坡岗。冬季夜间气温低，注意适当保温。中蜂生产群应在早期（10 月中下旬）采蜜期间适时繁殖优质越冬蜂，后期（12 月下旬至翌年 1 月初）早退场，可以在选择退场时关王越冬。中蜂强群采集、生产冬季优质野桂花蜂蜜达 20kg 左右（图 129、图 130）。

图 129　野桂花蜂蜜结晶前状态（张新军 摄）　图 130　野桂花蜂蜜结晶后状态（张新军 摄）

第二节　粉源植物与蜂群利用

一、粉源植物的重要作用

植物花粉在中蜂养殖过程中是不可缺少的中蜂蛋白质饲料，花粉中蛋白质、核酸、维生素、矿质元素对中蜂生物体生长发育、骨骼形成、蜂王产卵与食物摄取、蜂幼虫发育与成长、工蜂泌蜡造脾和成熟蜂蜜封盖等起着极其重要的作用。

1. 营养需要

蜂群中所有家庭成员生长发育与生命活动都离不开比较完全的营养物质，植物新鲜花粉富含蛋白质、维生素、核苷酸等，是中蜂优质全价饲料。

2. 骨化物质

蜜蜂器官骨骼、翅膀等骼质化物质合成离不开蜂花粉中蛋白质。

3. 转化需要

中蜂蜂王一次交尾，终身产卵，卵蛋白、卵磷脂等物质的形成和产卵能量，主要靠工蜂分泌的蜂王浆中蛋白质、卵磷脂及氨基酸，而这些物质来源依赖于新鲜蜂花粉。

4. 饲喂需要

中蜂蜂王的食物和前 3d 的蜜蜂小幼虫食物，主要靠工蜂饲喂，工蜂用上颚腺和王浆腺分泌高蛋白质含量的蜂王浆。而 3d 以后的工蜂幼虫食物则是由工蜂用蜂蜜和蜂花粉调制的蜂粮饲喂。

5. 泌蜡需要

工蜂泌蜡筑巢、封存酿造成熟的蜂蜜，所用蜂蜡的合成物质蛋白质主要依赖新鲜蜂花粉。

综上所述，蜂花粉是蜜蜂生长发育与生命运动的重要营养物质，是蜜蜂蜂群繁育维持群势的重要基础物质，是工蜂泌蜡筑巢、泌浆饲喂、蜂蜜酿造和成熟蜂蜜封盖贮藏的重要条件。

所以，在中蜂饲养中新鲜蜂花粉是不可或缺的营养物质。

二、中蜂繁殖期与粉源植物

1. 中蜂繁殖期

中蜂繁殖期是指在中蜂蜂王进入繁殖季节正常产卵，蜂群中哺育蜂积极哺育，蜂群卵、幼虫、蛹的比例协调，个体数量增长和群势增强阶段。中蜂繁殖期通常是指中蜂繁殖季节，如春季繁殖、夏季繁殖、秋季繁殖，简称中蜂春繁、夏繁和秋繁。在南亚热带和边缘热带地区中蜂蜂王冬季不停产，蜂群可以正常采集。在东北温带地区中蜂蜂王在漫长的冬季停产，蜂群进入长时间越冬阶段。中蜂春繁是中蜂一年养蜂生产的基础，也是培育强群的关键时期。夏繁是中蜂蜂群夏季繁殖，中蜂在度夏期间应防治夏衰。中蜂秋繁是培育越冬蜂，打下越冬强群的基础，只有大群、强群越冬，下年度的春繁就有了比较好的基础。而在中蜂各个繁殖阶段，蛋白质是不可缺乏的营养物质。

每年春繁都有两个阶段，第一阶段为蜂群恢复期，第二阶段为蜂群增长期。当蜂群培育有 2 万只以上蜜蜂，形成强群，刚好外界蜜粉源大量开花，蜂群便可进入春季生产。

我国中亚热带和武陵山区人工饲养的中蜂蜂王，往往冬季野桂花开花结束的阶段停产。这时，蜂群便进入因王断子的越冬期。

一般中蜂早春繁殖在立春节气之前开繁，至 3 月 15 日左右蜂群春繁结束。

初夏第一次取蜜结束时，中蜂进入夏季繁殖阶段。继后，在盛夏高温期，往往中蜂蜂王产卵缓慢，甚至停产，蜂群群势出现夏衰。中蜂群进入秋季的白露、秋分节气前后，便进入秋季繁殖初期，寒露、霜降进入秋季繁殖中后期，有些海拔低的地区立冬、小雪还可以补充繁殖。这时，需要培育强群进入越冬期。

2. 繁殖期营养来源

中蜂繁殖期营养主要是指蜂群中幼虫生长发育阶段的蛋白质、糖、水和无机盐类物质。中蜂幼虫发育是一生中关键时期，3d 之前的小幼虫专食蜂王浆，蜂花粉中蛋白质也是转化蜂王浆的主要原料。3d 之后的幼虫食用的蜂粮由哺育蜂用蜂蜜和蜂花粉调制，3d 之后的工蜂幼虫只有食用蜂粮，性器官卵巢退化，个体生长发育成为劳作的工蜂。所以，中蜂繁殖期幼虫蛋白质来源，前期从蜂王浆中获得，后期则从植物花粉中获得。因此，中蜂繁殖期蜜粉源植物泌蜜供粉十分重要。

中蜂春繁开始的第一天称为"开繁日"，中蜂早春春繁，外界气温较低，常年山区遇阴雨和下雪天气，自然界还没有开花供粉植物，那么人工饲养中蜂在开繁日当天或前 1d，必须进行补充饲喂蛋白质饲料和糖饲料。直至春季油菜、萝卜花、木姜子、紫云英、蚕豆等蜜粉源植物陆续开花供粉时，人工才停止饲喂蛋白质饲料。

中蜂夏繁主要供粉植物较多，如晚油菜、紫云英、荞麦、七叶树、小叶刺楸、胡枝子、板栗、向日葵、玉米、益母草、野蔷薇、委陵菜等。

中蜂秋繁主要供粉植物主要有秋向日葵、秋玉米、秋荞麦、五倍子、栾树、野菊花、九里光等。缺粉源供给地方，就应给予补充饲喂。

我国山区一般习惯以定地养殖中蜂为主，中蜂养殖场可以根据自身条件，加大早春油菜栽培，高山养殖场也可以将蜂群就近转运至有油菜开花的场地，进行小转地补充春繁，这样可以加快群势的恢复和扩大群势。

油菜是世界上分布最广泛的油料作物，适应性强，跨纬度区域大，我国从南方到北方，包括南方的广西、云南和西南青藏高原和北方吉林、黑龙江、辽宁等都可种植。武陵山区可以每年种植早春、晚春和秋季白菜型小油菜，为中蜂春繁、夏繁和秋繁提供优质的蛋白质饲料。

武陵山区除油菜和自然界供粉植物以外，还有蚕豆、荞麦、向日葵、玉米、紫云英、益母草、委陵菜等植物和高山药材等，尤其油菜、荞麦、玉米、向日葵可以人工错季栽培或一年多季栽培，以满足中蜂在不同繁殖期对蛋白质营养的需要。

三、粉源植物利用

1. 粉源植物

粉源植物是指能为蜜蜂提供花粉的植物。此节所讲粉源植物有两种理解，第一种是在开花期间既能分泌花蜜，又能提供花粉的植物，如油菜、桉树、蚕豆、紫云英、荆条、益母草、向日葵、荞麦、委陵菜、五倍子、柃等，这些植物开花期，中蜂采集既能采集花蜜，又能采集该种植物花粉，在中蜂蜂蜜生产和中蜂繁殖中起到重要作用。第二种是在开花期间只供花粉少有花蜜植物，采集蜂仅采集花粉，没有花蜜可采，或极微少的花蜜，如杨树、萝卜花、南瓜、荷花、马尾松、栲树，以及禾本科的玉米、水稻、高粱等。这些植物在中蜂繁殖中起着很好的补充作用，对于中蜂幼虫生长发育是非常重要的。

2. 部分粉源植物利用

粉源植物供粉对蜂群工蜂筑巢、蜂王产卵、饲喂、贮藏成熟蜜等十分重要。在中蜂饲养中，充分利用粉源植物开花供粉期间促进繁育，培育强群，是夺取养蜂生产稳产的关键措施。

（1）可利用粉源植物

武陵山区在中蜂繁殖中起到主要作用的粉源植物很多，其中分布广、资源量大、集中开花泌蜜供粉和仅提供花粉的植物有油菜、蚕豆、紫云英、荞麦、向日葵、荷花、荆条、玉米、紫云英、水稻、五倍子、野菊花、茶花等。这些粉源植物在蜂群四季繁育和生产管理中，起到至关重要的作用。

（2）人工补种粉源植物

每个养蜂场在解决中蜂繁育时外界粉源不足，人工培育粉源植物主要是补充蜂群繁殖所需粉源蛋白质饲料。中蜂养殖户利用房前屋后和荒坡散地补充种植粉源植物，供中蜂在缺粉源条件采集花粉。中蜂养殖场或专业合作社饲养中蜂规模较大时，应该有计划地安排闲散坡岗地和农用地种植粉源农作物。一般 10 ~ 40群中蜂应补充种植 0.5 ~ 2 亩粉源农作物，50 ~ 100 群中蜂应补充种植 3 ~ 5 亩粉源农作物或其他粉源植物。部分粉源植物人工补种次数与开花期规划见表 11。

表 11　部分粉源植物人工种植次数与开花期规划

植物名称	播种次数	开花期规划		
		第一次	第二次	第三次
冬、春油菜	3 ~ 4	3 月至 4 月中旬	5 月至 7 月初	9—10 月
紫云英	2	3 月至 4 月中旬	4—5 月	

续表

植物名称	播种次数	开花期规划		
		第一次	第二次	第三次
蚕豆	2	3—4月	5月	
荞麦	3	5—6月	7—8月	9月至10月上旬
向日葵	3	6月至7月上旬	7—8月	9月至10月上旬
玉米	3	5—6月	7—8月	9—10月
水稻	2	6月至7月初	8—9月	
野菊花	1		9—10月	11月至次年1月

除表10中的粉源植物以外，还有杨柳、南瓜、田菁、委陵菜、山楂、板栗、五倍子等蜜粉植物，供粉量大，花粉蛋白质含量高，都是促进中蜂繁殖、壮大蜂群的最佳粉源。

第三节　影响蜜粉源植物泌蜜供粉的外界因素

蜜粉源植物的生长发育、开花泌蜜供粉量大小等受植物内在因素和外界因素影响很大，除内在的遗传性状控制外，植物生长的海拔高度、经纬度和光照、气温、降雨、土壤环境、栽培条件等是影响植物开花泌蜜的主要外界因素。

一、海拔

蜜源植物在长期的进化和迁移过程中，不同科属和不同品种在不同海拔高度适应性和开花泌蜜特性表现不一样。如柑橘、乌桕、荆条、板栗、五倍子在同一个山区900m以下长势较好，流蜜量大，随着海拔升高，泌蜜供粉量减少。如柃（野桂花）在武陵山区500～900m分布较集中，600～700m开花时花序多，开花密集，流蜜量大，而在900m以上，随着海拔高度升高，开花稀疏，流蜜量减少。春季蜜源植物油菜、李、梨、柑橘等低山先开花，高山后开花；秋季蜜源植物五倍子则是高山先开花，低山后开花。武陵山区五倍子一般在8月下旬开始开花，9月上中旬进入盛花期，而武陵山向东延与江汉平原交叉地区9月中旬开花，向东延500km的大别山区五倍子则9月中下旬至10月上旬开花。

二、经纬度

在我国分布较广的蜜源植物种类，在不同纬度由于光照和气候条件不同，开花泌蜜时间不一致。春、夏季有的植物开花从南到北依次开花，秋季有的植物从北到南依次开花。如春季油菜每年2—7月从南至北依次开花泌蜜，广东、广西、云贵高原2月开花泌蜜，湖南、湖北江汉平原、浙江、安徽，3月开花泌蜜，河南、河北、陕西、山西3月下旬至5月上旬开花流蜜，青海、宁夏则6—7月开花流蜜。刺槐在武陵山区4月上旬开花流蜜，秦岭在4月20日以后开花流蜜，秦岭以北、陕西、山西、甘肃、河北、北京则在5月上中旬。而秋季荞麦则是由北向南依次开花流蜜，宁夏、青海和黑龙江、吉林荞麦8月开花流蜜，河北9月中下旬开花流蜜，湖北、湖南、贵州、四川、重庆则10月上中旬开花流蜜。荞麦在武陵山区每年可分别于3月上中旬、8月上中旬播种2～3次，可解决中蜂夏繁和秋繁的粉源。但是，荞麦在生长发育过程中，需水量大，干旱地区不宜在8月、9月播种。荞麦开花期遇低温、高温泌蜜供粉量都很小。

三、光照

蜜源植物的营养合成与运输在光合作用下进行，在适宜的光照和温度条件下才能开花泌蜜。光照时间长，流蜜量大；光照不足，流蜜量小。如白三叶草在光照充足条件下，花朵大，流蜜量大，光照不足，孕育分化花芽少，花朵小，流蜜少或不流蜜。向日葵又名太阳花，喜阳植物，光照充足，葵花花盘大，花多，花期长，流蜜量大。向日葵在高温干旱时提前流蜜，低温阴雨时花期推迟，花期短，流蜜量小。武陵山区冬季野桂花（柃）喜光照喜温暖，阳光充足，气候温暖，泌蜜量大，流蜜猛。在稀疏林地和灌木林地比在乔木林地生长旺盛，在密林中，花朵细小，花稀少，泌蜜供粉量少。南坡向阳处，野桂花（柃）先开花，花序密集，流蜜量大，而在北坡或阴坡野桂花（柃）后开花，花序稀散，流蜜量小。

四、温度

蜜源植物生长发育和性成熟时花蕾分化、开花结果等一切生命活动，包括光合作用、蒸腾作用、酶的合成、细胞组织的形成都是在一定温度条件下进行。从养蜂角度，温度是影响蜜源植物开花泌蜜的重要因素。如荞麦在15℃以上开始流蜜，15～20℃流蜜量小，21～28℃流蜜量大，30℃以上随着气温升

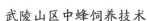

高流蜜量递减。椴树在10℃以上开始流蜜，10～18℃流蜜量小，18～25℃时流蜜量大。棉花开花泌蜜则在25℃以上开始流蜜，25～33℃流蜜量大。

五、降雨

蜜源植物在生殖器官发育时，需水量大，而开花流蜜期间则需水量适当。我国很多植物在湿润地区开花结果率高，产量高，在干旱地区开花少，产量低。如油菜在长江流域及以南地区易丰产，在干旱地区则低产。荆条在5—7月开花泌蜜，开花前期10d下雨，雨过天晴，气温高，盛花期流蜜量大。五倍子遇干旱年份流蜜量少，开花期连续阴雨基本不流蜜，而间歇性降雨或夜晚下雨、白天晴，流蜜迅猛，蜜量大。在五倍子流蜜期，民间所说"晚上下雨白天晴，采收蜂蜜无处盛""花前雨看长势，花期雨定收成"。野桂花（柃）在开花前10～15d下雨，后期连续晴天，流蜜量大，中蜂生产野桂花蜂蜜易丰产。即民间所说："一场冬雨严寒至，连日阳光暖似春"。而在野桂花开花期，若连续降雨，花朵基本不流蜜，有些年份冬季基本无收成。

六、土壤

土壤是植物生长的基础和载体。土壤中水分、养料、温度和氧气对蜜源植物生长发育和开花流蜜有直接影响。蜜源植物在土壤肥沃、土质疏松、水分和温度适宜条件下生长旺盛，花朵数量多，开花流蜜量大。不同种类蜜源植物适应在不同的土壤质地中生长，如野桂花（柃）须根系发达，苗期要求土壤环境疏松透气，生长快，长势旺，在有机质腐殖土厚条件下生长3年以上就可以开始开花，生长5年树龄以后，单株花序多，花朵密集，流蜜量大。在贫瘠土壤中长势弱，花序少，花朵稀少，流蜜量很小。乌桕适应深层肥沃土壤中生长，不适应在红壤中生长。山茶适应山区有机腐殖质土层厚的疏林地中生长，油茶适应在土层厚的坡岗地和红壤土中生长，3～4年便可开花泌蜜供粉。

七、栽培水平

人工栽培的蜜源植物，包括林木植物、农作物和药用植物，它们的生长发育、开花泌蜜受栽培管理水平影响，特别是与土壤改良、植物连作、茬口安排、耕作水平、肥水管理和病虫害防治等相关田间管理水平有关。良种良法，合理密植，在肥水管理中多施有机肥，松土除草，科学防治病虫害等先进的田间管理措施，是人工栽培蜜粉源植物流蜜供粉的重要保障。在中蜂蜂场周围3km范围补充种植蜜粉源植物，以补充缺蜜粉源季节的缺口，对中蜂繁殖和养蜂生产都有十分重要的作用。

第四节 有毒蜜源植物

一、有毒蜜源植物的概念

有毒蜜源植物在某种意义上，是指开花植物向授粉昆虫提供的花蜜或花粉中，含有有毒成分，使授粉昆虫食用后出现中毒，严重时造成授粉昆虫中毒死亡，这种开花植物称之为有毒蜜源植物。广义上是指蜜蜂采集有毒蜜源植物的花蜜和花粉，带回巢中存放，蜂群中成蜂、幼虫食用后，出现中毒致病或死亡；当人和动物误食有毒蜂蜜后，产生中毒致病或死亡。这些为蜜蜂、人和动物提供有毒花蜜和花粉的植物，统称为有毒蜜源植物。在山区中蜂养殖区常见有毒蜜源植物有雷公藤、博落回、钩吻、曼陀罗、狼毒草、南烛草、藜芦、茶等，其中雷公藤、博落回分布较广泛。

蜜蜂采集与贮存在巢内有毒蜜源的蜂蜜，有的对人、蜜蜂都有毒，如博落回蜂蜜；有的对蜜蜂有毒害，而对人没有毒害，如狼毒草蜂蜜、山茶花蜂蜜、枣花蜂蜜等；有的对人体有毒害，而对蜜蜂没有毒害，如雷公藤蜂蜜、南烛草蜂蜜等，对蜜蜂毒害小或中毒轻。

二、有毒蜂蜜典型特征与中毒症状

有毒蜂蜜是指蜜蜂采集有毒蜜源植物的花蜜带回巢中，经过蜜蜂酿造后的贮存在巢中的含有有毒成分的蜂蜜，称为有毒蜂蜜。有毒蜂蜜典型特征和中毒症状如下。

1.有毒蜂蜜的典型特征

（1）感观色泽

大多有毒蜂蜜呈现深红色（除有些荆条蜂蜜后熟两年以外）、绿色（除黄连蜂蜜、五倍子蜂蜜采收后淡绿色外）、紫蓝色、灰色等非正常蜂蜜的感观。

（2）口感味道

有毒蜂蜜口感普遍有苦（除黄连蜂蜜、黄柏蜂蜜外）、辣、麻、涩味等非正常蜂蜜的口感。

2.误食有毒蜂蜜后表现症状

误食有毒蜂蜜表现症状，因有毒蜂蜜的蜜源植物种类不同、食用量不同而表现出来的症状则不同。一般轻度中毒表现口干、眩晕、乏力、食欲不振、腹

部轻微疼痛；中度中毒出现恶心、呕吐、腹部疼痛、腹泻、胸闷、全身麻木、乏力等；发生严重中毒，腹部剧烈疼痛、手指甲青紫、急剧心跳、呼吸衰竭、休克甚至死亡。

三、常见有毒蜜源植物及其蜂蜜中毒处理

1. 雷公藤【*Triptergium wilfordii* Hook. L】

又名菜虫药、黄藤，蔓生藤本植物，每年开花期 7—8 月，花蜜剧毒。对人剧毒，含有雷公藤碱、雷公藤次碱等 5 种以上生物碱和 10 种其他有毒成分。对蜜蜂微毒。

人误食后，表现为腹部剧烈疼痛、指甲变青紫等症状。发现中毒后，对中毒者尽快催吐、洗胃，并送往就近医院进行洗胃、导泻和治疗。

2. 博落回【*Macleaya Cordata*（Willd.）R. Br】

又名黄薄荷、号筒草，罂粟科博落回属植物，多年生宿根草本，每年开花期 5—6 月，花蜜有毒，对蜜蜂和人有剧毒。

人误食后，轻微中毒者口干、乏力、恶心、呕吐，严重中毒者烦躁、焦虑或昏睡，并引起心源性脑失血综合征、心律失常而死亡。对中毒者尽快催吐、导泻，多喝酸性水，就近送医院进行洗胃、导泻和治疗。蜜蜂中毒后，及时饲喂酸性糖浆和解毒药物。

3. 狼毒草【*Stellera chamaejasme* Linn】

又名断肠草、拔萝卜、续毒，瑞香科狼毒属植物，多年生草本。每年开花期 5—7 月，花蜜中含有狼毒素、异狼毒素等黄酮类化合物。对人体有毒，对蜜蜂毒性较小。

人误食后，出现头昏、头痛、心慌、恶心、腹痛、呕吐等现象，严重时对光反应迟钝，看不清物体，四肢痉挛，心律失常，休克致死亡。对中毒者尽快服用利尿药，催吐、洗胃、导泄，并及时送往医院抢救。

4. 钩吻【*Gelsemium elegans*（Gargans champ.）Benth】

又名胡蔓藤、烂肠草、断肠草，马钱科钩吻属植物，多年生本质藤本植物。每年开花期 5—10 月，花蜜有毒，蜜蜂采集的钩吻蜂蜜中，含有胡蔓藤碱、钩吻碱子，钩吻碱丙、丁、戊、子、寅、卯等生物碱类。对人有剧毒，对蜜蜂无毒。

人误食后，轻则胃部不适，消化不良。重则出现恶心呕吐、咽喉灼烧、肌肉痉挛、抽搐、皮肤发黑甚至昏迷、休克、呼吸衰竭、瞳孔散大直至死亡。对中毒者尽快催吐、洗胃、导泻，采取急救措施，并就近送往医院进行抢救。

5. 曼陀罗【*Datura stramonium* L.】

又名洋金花、山茄子、大喇口花，茄科曼陀罗属茄科（图131）。一年生草本植物，每年开花期6—9月。曼陀罗花蜜中含有曼陀罗碱、莨菪碱等生物碱素，对人、蜜蜂都有毒害。蜜蜂中毒，尽快饲喂酸性糖浆和解毒剂。

图131 曼陀罗开花（张新军 摄）

人误食后，轻则出现口干、发烧、咽喉肿胀、呼吸和吞咽困难，重则1h后痉挛、昏迷，甚至死亡。对中毒者应及时催吐、洗胃、导泻，尽快就近送往医院抢救。

6. 藜芦【*Veratrum nigrum* L.】

又名大芦藜、大叶藜、黑藤芦，百合科藜芦属植物。多年生草本植物，每年开花期5—6月。蜜蜂采集的藜芦花蜜和花粉中，含有原藜芦碱、伪藜芦碱、红藜芦碱、秋水仙碱等多种有毒成分，对蜜蜂、对人产生中毒。

人误食中毒后，口腔和面部麻木、咽喉和舌部有针刺感，全身出现烧灼感，呕吐、腹泻、虚脱、抽搐、痉挛、心肌衰竭，甚至呼吸停止而死亡。人中毒后，立即进行催吐、洗胃、导泻，并尽快送往医院抢救。

7. 羊踯躅【*Rhododendron molle* G. Don】

又名闹羊花、黄杜鹃，杜鹃花科杜鹃花属植物，落叶灌木，每年开花期4—5月。蜜蜂采集羊踯躅的花蜜和花粉中含有羊踯躅毒素、黄杜鹃毒素等，对人和蜜蜂都有毒害。蜜蜂中毒后，及时饲喂酸性饲料和解毒剂。

人误食中毒后，出现恶心、呕吐、晕眩、胸闷、全身麻木，严重中毒者昏迷休克。对中毒者应及时进行催吐、洗胃、导泻，并尽快就近送往医院抢救。

8. 八角枫【*Alargium Chinense* (Lour.) Harms】

又名包子树、勾儿花、华瓜木，八角枫科八角枫属，灌木或小乔木植物。每年开花期6—8月。花蜜中含有八角枫碱、八角酰胺、喜树次碱等。蜜蜂采集八角枫的花蜜和花粉对蜜蜂有毒，蜜蜂中毒后，可以饲喂酸性饲料和解毒剂，减轻对蜜蜂毒害。

人误食后，出现口腔刺激感、头昏、胸闷、腹痛等症状，尽快服用利尿药物，并进行催吐、洗胃、导泄。严重患者及时送医院抢救治疗。

9. 油茶花【*Camellia oleifera* Abel】

又名油茶树和山茶树、茶花，山茶科山茶属，常绿灌木植物，每年开花期 10—12 月。蜜蜂采集的茶花花蜜中含有茶叶碱、茶叶苷、寡糖、半乳糖等有毒害成分和难消化成分。茶花蜂蜜对人不产生中毒，而易引起蜜蜂中毒（图 132）。

图 132　茶树开花（张新军　摄）

蜂群在采集油茶花蜜时，应带其他蜜脾进场（第八章有专门介绍），并于每 1 ~ 2d 饲喂 1 次柠檬酸等酸性稀糖浆。

四、洗胃、导泻、解毒方法

一般来说，误食有毒蜂蜜或有毒花粉引起中毒，应就近送往医院抢救。若距离医院较远，来不及送医院抢救，也应该在有医生远程或现场指导下，就地进行抢救。洗胃、导泻、解毒方法如下，供参考。

（1）洗胃

用 1 : 5 000 高锰酸钾水溶液或 2% ~ 3% 鞣酸液洗胃，也可用皂液或肥皂水洗胃催吐。

（2）导泻

用 20 ~ 30g 硫酸镁（泻盐）溶解成水溶液，饮服。或用 20 ~ 30g 番泻叶干品，按 1 : 9 比例加开水浸泡 5 ~ 7min 或开水煮沸 5 ~ 7min，饮服，一般 6h 以后腹泻。

（3）解毒

①生姜、甘草干品各 10g，加绿豆 20g，水煎煮，饮食；②板蓝根 20g、绿豆 20g，煮熟，置温后，加适量蜂蜜，饮食。

五、有毒蜂蜜中毒案例

1. 误食有毒蜂蜜中毒

1972 年，湖南省城步县和黔阳县发生村民误食雷公藤蜂蜜中毒事件。

1972 年，福建省建宁县发生雷公藤蜂蜜中毒事件，33 人误食有毒蜂蜜引起中毒，5 人死亡。

1977 年 6—7 月，云南姚安连续发生两起误食有毒蜂蜜的中毒事件，31 人中毒，5 人死亡。

1988 年，贵州省梵净山 14 个村民小组，发生 86 名村民误食有毒蜂蜜，53 人中毒，9 人死亡。

2011 年 7 月，重庆市秀山县隘口镇青龙村发生村民误食有毒蜂蜜，8 人中毒。

2015 年 7 月 26 日至 8 月 1 日，湖北省鹤峰县五里镇瓦屋村村民误食有毒蜂蜜，发生中毒事件，4 人中毒死亡。鹤峰县历史上先后在上六峰村、下六峰村、三岔口村发生多起村民误食有毒蜂蜜和误饮有毒蜂蜜酒引起中毒事件。

2. 误食有毒野生蜂蜜中毒事件

2006—2007 年，云南省环江县先后发生 4 起 33 名村民误食野生蜂蜜中毒事件，20 人中毒，7 人死亡。

2007 年 11 月 21 日至 12 月 2 日，广西省环江、罗城两地接连发生 3 起误食野生蜂蜜中毒事件，13 人中毒，3 人死亡。

2014 年，福建省泰宁县朱口镇高村发生 19 人误食野生中蜂蜂蜜中毒事件，16 人住院，3 人死亡。

2016 年 12 月 13 日，广东省韶关市发生 13 名村民误食野生中蜂蜂蜜（钩吻花蜜）中毒事件，13 人中毒，1 人抢救无效死亡。

第八章　中蜂病虫害、敌害发生与防治

中蜂是一种营社会性昆虫，也是洞穴群居昆虫，体型小，发育快，生长周期短，复式造脾，每个蜂群家庭成员密集于巢脾之上。一旦发生病害、虫害和敌害，轻则造成蜂群减产，重则毁群、毁场，造成较大的经济损失。人工饲养中蜂必须熟悉中蜂生物学特性、生活习性、繁殖与生长发育规律，加强科学预防，坚持"预防为主，综合防治"的治疗方针，把选用优种、饲养强群与及早治疗、合理用药结合起来，尽量将病害、虫害、敌害造成的损失降低至最小程度。

第一节　中蜂病虫害、敌害发生条件与种类

一、病害、虫害、敌害发生条件

自然界中野生中蜂，因其蜂王超常的产卵力和蜂群的抚育力，无论外界蜜粉源供量大小，或蜜粉枯竭，蜂群都会通过繁育、分蜂、迁飞等方式自我调节和控制与防御，以适应自然界环境条件和食物供应条件。野生中蜂在崖洞、岩洞、树洞筑巢生存并繁衍，获得与自然界相对应条件，在本生态系统中形成稳定生物链结构。所以，野生中蜂遵循优胜劣汰的自然法则，能长期保持与环境条件相适应的优良遗传性状。

人工饲养中蜂是在人为干预情况下，迫使与引诱中蜂在人工制造的有限巢穴中，进行生活、生产，改变了中蜂在自然环境中所表现的性状特征，产生了诸多矛盾，比如食物分配的矛盾，野生中蜂种群数与自然界食物供应相对平衡，而人工饲养中蜂蜂群数量多，造成食物供不应求，中蜂长期处半饥饿状态，病害、虫害极易入侵。无论是潮湿、闷热、寒冷、饥饿，还是病害、虫害，中蜂只能在人工制造的狭窄蜂箱内护王护脾，难离难弃，迫于物种对环境适应，最后选择逃跑。所以，人工饲养中蜂易被疾病感染，易被虫害、敌害入侵，易饥饿、易飞逃。人们往往把中蜂飞离蜂巢躲避不良环境认为是中蜂飞逃的特性，这是人们还没有真正深入全面地了解中蜂，而误认为易飞逃是中蜂特性。

二、中蜂病害、虫害、敌害的种类

在养蜂生产中，中蜂病害、虫害、敌害种类很多。常常给养蜂生产带来饲养管理上困难和造成经济损失的主要常见病虫害、敌害有如下种类。

1. 病害

按侵染病原分类有细菌、病毒、真菌三大类别的病害。其中细菌性病害主要有欧洲幼虫腐臭病、美洲幼虫病腐臭病、中蜂痢疾病等；病毒性疾病有中蜂囊状幼虫病；真菌性病害有白垩病、黄曲霉素病等。还有其他各种病害，对中蜂也有侵染，养蜂生产应根据不同病原产生的病害，进行对症治疗。

2. 虫害

常见为害中蜂的虫害主要有蜡螟（巢虫）、绒茧蜂，还有其他寄生蝇、寄生蜂也会潜伏中蜂弱群巢脾上进行侵害。

3. 敌害

为害中蜂的敌害很多，武陵山区常见为害中蜂的敌害种类主要有胡蜂、蟾蜍、蚂蚁、黑熊，还有蜂鸟、老鼠等对中蜂也有为害，但为害性小。

第二节　病害病原与病害侵染

中蜂发病的病原主要有细菌、病毒和真菌 3 种，本节主要介绍细菌、病毒、真菌的定义和侵染方式。

一、细菌与细菌侵染

1. 细菌（Bacteria）

细菌是指一种形体微小、结构简单，具有细胞壁、细胞膜、细胞质、原始核质和核蛋白，而没有细胞器的单细胞原核微生物。细菌多为半透明体，以简单的二裂式进行繁殖。在营养充足条件下，繁殖速度很快。细菌有杆菌、球菌和螺旋菌三大类别，每个类别按其分裂方式和排列方式分为若干个细菌种。

2. 细菌侵染方式

侵害蜜蜂幼虫主要为芽孢杆菌、大肠杆菌和蜂房球菌三大类，都是厌氧性和兼性厌氧细菌，在有氧和无氧条件下也能生存。芽孢杆菌革兰染色阳性，是一种厌氧细菌，当它通过饲喂进入幼虫体内，吸收体内营养，大量繁殖，造成幼虫致病，直至死亡，最后腐烂发臭，如欧洲幼虫腐臭病、美洲幼虫腐臭病。

中蜂患欧洲幼虫腐臭病，是典型的蜂房球菌和芽孢杆菌细菌侵害的疫病。还有大肠杆菌革兰染色阴性，是一种兼性厌氧细菌，通过采集、食物、交叉感染进入蜜蜂体内，侵害肠道系统，在肠道内和肠道外组织器官中大量繁殖，致蜜蜂肠道疾病，如痢疾病或称副伤寒。

二、病毒及病毒侵染

1. 病毒（Virus）

病毒是一类体积微小，没有细胞结构，具有细胞染色性的亚显微粒子。病毒含有一类型核酸（RNA 或 DNA）和核酸外围蛋白质衣壳（Capsid）的非细胞形态的微生物。完全成熟的病毒，在电子显微镜下观察大多病毒颗粒呈现圆形、砖形、子弹形或丝状，统称为病毒粒。它们可以吸附在宿主的细胞膜上或穿入细胞，并大量吸收宿主细胞质、细胞液营养，进行复制增殖，直至宿主死亡。

2. 病毒侵染方式

中蜂囊状幼虫病病毒（Chinese Sbberood bee Virus）通过饲喂方式进入蜜蜂幼虫体内，消耗幼虫体内所有器官组织营养，造成幼虫内部器官组织溶解，致幼虫死亡。死亡的幼虫仅留下表皮组织和体内一些水分，如中蜂囊状幼虫病。还有蜜蜂畸翅病毒侵染蜜蜂成蜂后，造成蜜蜂畸翅病；蜜蜂麻痹病毒侵染后，形成蜜蜂麻痹病。

三、真菌与真菌侵染

1. 真菌（fungus）

真菌是一类细胞结构较完善但不含叶绿素、线粒体的真核细胞型微生物。真菌种类多，绝大多数对蜜蜂是没有侵害的。引起蜜蜂发生疾病的是致病真菌，致病真菌在生长环境适宜时，长出芽管，逐渐延长呈菌丝，条件成熟，菌丝顶端可以长出孢子，称为真菌孢子。真菌孢子是真菌繁殖器官，耐高温、耐干燥，干燥的真菌孢子易扩散，易传播。

2. 真菌侵染方式

侵染蜜蜂的病原真菌是蜜蜂球囊菌和蜜蜂球囊霉菌，主要从蜜蜂口器、气门、表皮侵入，被侵染蜜蜂将真菌孢子带回巢中，使幼虫感染。在蜜蜂体内大量繁殖产生毒素，造成蜜蜂各种组织机械损伤，导致死亡，蜜蜂死亡后，真菌仍在腐尸内生存，直至尸体养分耗尽、干枯，真菌便产生菌核和孢子，形成特异颜色，如蜜蜂幼虫感染白垩病菌，幼虫死亡后，身体逐渐干枯，长出很多白色菌丝和孢子，即蜜蜂白垩病。白垩病对意蜂危害大，中蜂仅有轻微的危害。中蜂感染的黄曲霉素病，对幼虫、虫蛹、成年蜂都有危害。

四、细菌、病毒、真菌病害特征

1. 细菌

细菌性病害如欧洲幼虫腐臭病、美洲幼虫腐臭病，它们一般造成小幼虫患病，死亡后幼虫尸体特征为初期卷曲房底，苍白无光泽，后期变黄逐渐腐烂，末期变成乳白色，用牙签或小镊子挑起，尸体溶解腐败，有腐烂臭味。意蜂患病腐臭味重，中蜂腐臭味轻。

2. 病毒

病毒性病害如中蜂囊状幼虫病，一般是造成大幼虫或前蛹死亡，尸体特征为虫体竖立，苍白无光泽，皮层组织基本完好，内部组织营养已被病毒吸收，仅留下一些水分，用牙签或小镊子挑起，呈现一皮囊状。无臭味，无异味。

3. 真菌

真菌性病害如白垩菌、黄曲霉菌。白垩病是由蜜蜂球囊霉菌引起的真菌性病害，白垩病一般是造成大幼虫死亡，死亡后幼虫开始为浅黄色，以后尸体特征为逐渐瘫塌、干瘪、僵硬，全身长出白色菌丝，干枯后呈现白色肉眼看见的孢子囊。由黄曲霉菌引起的黄曲霉病，一般造成幼虫、蛹和成蜂死亡后长出黄曲霉，由芽孢短梗菌感染引起成蜂和蜂王黑变病。

第三节　中蜂病虫害预防与消毒

一、病虫害预防

中蜂病虫害预防是指在中蜂养蜂生产中，外界已发生或存在病虫害为害风险，本场或本地区未发生之前所采用的一切防范措施与方法称为预先防治，简称预防。中蜂病虫害防治坚持"预防为主，综合防治"的方针，抓好预防措施与预防方法。预防包括选用与培育优良蜂种，科学饲养管理，加强防疫和消毒防范等。

1. 选用优种、培育强王、科学饲养是中蜂病虫害预防的重要基础

在养蜂生产中，选用当地优良中蜂蜂种，精心培育强壮蜂王和中蜂强群，科学饲喂，增强优良蜂种和中蜂蜂群抵抗力，减少病虫害侵入的机会。

2. 充足贮优质蜂粮、科学补饲是中蜂病虫害预防的重要措施之一

中蜂蜂群只有足够的优质贮蜜才能使中蜂蜂群生存生活有保障，才能培育强群，才能抵御病虫害。当外界缺蜜粉源季节时，应进行补充饲喂，补饲时不用来历不明的饲料饲喂蜂群，饲喂蜂花粉时，必须经过消毒后使用。

3. 严格防疫、轻病快治、重症销毁是预防中蜂病虫害循环复发的重要手段

严禁随意从本山区大生态系统以外引进蜂种、蜂王和蜂群，特别是严禁从中蜂发病疫区引进。中蜂蜂种、蜂王、蜂群流通应坚持严格防疫措施，加强检疫，即使是本地蜂群和种群交易，都应出具检疫证明。

建立中蜂保、育、繁、推的中蜂种源供应体系，以保证本地蜂种的优良品质。在防疫中，快速隔离与处理病群，严防蜂群交叉感染。重症焚烧销毁和深埋，减少对其他蜂群的传播与侵害。

4. 经常杀菌、定期消毒、清洁养蜂是中蜂病虫害预防的重要方法

在中蜂养蜂生产中，日常使用养蜂工具、器材和养蜂人员、工作服应经常消毒灭菌，对蜂场、蜂具定期清理、定期消毒，杀灭病菌和虫害，铲除病虫害产生根源。清洁养蜂，做好蜂场场所防疫消毒，减少病虫害寄生条件。

（1）蜂场防疫

及时消除蜂群前匍匐杂草，填平低凹积水泥坑，清除死去动物尸体和死蜂、病蜂。清除赘脾和蜡渣，每年 1 ~ 2 次用生石灰水泼洒场地，保持蜂场和蜂群的清洁卫生，减少病虫害寄生条件。

（2）蜂箱与巢脾防疫

经常保持蜂箱、蜂脾整洁卫生，铲除蜂箱内和巢脾上蜡渣，对闲置蜂箱和周转巢框可用火焰灼烧或硫磺熏蒸，熏蒸好的巢脾置 12℃以下的低温库中冷藏，日常少量完整的巢脾可放蜂群保存。对冬季缩脾紧蜂提出的巢脾进行清理，铲刮蜡渣，采用浸泡消毒或熏蒸消毒，消毒后应集中置低温下冷藏，以备春繁扩巢时使用。将残脾、赘脾和发黑的老脾集中起来熔蜡。

二、消毒种类和方法

消毒是指为防止病虫侵染蜂群或蜂群交叉感染，对养蜂场、蜂器具、蜂饲料等采用物理、化学等一系列杀灭病原和虫源的措施及方法，统称为消毒。消毒种类有预防消毒、治疗消毒和日常消毒。根据在消毒过程使用方法又分为物理消毒和化学消毒等多种方法。

1. 消毒种类

（1）预防消毒

每年冬季和初春时期，蜂场对养蜂场地进行清理，铲除丛生杂草，填平坑凹，防止积水，撒石灰粉或浇洒消毒液。对周转蜂箱及其他蜂具逐一清理，进行一次全面的、系统性预防消毒，杀虫灭菌，以防患于未然。

（2）治疗消毒

在中蜂饲养中，蜂群已经受某种或多种病害侵染，及时诊断，对症下药进行治疗。重症患病蜂群，应及时隔离染病蜂群，特别对中蜂囊状幼虫病和幼虫腐臭病严重蜂群，应及时焚烧与深埋。对其他蜂群逐一检查，作以预防消毒。对被污染的场所、蜂箱、工具等，进行全面消毒，以防病原交叉感染。

（3）日常消毒

在中蜂饲养管理的日常工作中，对使用的工具、器材、蜂箱和经常反复使用的巢脾、巢框、关王笼等进行日常性消毒，防止因饲养管理不善，造成病原侵染。对蜂群补充饲喂的蜂花粉，应采取高温消毒后再作补充饲喂。对于养蜂人员个人卫生，应勤洗手、更换清洁卫生的工作服或养蜂服。特别是养蜂人员在患痢疾病等期间，不应接触蜂饲料，加强对其接触物品进行消毒，以防污染产品和饲料。

2. 消毒方法

根据中蜂养蜂生产实践，养蜂场在预防消毒、治疗消毒和日常消毒中，所采用的消毒方法有物理消毒方法和化学消毒方法。

（1）物理消毒

物理消毒是指中蜂养蜂生产中，使用阳光照射、紫外线灭菌、高温蒸煮、火焰灼烧等一系列物理方法进行消毒的过程。物理消毒方法多用于蜂箱、蜂具、工具、蜂饲料等消毒。

阳光消毒：在天气晴朗时，利用太阳紫外线，将养蜂场所用的蜂箱内外、吊板、隔板、隔王栅板、关王笼等清理后，置太阳底下暴晒，连续几小时或 2～3d，即能起到杀灭细菌、真菌病原的作用。

紫外灯照射：在一个 10～20m² 的小房间内，安装 30～40W 紫外灯管，距地面2.5m高，将需要消毒的各种养蜂器具、巢脾、巢框、工作服及包装材料置房间内摆开，打开紫外灯，关闭房门，照射 4～8h，即可达到消毒杀菌效果。

高温蒸煮：利用高温蒸煮方法，将工作服、覆布、金属器具等用高温100℃以上蒸煮 15～30min，即可达到杀灭病毒病原作用。人工饲喂的蜂花粉用清水调湿后，置高温100℃隔水蒸煮 10～15min，即可杀灭病原菌和虫、卵。

火焰灼烧：用小型酒精喷灯、燃气喷灯喷出火焰，对已清理好的蜂箱和蜂箱大盖、副盖、吊板、隔板等蜂具表面和缝隙进行移动喷火灼烧，有效地杀灭病菌和螟虫幼虫、卵、蛹，不留死角。

（2）化学消毒

化学消毒是指中蜂养蜂生产中，使用化学液体或粉剂消毒剂，通过喷雾、浸泡、泼洒和熏蒸、熏烟等一系列化学方法进行消毒的过程（包括臭氧消毒）。化学消毒方法主要用于场所、蜂箱、巢柜、巢脾、工具等消毒。

化学消毒方法很多，本节主要介绍几种常见化学消毒剂的消毒方法，常见消毒药剂的配制与消毒方法见表12。

表12　常见化学消毒药剂的配制浓度与消毒方法

药剂名称	配制浓度	消毒对象	消毒方法
酒精（试剂）	≥75%	削蜜刀、镊子、移虫针、关王笼及巢脾，个别病虫巢房	无菌纸巾、消毒棉擦拭与小型喷雾器喷雾
冰乙酸	85%～90%	杀灭孢子虫和蜡螟卵、幼虫	用粗布条浸渍85%～90%冰乙酸20mL左右，悬挂于继箱中，密闭熏蒸24h
甲醛溶液（福尔马林）	4%和40%	杀灭欧洲幼虫腐臭病、中蜂囊状幼虫病及孢子虫病和其他细菌性、病毒性病原	方法一：用4%甲醛水溶液浸泡巢框等8h以上，清水清洗，晾干晒干即可； 方法二：用玻璃或搪瓷器皿装入40%甲醛溶液20mL置巢箱底，酒精灯加热，巢箱继箱上叠码继箱3～5层，每层置清洗干净巢脾8～10张，点燃酒精灯，封闭顶层箱盖，熏蒸8～12h即可
甲醛溶液＋高锰酸钾（晶体）	40%	杀灭欧洲幼虫腐臭病、中蜂囊状幼虫病及孢子虫和其他细菌性、病毒性病原	用玻璃或搪瓷器皿装入40%甲醛溶液15mL，加入热水15mL，置开有窗口的巢箱底，巢箱叠码3～5层继箱，每个继箱挂8～10张清洗干净巢脾，盖上顶层箱盖后，再将10g高锰酸钾晶体粉，从巢箱窗口处进入加到容器中，封堵窗口，密闭熏蒸12h以上即可
新洁尔灭	0.1%～0.2%	杀灭欧洲幼虫腐臭病、中蜂囊状幼虫病病原	清理被污染的巢脾、巢框、隔板、吊顶、隔王栅板等，置0.1%～0.2%的新洁尔灭水溶液中，浸泡8h以上，清水冲洗干净，晾干或晒干即可
氢氧化钠（烧碱）	2%～3%	杀灭欧洲幼虫腐臭病、中蜂囊状幼虫病病原	将洗净的被污染的巢脾、巢框、隔板、吊板、隔王栅板等，置2%～3%烧碱水溶液中浸泡1h左右，清水冲洗，晾干或晒干即可

续表

药剂名称	配制浓度	消毒对象	消毒方法
生石灰	100% 粉剂	杀灭多种细菌、病毒、真菌病原，防止蚂蚁	春季清理蜂场，铲除场所杂草，用生石灰粉撒于地面或蜂箱底部周边地面，即可杀灭细菌和防止蚂蚁
生石灰浸液	10%～20%	杀灭多种细菌、病毒、真菌病原	用10%～20%浸提的新鲜生石灰悬浮液，浸泡被污染的巢框、隔板、吊板、隔王栅板和器具等，浸泡4～8h，清水洗净，晒干即可
硫磺（固体或粉）	3～5g/10脾	杀灭多种细菌、病毒、真菌病原，杀灭蜡螟虫、卵和寄生蝇、寄生蜂	将25～30g硫磺粉装入搪瓷、陶瓷容器中，置开有窗口的空巢箱底部，巢箱上叠码3～5层继箱，每继箱悬挂8～10张空巢脾，盖上顶层箱盖，从巢箱留窗口处点燃硫磺粉，封堵窗口，可用塑料布将5层巢箱、继箱全部包扎起来，密闭8～12h，即可达到消毒杀虫效果
升华硫粉（燃烧产生SO₂）	5～16g/箱	杀灭多种细菌、病毒、真菌病原，杀灭蜡螟虫、卵	方法一：与硫磺使用方法相同；方法二：可将升华硫粉剂用小勺均匀地撒于巢箱内底部周边和巢框木梁上及巢门处，用于杀灭多种病菌和蜡螟虫、卵，也可用这种方法杀灭意大利蜜蜂身上寄生螨虫

第四节　主要病害发生与防治

一、欧洲幼虫腐臭病

1.病原菌

欧洲幼虫腐臭病，简称欧幼病，属于细菌性病害，是由念球状蜂房球菌和米粒状蜂房芽孢杆菌感染引起的病害。两种病菌都属于革兰氏阳性菌，对蜜蜂危害较大，尤其对中蜂危害普遍严重。

欧洲幼虫腐臭病往往在早春和晚秋季节，昼夜温差大，时冷时热，群势不强的蜂群易感染。蜂难护脾、子无遮盖极易发生欧幼病。

2.为害症状

1～2日龄幼虫感染，3～4日龄幼虫发病死亡，也有少数6～7日龄封盖大幼虫发病死亡。发病幼虫初期虫体苍白无光泽，死亡后幼虫继而潮湿肿胀、并瘫软在房底，呈现"蜷蛆状"。后期体色发黄，逐渐腐败发臭，变成乳

白色或灰白色，用牙签、小镊子挑腐尸时，尸体溶解性腐败，无黏稠，无粘连，干枯后易被工蜂清理。发病子脾出现"蜷蛆烂子""空房花子"和腐尸酸臭，大、小幼虫、蛹死亡与空房插花状分布，呈现"插花子脾"现象。发病严重时，全群子脾幼虫感染，中蜂会弃巢而逃（图133）。

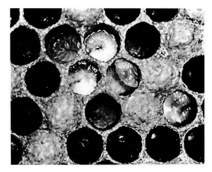

图133 死亡在巢房里的幼虫
（引自杜桃柱，2004）

3. 传播途径

欧洲幼虫腐臭病病原传播途径，一是被污染的蜂蜜、花粉和水源是最主要的传染源，人工饲喂的蜂蜜、蜂花粉带菌，蜂群被感染；二是中蜂、意蜂混养区，意蜂转地将病原带入采集区，中蜂采集时感染，并将原菌带回巢，饲喂幼虫被感染；三是从疫区引种购进蜂群，将被污染的蜂群和蜂箱带进本地区，造成病原传播；四是雄蜂、迷巢蜂和缺蜜季节盗蜂携带病原，造成交叉感染；五是在互换蜂脾时，被污染的巢脾带病原传播致病。

4. 治疗方法

①发现轻度感染的蜂群子脾上极少数幼虫发病，可用镊子清除，再用消毒棉签蘸上75%酒精或0.1%～0.2%新洁尔灭水溶液消毒巢房孔及周围。对清巢能力强的蜂群，也可采用关王断子7～9d，减少工蜂饲喂，切断病原传播途径，待蜂群自愈后，再放王产卵。往往轻微发病蜂群，在外界气温适宜，蜜粉充足条件下，蜂群也可以自愈。

②对发病蜂群进行隔离治疗，用0.2%磺胺类药物糖浆饲喂病群，每次饲喂量为200～300mL，每2d喂1次，3次为1个疗程。对其他无病蜂群用0.1%磺胺噻唑糖浆喷脾或饲喂2～3次。

③利用中草药治疗，如板蓝根、半枝莲、金银花各150g，煎汁3次，合并煎液500mL左右，加入1500mL 60%糖浆中，可饲喂10群蜂群。每2d 1次，3次为1个疗程。

④在非采蜜期和非生产期，对中度发病蜂群饲喂药物糖浆，用500mL 50%糖浆加入0.1g土霉素或0.1g红霉素，也可按每500mL糖浆加10万单位土霉素或红霉素，充分搅拌后，按每脾蜂每次饲喂量50mL，每3d进行1次，3次为1个疗程。但治疗结束后，应及时更换新巢脾，并将原巢脾进行融蜡销毁，一定杜绝抗生素对蜂蜜产品的污染。

5. 综合防治措施

①早春加强对蜂群保温，提高蜂群抗病力和自愈能力。

②培育强群，缺蜜季节应足量补充饲喂，增强蜂群对欧洲幼虫病的抗性。

③培育新蜂王，替换病群蜂王，有利于蜂群快速增殖。

④加强蜂群管理，秋季繁殖季节，合并弱群，增强蜂群抗性。

⑤加强疫病检疫，对流动或交易蜂群严格检疫，特别是对早春和晚秋季节重点监测。凡检疫出欧洲幼虫腐臭病、中蜂囊状幼虫病蜂群，依照《中华人民共和国检疫法》和农业农村部《养蜂管理暂行规定》，应立即就地焚烧、销毁。

二、中蜂囊状幼虫病

1. 病原菌

中蜂囊状幼虫病，简称中囊病，属于病毒性病害，是由中囊病病毒微粒侵染幼虫引起的病害。中囊病病毒是一种 RNA 病毒，平均直径仅为 28 ~ 30μm，在电子显微镜下，才能分辨出这种圆形状病毒微粒。该病毒在 59℃温度，10min 致死；在 70℃蜂蜜中，10min 致死；在阳光直射下 6h 死亡。在干燥条件下，室温可存活 3 个月。在蜂群中，腐臭尸体可保存毒力 10d 左右。

中蜂囊状幼虫病对中蜂危害极大。20 世纪 70 年代，我国中蜂饲养区普遍发病，并呈现暴发流行态势。1972 年早春，在广东省佛岗县首先发现中蜂囊状幼虫病，1972—1973 年迅速蔓延至广东、福建、云南、贵州、湖北、重庆、四川等 10 多个省中蜂养殖区，造成中蜂群损失上百万群。1985—1987 年再次在武陵山区爆发，受害面积较大，其间重庆万州市和湖北省恩施州发病严重，湖北省恩施州鹤峰国营试验养蜂场 300 多群中蜂感染。2004—2005 年，广东省再次爆发中蜂囊状幼虫病，损失中蜂群 25 万群。

中蜂囊状幼虫病是一种顽固性、毁灭性病害，急性发病，传播速度快，流行暴发的疫病。对于中蜂的人工饲养来说，一旦暴发，造成养蜂生产重大损失。在早春春繁和晚秋秋繁中，中蜂弱群因保温能力差，易发生幼虫病害。所以，人工饲养中蜂，在一个小区域范围内必须减小密度，养殖强群，保障中蜂食物供应，是降低中囊病毒侵染的重要措施之一。

2. 为害症状

1 ~ 2 日龄幼虫感染病毒，病毒在幼虫体内复制与侵害 4 ~ 5d，6 日龄大幼虫发病，房盖穿孔，死亡幼虫呈尖头状，且头部略向上弯翘，体内组织营养被病毒溶解吸收，仅存水分，表皮完整，用镊子或牙签挑起幼虫尸体时，呈现囊状水袋，无异味（图 134）。死亡大幼虫初期体色灰白，体内乳白色液体，后

期体色变黄褐色，体内淡黄色的澄清液体，无臭味。最后水分蒸发后干瘪，呈现头部上翘的鳞片，又称"龙船状"鳞片，易与房壁分离，易被工蜂清理。

3. 传播途径

中蜂囊状幼虫病首先侵染工蜂，在工蜂咽喉及体内组织进行复制增殖，携带病毒的工蜂是主要传播载体。携带病毒的工蜂饲喂幼虫，使幼虫感染；采集蜂通过采集被污染的蜂蜜、花粉回巢，经过饲喂，传播给蜂群。养蜂场巢脾、蜂具混用，造成病原传播；人工饲喂被污染的蜂蜜、花粉，使蜂群

图134　囊状幼虫
（引自杜桃柱，2004）

感染；带毒的迷巢蜂、盗蜂入巢引起交叉感染。尤其是从疫区引进带病蜂群，将中囊病带进本地区，造成本地区存在大量病原，引起本地中蜂蜂群发病。

4. 治疗方法

（1）中草药喷雾预防

对于轻微病群及无病群可选用元胡、鱼腥草、半枝连、板蓝根、连翘任意一种50g，用适量温水浸泡1h，再用温火煎煮15min，过滤，取煎液50～60mL，加入500mL的20%～30%糖浆中，喷雾蜂脾。连续喷雾5～7d。也可在喷雾时，每群可加入0.5～1片病毒灵进行喷雾治疗，效果更好。

（2）中草药饲喂治疗

方法一：板蓝根、半枝连、桔梗各20g，连翘10g，加2倍以上的水煎煮20min，过滤煎液，连煎煮3次，合并过滤煎液。按1∶1比例加入60%温糖浆中，每群按200～300mL饲喂量饲喂，每2d1次，5次为1个疗程。方法二，桔梗、连翘、甘草、金银花各20g，加2倍以上的水煎煮20min，过滤煎液，连煎3次，合并过滤煎液，按1∶1加入60%温糖浆中，加入1g维生素，充分搅拌后进行饲喂，每群按200～300mL饲喂量。每2d1次，5次为1个疗程。方法三，元胡30g，加2倍以上的水煎煮20min，过滤煎液，煎煮3次，合并煎液，按1∶1比例加入60%温糖浆中，每群按200～300mL饲喂量，加1片病毒灵充分搅拌后进行饲喂，每2d1次，5次为1个疗程。

（3）成品药物治疗

方法一，病毒灵治疗：将病毒灵用少量水溶化，加入50%糖浆中，按每群4～5片加入糖浆中进行饲喂，每2d1次，5次为1个疗程。方法二，盐酸

金刚烷胺粉治疗：用 13% 盐酸金刚烷胺粉 10 ~ 12g，加入 500mL 50% 糖浆中，充分混合，按每群 200 ~ 300mL 饲喂量饲喂，每 2d 1 次，5 次为 1 个疗程。

5. 综合防治措施

①发现被中蜂囊状幼虫病菌侵染的病群，应立即关王断子，进行隔离治疗，毁弃病群中被感染的幼虫脾；对于严重患病群应进行就地焚烧销毁。

②加强疫病检疫，预防染病蜂群流动。对于交易蜂群和外地转场进入本地蜂群，应严格检疫。凡是检疫有中囊病和欧腐病及其他传染性病害的蜂群，应按《中华人民共和国检疫法》和农业农村部颁布的《养蜂管理暂行规定》，对患有疫病蜂群就地销毁。

③选用本地优良蜂种，进行育王、繁群。在中蜂饲养区，应首先使用本地山区野生中蜂的后代，作为养蜂场基础蜂群，进行提纯复壮，选强势蜂群进行繁殖，培育新蜂王。每年在中囊病高发季节，应提前更换新蜂王，以增强蜂群活力和群势，提高抵御中囊病、欧幼病的能力。

④留足优质蜂粮，适时补充饲喂。在中蜂饲养管理中，蜂群中应长期保留优质封盖蜂蜜，保障充分蜂粮和丰富营养，蜂群才能维持正常生活，幼虫得以正常抚育。若遇缺蜜源季节或缺粉源时，应对蜂群进行补充饲喂。

⑤培育强群，密集蜂量，做到蜂多于脾。秋季繁殖期间，应注意要合并弱群，保证强群秋繁，以增强蜂群对中囊病的抗性。

⑥结合药物治疗，适时关王断子，减少工蜂饲喂，降低蜂群感染几率。在药物治疗和关王断子治疗 1 个疗程后，更换新蜂箱，调换新蜂脾，介入新蜂王，有效阻断病原。

三、白垩病

1. 白垩病原菌

白垩病是一种真菌性病害，是由一种蜜蜂球囊菌引起的疾病，蜜蜂球囊菌芽孢孢子首先感染工蜂，并在工蜂体内繁殖，工蜂饲喂幼虫，造成幼虫染病。中蜂对白垩病抗性大于意蜂，中蜂发病概率较小，很少造成大面积传播。但因预防不好，在高温高湿条件下，仍有蜂群发生，并形成危害。

2. 为害症状

工蜂饲喂 4 ~ 5 日龄幼虫时幼虫感染，大龄幼虫和封盖后幼虫发病。发病后的幼虫，虫体肿胀，呈现白色，瘫塌于房底，病菌在幼虫体内快速增殖，幼虫死亡后，逐渐由白色变成灰褐色，并失水僵硬，尸体内菌杆穿出表皮外，长

满白色菌丝，成熟后，菌丝顶端长出孢子，干燥后，用镊子或牙签挑起时，呈现白色僵硬尸体。发病严重时，在发病群巢门前，可见到被工蜂清理出来的石灰状颗粒，已经没有幼虫尸体形状，便是白垩病幼虫干尸颗粒。

3. 传播途径

白垩病是蜜蜂球囊菌菌丝和孢子首先感染蜜蜂工蜂，工蜂饲喂幼虫时，使幼虫感染；由发病蜂群生产的蜂花粉作为中蜂饲料，把病菌传播给其他中蜂群；被污染的巢脾，在蜂群中交替使用，将病菌传播给其他中蜂群。

4. 治疗方法

（1）生石灰水治疗

用生石灰加水浸泡发病蜂群的巢脾，可以杀灭球囊菌。取新鲜生石灰水上清液 500mL，加入 2% ~ 3% 新洁尔灭水溶液 10mL，搅拌后，对病群巢脾进行喷雾，每 2d 1 次，3 ~ 5 次为 1 个疗程。

（2）大黄苏打水治疗

将 2 片大黄苏打片放入少量温水中溶化，溶化后加入到 500g 20% ~ 30% 糖浆中，充分搅拌后，用喷雾器喷雾巢脾，每 2d 喷雾 1 次，3 ~ 5 次为 1 个疗程。

（3）聚维酮碘喷雾治疗

取 25% 聚维酮碘，按 1 : 500 比例溶于水中，制成喷雾灵，用喷雾器喷雾染病巢脾或蜂群。每 2d 1 次，3 ~ 5 次 1 个疗程。

5. 综合治疗

①加强蜂群饲养管理，保持巢穴通风干燥，蜂箱置 20 ~ 30cm 支架或石墩上，保持蜂群生活环境干净，以降低白垩病原菌入侵几率。

②饲喂蜂花粉时应高温蒸煮 10min 以上，防止人工饲喂时传播病原菌。

③将染病巢脾及时抽出进行消毒灭菌处理，少数幼虫轻微患病可挑出患病幼虫，再用棉签蘸 0.1% ~ 0.2% 新洁尔灭溶液进行清理灭菌。

④用抗真菌药物"杀白灵"按 1 : 1000 比例加入 50% 糖浆饲喂，隔日 1 次，3 次 1 个疗程。在中蜂养蜂生产中，应将严重发病蜂群巢脾集中熔蜡，防止交叉感染。

四、中蜂副伤寒病

1. 副伤寒病菌

副伤寒病又称痢疾病、下痢疾。是一种细菌性病害，由一种蜜蜂哈夫尼肠杆菌侵染引起的蜜蜂肠道疾病。哈夫尼肠杆菌为多形态小杆菌，两端钝圆，长

1 ~ 2μm，宽 0.3 ~ 0.5μm，有菌杆，无芽孢，培养基中培养的菌落半透明状，革兰氏染色阴性的厌氧性、兼性好氧细菌。该菌在 15 ~ 25℃能快速繁殖，侵染对象主要是工蜂成蜂，早春繁殖期越冬蜂群易发病，工蜂饲喂也会造成幼虫感染。

深秋、冬季和春季繁殖期间，蜂群感染主要是人工饲喂饲料花粉和劣质白糖引起发病，发酵变质饲料会引起细菌感染，越冬和早春期间气温寒冷，蜂巢内贮备劣质蜂粮也会引起中蜂发病。

2. 侵染症状

副伤寒病是哈夫尼肠杆菌病原首先侵染工蜂成蜂，被感染工蜂未排泄之前，肠道肿胀，直肠内积累大量黄色粪便，飞行排泄在地面、蜂箱盖和树叶上，呈现黄色散射状稀便。被侵染病蜂，初期症状不明显，仍能飞行，排泄黄色稀软粪便。发病后期，飞行不敏捷，排泄粪便呈黄色。稀水粪便，滴落下来，呈散射状（图 135）。发病严重时，工蜂体力不支，出进巢门缓慢，失去飞行能力，甚至在巢脾上、巢门前爬行，在地面上排泄，常常体质虚脱，排泄后便会死亡。

蜂场的水源共用，盗蜂、迷巢蜂进入他巢等都会引起副伤寒病菌交叉感染。

3. 综合治疗方法

①越冬贮备蜂蜜应为优质封盖蜂蜜，越冬前饲喂糖浆，以优质白糖作补充饲喂的饲料，糖浆制作以 1:1 白糖加水煮沸溶解后，冷却饲喂。春繁和秋繁饲喂花粉必须经高温消毒后饲喂，减少病菌感染。

②在中蜂饲养中，无论是补充饲喂还是奖励饲喂、诱导饲喂都不得使用工业白糖或劣质白糖、甜菜糖等糖类作为中蜂饲料，避免造成中蜂消化不良，引起下痢。

③加强早春保温升温，确保蜂群繁育期间工蜂饲喂活动和幼虫发育所需要温度，杜绝细菌生存繁殖和侵染的条件。

④越冬期后期到春繁之间，利用晴朗天气，及时打开巢门，促蜂排泄，排出在越冬期间肠道内积累的粪便。同时，补充饲喂适量盐水（0.2% ~ 0.3%），以辅助清肠消炎，增强体质。

图 135 枇杷叶片上越冬蜂稀散排泄物（李海兵 摄）

⑤副伤寒引起的发病蜂群，可用磺胺类药物治疗。磺胺类药物是广谱性杀菌剂，对革兰氏阳性菌和革兰氏阴性菌都有效，可起到消炎、止泻作用。每次用 1g 磺胺新诺明片，将新诺明片碾成细粉，加入 500mL 50% 糖浆中，充分搅拌，饲喂蜂群。每 2d 喂 1 次，3 次为 1 个疗程。

⑥副伤寒引起的发病蜂群，可用姜片糖浆驱寒止泻，即干姜片 15g，加水 200mL 煎煮 10min，适量加入少量食用盐，制成姜片糖浆，可饲喂 15 ~ 20 脾（框）中蜂。连续饲喂 3 ~ 4d，发病严重时可与上述磺胺类药物交替使用。

五、中蜂大肚病

1. 大肚病

大肚病又称黑便病，由两种因素引起。一是中蜂摄食过程中，摄入难以消化、分解的某种或多种食物，造成消化不良，积滞肠道中，造成排泄不畅，腹部肿胀或泻黑色黏稠粪便。二是在繁殖期间，前期温度适宜，突然长期阴雨低湿，中蜂没有出巢排泄，肠道内积累大量粪便。因此，患上中蜂大肚病。大肚病与痢疾病区别在于，大肚病是积滞粪便和消化不良，痢疾病则是细菌感染导致腹泻。故大肚病以促消化和导泻治疗为主，导泻后可适量饲喂少量盐水。

2. 症状

中蜂大肚病，一是因秋季缺蜜源，蜜蜂食用植物叶片、生长点、花蕾上分泌的甘露和寄生在植物上的蚜虫、介壳虫分泌的蜜露，引起消化不良而无法排泄。或者食用工业白糖和其他不易消化的糖类饲料，排泄不畅，引起大肚病，粪便发黑；二是长时间积滞粪便，肠道积食积污，引起大肚病。患病个体腹部膨胀、粪便发黑，严重患病体质不支，无力展翅，爬出巢门外，排泄后死亡。发病严重时，蜂群中死亡数量增加，造成秋繁后蜂群衰退。

3. 治疗方法

大肚病治疗主要是以辅助消化、诱导排泄为主，辅之清肠消炎措施。

（1）酵母柠檬糖浆助消化

用 4 ~ 5 片 0.5g 酵母片碾粉，加入 1 000mL 50% 糖浆中，再加入 1mL 冰醋酸或 0.5 ~ 0.7g 柠檬酸粉，充分搅拌后方能饲喂，每群饲喂 200 ~ 300mL，每天 1 次，3 ~ 5 次 1 个疗程。

（2）大黄苏打糖浆导泻

用 3 ~ 4 片大黄苏打片（每片含大黄素和碳酸氢钠 0.15g）碾粉，加入 500mL 50% 糖浆中，每天 1 次，每次 200 ~ 300mL，2 ~ 3d 为 1 个疗程。

（3）番泻叶糖浆导泻

用 10 ~ 20g 番泻叶加入 200mL 水中，温火煎煮 8 ~ 10min，也可直接用开水冲泡 8 ~ 10min，再将煎汁或泡液加 200 ~ 300mL50% 糖浆中，每天 1 次，每次 200 ~ 300mL，2 ~ 3d 为 1 个疗程。

注：使用导泻药物时，可适当饲喂 0.3% ~ 0.5% 盐水。

六、白僵菌感染

1. 白僵菌

白僵菌（*Beeuveria bassiana*），又称正白僵菌，属半知菌亚门丝孢目丝孢科虫生菌，是一种寄生性真菌，也是一种寄生感染微生物杀虫剂。白僵菌用于防治森林、农业、草原害虫，对于松树松毛虫、榆树金花虫、玉米螟、芦毒蛾等防治效果显著。白僵菌粉可分离出孢子粉，原菌粉和孢子粉都可以致害虫感染。

一般来说，农业上白僵菌是用来打底防治地下、地面害虫为主，对蜜蜂侵害较小；对于山区森林害虫防治，人工地面喷雾和枝条挂粉袋，以及人工机械式喷粉，对蜜蜂有少量侵害。但是，在中蜂养殖区和野生中蜂群落密集地区，飞机播撒和"生物导弹"高空发射白僵菌粉，林业上称这两种方法为"放虎归山——害虫接种"。白僵菌粉落在松树花上，中蜂采集松树花粉时，就会感染白僵菌。大面积喷洒白僵菌，严重时会造成山区野生中蜂和人工饲养中蜂的大面积死亡，对本区域野生中蜂和人工饲养中蜂是一种毁灭性打击。

21 世纪初期，山东省出现过因森林防治病虫害喷施微生物农药，造成大面积意蜂和中蜂感染死亡。2015—2016 年湖北多个山区喷施白僵菌，结果出现成千上万群意蜂和中蜂感染死亡。我国每年都有利用白僵菌治疗森林害虫，对山区野生中蜂和人工饲养中蜂造成较大伤害。

2. 为害症状

白僵菌感染除通过蜜蜂气门、口器进入体内以外，白僵菌主要与蜜蜂体表接触附着在蜜蜂体表，在蜂巢内适合的温度 20 ~ 25℃和 70% 以上湿度条件下，孢子吸水膨胀，长出芽管，分泌黏液和分解酶，使芽管入侵蜜蜂体内，菌丝和芽管在体内迅速繁殖，致使体内各种器官损坏。采集蜂首先感染白僵菌，并且日龄越小，感染发病时间越快，15 ~ 20 日龄新蜂比 20 ~ 30 日龄成年蜂发病快。一般采集蜂采集花粉时感染白僵菌后，感染后 3 ~ 4d 发病，发病后行动缓慢，飞行无力，伴有口腔吐液和下痢。解剖后，肠道内部分器官坏死，呈暗褐色，4 ~ 6d 死亡，死亡后的蜜蜂腹部、体表都长满白色菌丝，肠道内有

类似草酸钙结晶。

白僵菌首先感染外出采集工蜂，采集蜂自身带菌回巢，通过接触传播蜂群中其他成蜂和饲喂幼虫时通过口器传播给幼虫，很快全群蜜蜂和蜂王、幼虫都会感染，几乎无一例外，部分封盖蛹羽化后新蜂也会感染。感染蜂群陆续发病，可持续 50 ~ 60d，因初期 2 ~ 3d 隐藏较大，一旦发病，传播速度快，发病迅猛，很难治疗。

3. 防治方法

白僵菌首先感染的是采集蜂，若在毫不知情的情况下，很难实施防治。一旦发病，说明已经传播 3 ~ 4d。若森林喷洒白僵菌被知情，可提前预防。对于野生中蜂保护和人工饲养中蜂避害而言，白僵菌侵害感染，发病致死，传播快速。各级政府和农业、林业部门，还是要从保护生态和生物多样性出发，更进一步探索推广森林病虫害生物防治方法和措施。从当前的中蜂养蜂生产角度，还是坚持以防为主，合理避让，尽力挽回损失。

①山区中蜂养殖场应对地方森林病虫害发生与防治时期有所知情，遇花期喷药，采取提前转场避让的方法，将蜂群转场离喷施白僵菌区域 5km 以上，待喷药治虫的植物开花期结束后若干天，可以转回原场。

②地方政府职能部门，包括农业、林业部门、国有林场，从保护蜜蜂和授粉昆虫角度出发，将喷药治虫的植物开花时间、喷施范围发布信息，安民告示，各方面协调，调整喷施白僵菌类生物农药的喷施时间，避开大蜜源、粉源植物开花期。特别是对松毛虫的防治应避开松树开花供粉期喷施白僵菌，或者改为人工撒播和喷雾、吊袋等方法避开松花，避免蜜蜂及授粉昆虫受害。

③在外界喷施白僵菌时，及时发现，发病初期迅速将死蜂、病蜂收集，用含有有机氯1%的漂白粉消毒液浸泡 1h 以上，然后挖坑深埋。对养蜂场所用新鲜石灰粉喷洒地面，进行全面消毒，以防病原进一步传播。

④药物防治，消毒灭菌。对开始轻度感染发病蜂群，用漂白粉和生石灰按 1:12 的比例配制成防僵粉，进行适量喷雾。及时更换被污染的蜂箱和蜂脾，并将被污染蜂箱和巢脾、蜜、粉脾集中硫黄熏蒸，将巢脾挂于空继箱内，按每箱 8 ~ 10 脾，用 5 ~ 10g 硫磺熏蒸 2h 以上，再置通风干燥处，保存备用。

对于这种侵染率高、传播快、发病迅速生物农药危害的防治，还有待进一步探索。希望各级政府应从生物多样性角度，尽可能地进行科学合理施药。

第五节 中蜂虫害、敌害发生与防治

一、大蜡螟

1. 形态特征

大蜡螟（*Colleria mellonglla* Lime），蜡螟科，是一种全变态昆虫。大蜡螟一生经过卵、幼虫、蛹、成虫 4 个发育阶段。

（1）卵

颜色初为淡粉红色，后为白色。外形纺锤形，长 0.3 ~ 0.4mm，卵外壳较厚，卵粒在巢箱底部密集或堆积成块。

（2）幼虫

初期幼虫体长 1mm 左右，体色乳白色，前胸背板浅褐色。老熟幼虫体长 20 ~ 25mm，前期灰白色，后期灰褐色。前期胸背板棕褐色，体形粗壮，虫体中部较粗，呈棒槌状。

（3）蛹

老熟幼虫作茧化蛹，蛹茧纺锤形，长 22 ~ 26mm，茧衣灰白色。蛹长 16 ~ 22mm，黄褐色，背面有 1 对点状突起，腹部末端有 1 对小钩刺。

（4）成虫

成虫雌蛾体长 13 ~ 14mm，头部及背部呈现黄褐色，胸、腹部为灰褐色。前翅翅展 27 ~ 28mm，近似长方形，灰白色，有褐色斑点，翅边缘有向外延伸长毛，排成刺状。雄蛾体形略小，前翅外端部有一个近似"丫"形凹陷。

2. 生活史与生活习性

大蜡螟幼虫以蜡渣、巢脾、巢箱缝隙为寄生条件，以幼虫为害蜂群。每年可发生 3 ~ 5 代，南方 3—12 月发生为害，北方 5—11 月发生为害。以幼虫在巢脾、蜡渣堆、蜂箱缝隙中越冬。当外界气温稳定在 15℃以上时，大蜡螟幼虫开始活动。

武陵山区大蜡螟幼虫在每年 3 月中旬便可活动，3 月中下旬陆续化蛹，4 月初开始羽化大蜡蛾成虫。羽化后大蜡蛾雌雄成虫当日或次日交尾，白天隐藏于蜂箱底，或弱群残缺巢脾上，或箱外阴凉杂草丛中，傍晚或夜间交尾。大蜡蛾交尾后，当蜂群归巢后，它们便进入中蜂巢穴，喜欢将卵产于蜂箱底有蜡渣的角落或缝隙中，产卵鱼鳞状排列，密集成块。雌蛾产卵量和产卵速度受温度影响较大，雌蛾每次产卵量为 350 粒，可多次产卵，产卵总量最多达 1 500

粒。一般完成一个世代60～70d，卵期9～13d，幼虫期36～39d，蛹期13～17d，大蜡螟雌蛾寿命4～13d，雄蛾寿命4～6d（图136）。

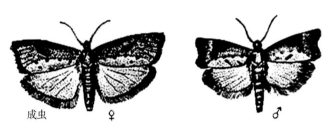

成虫　　　♀　　　　　　　　　　　♂

图136　大螟蛾成虫（引自杜桃柱，2004）

3. 危害症状

大蜡螟卵发育温度15℃，9～13d孵化成幼虫，多为夜间孵化，初孵幼虫很快敏捷爬行，从箱壁爬至巢框框梁上，然后进入巢脾。往往大蜡螟幼虫全部上脾，钻蛀隧道进入巢脾巢房底部，取食蜂卵、小幼虫和蜂粮，危害中蜂卵、幼虫、蛹，造成白头死蛹，肉眼看上去为"白头蛹"。巢脾表面可观察少数蜡螟幼虫在里面隧道中爬行，巢脾内残缺破损，受害巢脾易被工蜂咬脾清巢，大蜡螟幼虫则随巢脾蜡屑一起掉下箱底，并在箱底蜡渣中或缝隙中作茧化蛹，温湿度适宜，夜间可通过蜂箱巢门或缝隙爬出箱外作茧化蛹。

大蜡螟以幼虫为害蜂群，影响蜂群正常生活和采集。每年在秋季严重发生蜡螟危害时，容易造成中蜂群飞逃。

4. 防治方法

①保持蜂群强势，维持强群生产。强势蜂群长期蜂多于脾，密集护脾，清巢能力强，工蜂容易清除巢箱底部蜡渣，使大、小蜡螟没有入巢机会，也没有卵、虫寄生条件。

②每年秋繁时，应检查蜂箱和巢脾，发现蜂量少而巢脾陈旧老化，应合并弱群，抽出老巢脾，清理蜂箱中蜡渣。

③经常使用优质巢脾，淘汰分化后发黑易脆老巢脾。中蜂因生物特性爱啃咬老巢脾，喜造新脾，但弱群造脾能力差，幼虫生长条件差，群势不断下降，再加上被蜡螟危害，基本垮群。所以，及时更换老旧发黑巢脾，使用优质新巢脾，可以减少因巢脾破损形成蜡屑、蜡渣。

④加强蜂群健康管理，综合防治蜡螟危害。一是在日常养蜂生产管理中，及时清除赘脾、蜂箱底部蜡屑、蜡渣和死亡残蜂，减少蜡螟入侵与寄生条件；二是在蜂场30～50m附近可安装黑光诱蛾灯，夜间打开诱蛾灯，诱捕蜡螟、

大小蜡蛾及其他有害昆虫；三是及时将被蜡螟侵入的蜂箱、巢脾更换，用硫磺或升华硫燃烧产生二氧化硫熏蒸蜡螟侵害的蜂箱和巢脾，杀灭蜡螟卵、虫、蛹和成虫；四是白醋熏蒸周转蜂箱和巢脾，即用器皿装入 30 ~ 50mL 白醋，放入箱底，加继箱悬挂巢脾。然后，将烧红的煤块或石块放入白醋中，迅速密闭继箱大盖，熏蒸 8 ~ 12h，杀灭蜡冥卵、虫和其他病原菌；五是用喷灯喷火灼烧，高温可杀灭蜡螟卵、虫。也可将闲置蜂箱、巢框、巢脾置 –5℃以下的低温下冷冻，零度以下低温可冻死蜡螟卵粒。六是民间用苦楝树树皮、树根按1：5 加水煮沸，用煎煮水抹涂巢箱内底缝隙处，驱避蜡螟。也有用野艾蒿（苦蒿）放置巢箱底，或小片干烟叶塞进巢箱底部缝隙，驱避蜡螟。七是用苏云金杆菌悬浮液浸泡巢虫清木片，然后将巢虫清木片悬挂两个巢框上梁之间，或放置巢箱底四周 2 ~ 3 片，以生物防治蜡螟。

二、小蜡螟

1. 形态特征

小蜡螟（*Achroia grisella* Fabr），蜡螟科，是一种全变态昆虫。一生经过卵、虫、蛹、成虫 4 个发育阶段，与大蜡螟伴生，活动于箱底和弱群巢脾内。

（1）卵

颜色为乳白色，后期为黄白色，外形短椭圆形，长 0.25mm 左右，卵外壳较薄。

（2）幼虫

初期幼虫体长 0.8mm，体色乳白色，前胸背板浅黄褐色。老熟幼虫12 ~ 16mm，体色为黄褐色，前胸背板棕褐色。

（3）蛹

老熟幼虫作茧化蛹，蛹茧呈纺锤状，淡黄白色。蛹茧长 10 ~ 12mm，蛹体长 8 ~ 10mm，黄褐色，背面宽，腹面窄，腹部末端有环状排列的突起锥形小刺。背面 4 根略粗，腹面 4 根较细小。

（4）成虫

成虫雌蛾体长 9 ~ 12mm，前翅展 20 ~ 25mm，雌蛾前翅灰褐色，呈长椭圆形，后翅银灰色。雄蛾体长 8 ~ 12mm，前翅展 16 ~ 21mm。

2. 生活习性与危害

小蜡螟幼虫以蜡屑、蜡渣为寄生条件，幼虫在蜂箱底边角处或裂缝中和弱群巢脾内越冬。春季气温稳定在 15℃以上时，开始活动。老熟幼虫作茧化蛹，于 4 月初羽化成蛾，或称小螟蛾，雌雄蛾 1 ~ 2d 开始交尾。雌蛾寿命 5 ~ 11d，

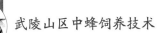

可产卵 3 ~ 5 次，每次产卵 400 粒。卵期 7 ~ 10d，幼虫孵化后，大部分在巢箱底生活，一小部分上脾钻蛀孔洞隧道，潜入巢房底部尖底，一面向前钻孔，一面吐丝筑隧道。幼虫在作茧化蛹前，会聚集在一起，连接茧壳，作茧成团，相互连接在一起。上脾的小蜡螟幼虫对中蜂卵、虫、蛹有较大为害，特别是数量众多时，对弱群造成为害更大。

3. 防治方法

小蜡螟的防治参照大蜡螟的防治方法。

三、斯氏绒茧蜂

1. 斯氏绒茧蜂

斯氏绒茧蜂（*Syntretomor pha* Szabot pap），膜翅目茧蜂科，又名中蜂绒茧蜂，简称绒茧蜂，是一种全变态昆虫，一生经过卵、幼虫、蛹、成虫 4 个发育阶段。其中卵、幼虫寄生在中蜂幼蜂腹腔中，在中蜂幼蜂腹腔中生长发育长大，最后，造成被侵害中蜂幼蜂死亡。所以，斯氏绒茧蜂也是一种中蜂寄生性害虫。

1963 年，杨冠煌在四川省宜宾市西部山区发现绒茧蜂为害中蜂。1980 年，陈绍鹄、范毓政报道江西省、贵州省发生绒茧蜂危害中蜂，并定名中蜂绒茧蜂（*Apanteles*. Spp）。后经湖南农业大学寄生蜂专家游兰韶定拉丁名字，定名为斯氏绒茧蜂（*Syntretomor hpa* Szabot pap）。

2. 形态特征

卵，雌性绒茧蜂以腹部尾部下方针刺式产卵器将卵产于中蜂幼蜂腹腔中。卵粒在中蜂腹腔内适宜的温度和湿度条件下，孵化成幼虫。解剖受害中蜂可清晰见到不同阶段绒茧蜂幼虫，老熟幼虫可直接用手指从中蜂腹部前部向尾部肛门处挤压出来。绒茧蜂初期幼虫小米粒状，全身蛋清色，透明状，虫体细长，0.2 ~ 0.5mm，后期身体逐渐呈现乳白色，虫体中部略粗，呈梭形，青灰色，长 2 ~ 3mm。老熟幼虫体长 3 ~ 5mm，体型粗壮，呈长纺锤形状。可从死亡受害工蜂肛门处咬洞钻出。蛹，斯氏绒茧蜂老熟幼虫在草丛、蜂箱底和石缝中作茧化蛹。蛹茧纺锤形，白色，蛹茧长 4 ~ 6mm，蛹体长 3 ~ 5mm，纺锤形，浅黄色。

斯氏绒茧蜂雌性成虫，体长 4 ~ 5mm，头部黄色，眼部黑褐色，胸背部黑色，胸部与腹部前部分为黑褐色，胸部与腹部之间有一鞘质柄杆连接胸部和第一腹节。腹部第一腹节为黑褐色，其余均为黄色。腹部末端下方有一向下略弯针刺状产卵管，黑褐色。前翅中部和后翅前缘中部有黑褐斑纹。雄性成虫与雌性成虫外形相似，体形略小，体长 3 ～ 4mm，体色较雌性成虫深，前翅黑色斑纹明显。

3. 生活习性

斯氏绒茧蜂以 11 月的初蛹越冬，每年春季当外界气温达 15℃以上时，开始羽化，羽化后雌性成虫 1.0 ～ 1.5h 便可与雄性成虫交尾，白天与傍晚在密林中交尾，雌蛾交尾后，隐藏在密林、箱底蔽阴处，当天或次日寻找机会产卵。飞行敏捷，产卵迅速，当中蜂幼蜂在巢门前爬行、试飞时，斯氏绒茧蜂就从蔽阴处飞出，快速落在中蜂幼蜂背部，通过针刺状产卵管刺破幼蜂表皮，将卵产于工蜂幼蜂腹腔中。工蜂腹腔中的绒茧蜂卵在适宜的温度和湿度条件下，孵化成幼虫，幼虫在工蜂体内吸收营养、体液，随着工蜂幼蜂日龄增加，绒茧蜂幼虫生长发育，当幼虫老熟，被侵害工蜂死亡前，从蜂巢内爬出巢门，在巢前寻找低凹处的草丛中死亡，绒茧蜂幼虫便可从死亡工蜂腹部末端肛门处咬洞钻出，爬进草丛或蜂箱底部吐丝作茧，1 ～ 1.5h 便可结束，作茧化蛹。经过一定积温和湿度适宜条件下，羽化成成虫，便完成了卵—幼虫—蛹—成虫的 1 个世代。

4. 危害

（1）危害症状

斯氏绒茧蜂危害多发生在每年 5—10 月上中旬。斯氏绒茧蜂雌性成虫将卵产于中蜂幼蜂腹腔中，在腹腔内孵化成幼虫，幼虫充分吸收中蜂工蜂体内营养和体液。受害初期，幼虫对工蜂飞行未造成影响，但幼蜂开始发病，生长发育缓慢。受害中期，随着日龄增加，体内绒茧蜂幼虫已逐渐长大。工蜂腹部逐渐肿胀膨大。受害晚期，工蜂腹部膨大，行动缓慢，无法飞行，大多在蜂箱底和内、外箱壁上趴附。死亡前，便缓慢爬出蜂箱，落下地面，四处爬行，钻进附近草丛、石缝、土坑中。

受到斯氏绒茧蜂侵害的中蜂蜂群，群势逐渐下降，出勤采集减少。在高温高湿条件下，荫蔽林地边缘蜂群受害工蜂比例明显增加，受侵害个体最多时占 10%以上，在巢门前观察，容易发现行动缓慢的幼蜂。人工捕捉受害蜂，用手可从

图 137　中蜂腹中被挤出的绒茧蜂幼虫
（宜昌培训学员微信提供）

受害幼蜂腹腔内挤出绒茧蜂幼虫（图 137）。

（2）危害重点

斯氏绒茧蜂对中蜂危害主要有以下几点。一是中蜂三型蜂中，工蜂是主要受侵害对象，往往在蜂箱前调查，多发现工蜂受害。二是中蜂工蜂个体中，以侵害刚出房的和试飞中的新蜂为主要对象，15 日龄以上工蜂，日龄越高，受侵害概率越小。往往刚出房工蜂和试飞前后工蜂，皮层较薄，肌质软，鞘质化程度低，易被绒茧蜂成虫针刺状产卵器刺破，产卵于腹中。另外，幼蜂试飞与认巢飞行时，飞行缓慢，易被绒茧蜂攻击产卵。三是人工饲养中蜂蜂群，以侵害荫蔽密林边的蜂群为主要对象，往往随蜂群距离密林渐远，受害程度越低。距密林 700m 的蜂群，比距密林 50m 受害程度轻，距离密林 50m 的蜂群比密林边缘和密林间的蜂群受害程度轻。四是在同一蜂场，无论是强群和弱群，只要在密林荫蔽下或距密林附近 10m 内，工蜂幼蜂均受不同程度侵害。

（3）危害分布

据报道，斯氏绒茧蜂在我国中蜂饲养区发生危害主要分布于湿润的亚热带，以中亚热带中低山区为常见。亚热带、暖温带、温带均有分布。1963 年，杨冠煌在四川省宜宾市西部山区发现绒茧蜂危害中蜂；1980 年，陈韵鹄、范毓政报道江西省、贵州省发生绒茧蜂危害中蜂；2003 年，龙小飞报道四川省、广东省、重庆市发生绒茧蜂为害中蜂；2005 年罗岳雄报道广东省从化市的良口、大岭、吕田等地均发现绒茧蜂对中蜂危害。21 世纪初期，薛运波报道长白山一带发生绒茧蜂对中蜂为害。

作者于 2009—2013 年，在秦巴山区、神农架林区调研中蜂生产时，发现绒茧蜂危害中蜂。2013—2016 年，在幕阜山区作中蜂养殖技术培训期间，发现湖南长沙市、汨罗市、湖北省通山县、通城县等地均发现绒茧蜂危害中蜂群。2015—2019 年，先后在武陵山区湖北省五峰县、鹤峰县、贵州省铜仁市及江口县、湖南省怀化市鹤城区、通道县均发现绒茧蜂不同程度危害中蜂。2017—2018 年，在湖北省大洪山钟祥市客店镇作中蜂养殖技术与成熟蜜生产技术培训期间，对当地中蜂养蜂生产进行调研，发现斯氏绒茧蜂对蜂群危害，并产生不同程度影响，个别蜂场在森林边缘和密林间的蜂群受侵害严重，受害蜂群达80% 以上。

5. 防治方法

①经常清除蜂场地面杂草，并将杂草集中晒干，焚烧或深埋。早春对蜂场及周边进行清理，向地面泼洒生石灰水，减少斯氏绒茧蜂茧蛹寄生与羽化场所。

②直接捕捉被侵害工蜂，用大拇指、食指夹住其腹部前端，从腹腔往尾部肛门处挤出绒茧蜂幼虫。受害工蜂数量多时，可集中一起杀灭与深埋。

③蜂场不宜在荫蔽的密林中安置蜂群。应将蜂群安置在避风向阳、通风干燥地方，夏季搭盖遮阴棚，减少绒茧蜂对蜂群的危害。

④在斯氏绒茧蜂危害多发地域或发生为害期，安装活动式多功能巢门防盗防逃器，每天上午 11:00 左右关闭防盗防逃窗口，阻隔腹部膨大的受害蜂入巢，并收集起来，集中处理。

⑤加大对斯氏绒茧蜂栖息地和越冬场所的深入调研，并对斯氏绒茧蜂生活习性、趋光性、隐蔽特性作进一步调研，探索中蜂虫害、敌害防治新技术、新措施。

四、胡蜂

胡蜂（*Vespinae*），俗称马蜂。胡蜂属于膜翅目胡蜂科胡蜂属昆虫，有 200 个种类，常见侵害蜜蜂的有金环胡蜂、黑尾胡蜂、虎头蜂、中华大虎头蜂、黄脚虎头蜂、黄长脚蜂等。

胡蜂是一种社会性昆虫，食性较杂，肉食为主，捕食农业、森林昆虫，也经常在城市菜市场吃食丢弃的碎肉和烂水果。在森林、农田捕食有害昆虫，可以减少林业、农业虫敌害发生。秋冬季节，也有喜鹊等鸟类将巢筑在胡蜂巢附近的大树上，冬季期间以啄破胡蜂巢，啄食幼虫、幼蜂。同时，胡蜂危害季节，在胡蜂巢穴附近，胡蜂也会攻击人类和牲畜。从蜜蜂养殖角度，对于蜜蜂来说，胡蜂是蜜蜂的天敌。胡蜂捕食蜜蜂、攻陷中蜂巢穴，猎食蜜蜂、蜂子。本章节主要讲解胡蜂对蜜蜂的危害与防治方法。

1. 胡蜂的发生与危害

（1）胡蜂的发生

胡蜂每年春季气温稳定 15℃以上时便开始出巢觅食，主要以山林松树、杉树害虫及其他森林害虫幼虫为食。夏季气温高很少出巢，秋季当外界食物充足时，繁殖量大，秋季大量觅食用来培育幼虫，大量幼虫封盖后，蜂群准备越冬。胡蜂处女王在秋季交尾，完成交尾后，便独立或几只胡蜂王一同寻找栖息场所，进入越冬休眠，待每年春季气温在 15℃以上时，成熟蛹羽化成幼蜂，当幼蜂出巢活动，蜂王便开始产卵，职蜂（工蜂）便开始筑巢清房，捕猎食物，哺育幼虫，抵御天敌等。中蜂成蜂、幼虫、蛹及蜂巢中蜂蜜、蜂花粉都是胡蜂的觅食对象，特别是 9—10 月胡蜂大量繁殖时，需要蛋白质营养哺育越冬前的幼虫，这时，它们在蜜蜂巢穴门口捕食蜜蜂，侵占巢穴，对蜜蜂为害最为严重。

（2）危害蜜蜂

胡蜂对蜜蜂的危害。一是直接捕食蜜蜂。它们在空中追逐采集蜂和捕捉回巢的采集蜂，经常飞往巢门口前，捕捉采集回巢的蜜蜂后，飞往树上，咬断蜜蜂头部、尾部、翅膀和腿，留下胸部，携带回巢，用来饲喂胡蜂幼虫。二是攻巢毁群。它们在巢门口发现巢内弱群，蜜蜂少，胡蜂便在巢门前释放气味，召唤同巢胡蜂，一同攻击与杀死蜜蜂，侵占蜂巢，吞食蜂蜜、幼虫，并将大幼虫和蛹叼回胡蜂巢，饲喂胡蜂幼虫。有些大虎头蜂攻击蜜蜂强群，在巢门口不停地杀死出入巢门的蜜蜂，若无人发现，仅 1 ~ 2d 可把全巢蜜蜂杀死。然后，侵占蜂巢，掠食蜂蜜、幼虫和蜂蛹。三是空中诱惑、猎杀雄蜂。Koeniger 等报道胡蜂破译与模拟东方蜜蜂（*Apis cerana*）蜂王与雄蜂在空中交配的信息密码，模拟与释放信息，当雄蜂飞向它们时，它们便冲向雄蜂，捕杀雄蜂。

（3）中蜂对胡蜂的防御行为

中蜂遇到胡蜂的侵害，往往会作出避让、报警、群攻、飞逃等防御行为。一是飞行避让，巢内躲避。中蜂个体小，飞行灵敏，当蜜蜂在采集飞行途中遇到胡蜂追逐，蜜蜂会快速绕行，躲避胡蜂攻击。当个别胡蜂在蜜蜂巢门前滞留飞行，出巢蜜蜂会马上退回巢内，并发出信息，告知其他蜜蜂。二是发出警报，共同出击。当个别胡蜂停留在巢门口或巢门口咬杀一只蜜蜂时，蜂群中工蜂会抖动翅膀、震动腹部，释放气味，召集同伴，快速出击。多数青壮年蜂一拥而上抱住胡蜂，咬住胡蜂腿部、翅膀和触角，拼命撕咬胡蜂。三是紧密抱团，高温闷杀。当胡蜂被数量较多的中蜂紧密抱团，将胡蜂围困团中，中蜂靠身体结成密不透风的蜂团，用身体发出热量，让蜂团的中心温度瞬时高达 48 ~ 50℃，高温缺氧致胡蜂窒息而死（图 138、图 139）。

图 138　被拍打死亡的大胡蜂（张新军 摄）　　图 139　硕大胡蜂蜂巢（尹秀军 张化菊 摄）

2.胡蜂防治方法

胡蜂在山区是生态系统中一个因子，因山区森林中食物丰富，其个体大，繁殖速度快，很难彻底消除胡蜂对蜜蜂的为害。有很多养蜂场因地制宜，灵活运用一些方法，对胡蜂防治取得较好效果。对于胡蜂的防治方法归纳如下。

（1）纱网捕捉

用纱布制作成网，网口直径25～35cm，尾部收口10cm左右，网深80～100cm，当发现胡蜂在中蜂巢门口口头部对巢门，低矮慢飞或已抱住一只蜜蜂时，即可快速用纱网捕捉（图140）。

图140　人工用捕捉网捕捉胡蜂
（张新军 摄）

（2）木板拍打

用厚1cm左右的木板制作成长柄窄木板，柄长20cm，全长50cm左右，前面板宽10cm左右即可。当发现胡蜂在中蜂巢门口慢飞时，即可用长木板对准胡蜂拍打致死。

（3）毒饵诱杀

先用新鲜小肉丁1～2粒置蜂场预先准备好的平台上，让胡蜂叼咬返巢，再置3～5粒小肉丁，继续让其叼咬回巢，当发现大量胡蜂飞往蜂场时，用注射过毒药的肉丁20～30粒放置在平板上，让一批胡蜂叼回巢内，使胡蜂蜂群被毒杀死亡。

（4）毒肴毒杀

一是用捕捞纱网捕捉若干胡蜂，将涂有毒肴的肉类或有毒液粗棉线用细线一端拴住，将细线另一端绑于胡蜂腰部或腿部，傍晚放飞回巢，毒杀胡蜂群。二是将捕捉的胡蜂胸部、腹部涂抹毒药放飞回巢，即可毒杀胡蜂蜂群。

（5）糖浆诱灭

用蔗糖2份、水1份，溶解后配成糖浆液体，盛于广口瓶内，打开瓶盖，悬挂于蜂场周围的树干上，引诱胡蜂进入摄食。当胡蜂飞全糖浆翅膀粘上糖浆后，便会挣扎逃跑，但挣扎后全身粘满糖浆，在糖浆中挣扎，窒息死亡。人工经常清理糖浆中溺死胡蜂，保持瓶中糖浆清洁，延长使用期。

（6）粘鼠板粘杀

将粘鼠板放在蜂场的平台上，再将小肉丁放在粘鼠板上，当胡蜂在粘鼠板

上叼肉时，它刚刚站上去，足立即被粘住不能动弹。人工经常用镊子清理死胡蜂，粘鼠板可反复使用多次。

（7）摘巢闷杀

当胡蜂侵害蜂群时，在附近 1～3km 内寻找胡蜂蜂巢，摘除蜂巢，装入一大塑料袋内，向袋内喷洒灭蚊剂、灭虫剂一类药物。然后，将袋口用细绳扎紧，闷杀 8～12h，即可将胡蜂幼蜂、幼虫一并杀死。

（8）其他方法

比如求助消防人员，请消防人员帮助对房前屋后的胡蜂巢穴进行高温燃烧或冬季野外用高压水枪击碎胡蜂巢等。还有蜂场用黑色纱网竖在蜂箱前 1～1.5m，蜜蜂可飞出飞进，而胡蜂个体大不能进入捕捉回巢采集蜂。

五、蟾蜍

1.蟾蜍

蟾蜍（*Toad*），俗称癞蛤蟆、浆蛤蟆，两栖纲蟾蜍科蟾蜍属小动物。全国各地均有分布，我国中蜂养殖区常见有中华大蟾蜍和花背蟾蜍。

2.习性与危害

蟾蜍生活在阴暗潮湿的林间、沟边和房前屋后丛生的杂草中，特别是山区住宅边、湿润排水沟边，以捕食蝇、蚊、蛾类昆虫及其他甲壳昆虫为主，也会捕食人工饲养的中蜂。蟾蜍侵害中蜂，一般多发生在林地地面和住宅房前屋后地面侵害蜂群。

蟾蜍白天隐藏草丛和土坑、乱石堆中窟窿、洞穴以及林间，也有潜伏在蜂箱底下，傍晚和夜间活动，捕捉食物。夏天傍晚和夜间，蟾蜍爬到养蜂场和房前屋后的蜂群巢门前，捕食傍晚入巢和夜间爬出巢门口在蜂箱外壁上散热的中蜂（包括工蜂、雄蜂）。一夜之间，一只大蟾蜍可捕食几十只到百余只中蜂，甚至 2～3 只大蟾蜍围捕一个蜂群，可捕捉几百只蜜蜂。蟾蜍侵害蜂群，若未被发现，蜂群长期被侵害，会使蜂群群势迅速下降，造成蜂群丧失生产能力。

3.防治方法

（1）垫高蜂箱，防止为害

用铁、木支架或水泥板、石砖墩架垫蜂箱 25～50cm，可防止蟾蜍和其他敌害对蜂群的侵害。

（2）清理场所，减少为害

清理蜂场周围沟边洞穴、林地乱石堆和丛生杂草，减少蟾蜍栖身场所。

（3）加强巡查，集中处理

经常巡查周边林地、废弃房屋和湿润臭水沟、小石拱桥洞，发现有蟾蜍进行捕捉收集，送往 1 000m 以外的林间放生。夜间经常巡查蜂场和房前屋后蜂群，发现巢门前有蟾蜍为害，及时用捕捞网进行捕捉，一并送往 1 000m 以外的林间放生。

六、蚂蚁

1. 蚂蚁

蚂蚁（Ant），简称蚁，膜翅目蚁科，是一种社会性昆虫，品种很多，我国已知有 9 个亚种 80 余属 500 余种。在我国中蜂养殖区，危害中蜂蜂群常见的有大黑蚂蚁和黑蚂蚁。蚂蚁洞穴群居，每个蚁穴数量多，蚂蚁性情凶残，群体围攻，进攻性强，也是一种危害中蜂的天敌。

2. 习性与为害

蚂蚁是营巢性群居昆虫，常在地下深土层、乱石洞、石缝中、林地堆积腐殖的树叶下土层中筑巢，也有在树根底下、树干中驻洞营巢，土壤中筑巢蚁洞深可达 1 ~ 2m。家族群居，数量多，分工明确，一个洞穴达几万只甚至几十万只之多，蚂蚁家族成员间，工蚁嗅觉灵敏，一旦寻找到食物，便沿途分泌信息物质，标记食物路线和方向，回到蚁穴后，在蚁穴中间或蚁团外层爬行，传递食物信息，很快其他工蚁会随同一起搬运食物或猎夺食物。蚂蚁食性杂，肉食、甜食、纤维食物等都是猎食对象，包括动物、植物茎秆、花蜜等。如东方行军蚁在果园、农田可取食果树、果实和农作物、蔬菜。蚂蚁猎食回巢，还有加工和贮藏特性，存放食物以便越冬和缺食物之用。

蚂蚁一旦进入中蜂巢穴，特别是中蜂弱群巢穴，既能搬食蜂蜜，又能围食幼虫和蛹。蚂蚁数量众多，严重影响受害蜂群正常采集和生活秩序，夏、秋季危害较重。特别是弱势蜂群对蚂蚁没有抵御能力，容易被攻陷，造成蜂群飞逃。

3. 防治方法

（1）架空蜂箱，阻隔蚁害

用四根高 25 ~ 50cm 圆形木桩及方形木料或用金属、耐用塑料制作坚固的四脚蜂箱架，将 4 只蜂箱脚架安置在 4 个塑料瓶或玻璃瓶中，每个瓶内加灌 1/3 ~ 1/2 的水，以阻隔蚂蚁（图 141）。也可在蜂箱底周围撒石灰粉或硼砂粉和喷洒亚硫酸钠，用来阻隔蚂蚁危害蜂群和杀灭蚂蚁。

图141　防虫害木架与木架脚下防蚁塑料瓶（张新军　摄）

（2）寻找蚁穴，毁灭蚁群

清除蜂场内及周边杂草，寻找蚁穴。发现蚁穴，挖开洞口，可在洞穴中和行蚁路喷雾灭虫剂和灭蚁灵杀灭蚂蚁，也可用氯丹施于蚁穴和蚁穴周围，蚂蚁接触灭蚁药物后，很快就会死亡。

（3）防止滴漏、收集赘脾

在补充饲喂和奖励饲喂蜂群时，防止滴漏蜂箱以外而引起蚁害。在清除蜂巢、蜂脾的赘脾时，应收集清除的赘脾，一起带出蜂场，集中熔蜡。不要将清除的赘脾丢弃于蜂场内，防止招引蚂蚁进入蜂场，危害蜂群。

七、亚洲黑熊

1. 亚洲黑熊（*Ursus thibetanus*）

亚洲黑熊又称为黑熊，别名轩熊、狗熊、熊瞎子，属熊科熊属动物，熊科熊属动物共有7个亚种。在我国中蜂养殖区侵害蜂群的大多是亚洲黑熊，体长1.5～1.7m，体重达300kg左右，颜色有棕黑色和灰黑色，体毛黑色而长，胸部有一"V"形白色斑纹。

2. 习性与为害

亚洲黑熊栖息于原始大森林和山地森林，在古老大树洞、高山岩洞、土洞和河岸、浅洼地建巢。善于爬树、游泳，听觉、嗅觉灵敏，视觉差，食性杂，以植物叶、果实、种子为主要觅食对象，也食小动物、鸟类、昆虫和蜜蜂、蜂子、蜂蜜等。夏季栖息在高山上，秋季和入冬前从高海拔山地向低海拔山地转移，大量觅食，储存体内脂肪，准备冬眠越冬。

黑熊侵害蜂群往往掀开箱盖或砸坏蜂箱，取食蜜蜂、蜂子、蜂蜜等，有时也抱着蜂箱站立行走，逃向森林深处再实施侵害。作者于2004—2015年在神农架林区作中蜂技术培训时，在徐家林场蜂场多次看见黑熊抱走的蜂箱和毁坏蜂群的现场。一次，徐家庄林场职工周承林为抢夺黑熊抱走的中蜂蜂箱，被黑熊猛地一抓，腰部抓出一条深深的伤口，至今留下大伤疤。2017 年 8 月 17 日在武陵山区五峰县国家后河保护区调研野生中蜂资源时，当晚就发生一起黑熊偷袭上坡村村民唐纯祥家中中蜂群。五峰县百溪河湿地公园上坡社区中蜂养殖户沈少华家中至今保留 20 世纪 70 年代其父赶走偷袭蜂群的大黑熊的铁锹。黑熊是我国受到保护的野生动物，中蜂养殖场和村民只能进行恰当防范措施。

3. 防范措施

①秋季，及时处理好蜂场附近的生活垃圾和及时采收蜂场附近成熟玉米棒，防止食物垃圾和玉米棒引诱黑熊进入蜂场。

②傍晚和初夜，黑熊偷袭蜂群时，可用强光照射或高频音响吓退黑熊。

③有熊出没的山地，夜间巡查蜂群时，三人同行，带上强光手电筒，以防附近有黑熊活动，偷袭巡查人。

④大山人烟稀少的中蜂养蜂场可在蜂场的树干上安装报警装置或高频音响装置，报警器和音响喇叭装在 2 ~ 3m 高的树干上，有电源线连接蜂箱盖上开关装置。在蜂箱箱盖上方装一弹簧触发开关，在弹簧开关上，盖上一块大于蜂箱大盖的木板，木板上压上石头，防止风雨刮翻。当黑熊掀开木板时，则弹簧弹开，拉开报警器或音响开关，高频报警喇叭声响，驱使黑熊离开蜂群。

⑤在中蜂饲养管理中，遭遇黑熊时，首先稳定情绪，缓慢后退。切勿立即拔腿就跑。无路可退时，迅速侧卧倒地，双手抱头，弯曲钩腿，静静躺在地上，等待黑熊离开，方能站起来离开现场。

中蜂养殖场以防范为主，禁止猎杀黑熊，禁止设置捕兽夹、铁笼及陷阱等捕杀黑熊。

第六节　中蜂中毒与中毒防治

一、中蜂中毒

中蜂中毒，主要是指蜜蜂在采集花蜜花粉时，被采集植物喷过有机化学农药和生物农药或蜜蜂采集有毒蜜源植物的花蜜、花粉、花蕾，而引起中枢神经麻痹、紊乱，器官损坏，功能失常，甚至器官衰竭，严重致死。

一方面，是农业、林业、果业、园艺、中草药、牧草等植物开花期因防治病虫害喷施杀虫剂、除草剂、杀菌剂等有机化学农药，如有机磷、有机氯等，

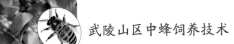

引起蜜蜂误采中毒。

另一方面，是中蜂采集有毒蜜源的花蜜和花粉，引起中毒。如中蜂采集茶花花蜜、枣花花蜜引起中毒；中蜂采集藜芦、博落回、蔓陀罗、毛茛、羊踯躅等植物花蜜引起中毒。本节仅对中蜂因农药引起中毒和茶花蜜、枣花蜜、甘露蜜引起中毒的防治方法，作一阐述。

二、农药毒害与防治

1.农药毒害

蜜蜂采集与食用被喷施有机杀虫剂、除草剂、杀菌剂等农药的植物花蜜或花粉，引起中毒，甚至死亡。中毒蜜蜂因农药不同毒力的致死剂量不一样，而出现不同中毒症。我们将致死中毒量用 LD_{50} 来表示，则高毒 $LD_{50}=0.001 \sim 1.99\mu g/$ 只；中毒 $LD_{50}=11.0 \sim 22.0\mu g/$ 只；低毒 $LD_{50}=10.0\mu g/$ 只。在农业、林业、果业、园艺、中草药等植物开花期间，往往喷施有机磷、有机氯农药的剂量很高，对中蜂危害极大。只要中蜂采集，中毒几率 100%。

2.症状

中蜂采集蜂采集喷施过农药的植物花蜜和花粉，回巢时，飞行定向困难，无规则地环绕飞行，难入巢门，撞击蜂箱，不少采集蜂死在蜂场附近和蜂箱周围，以巢门口死蜂最多，蜂箱内中毒蜜蜂入巢上脾困难，易落在巢箱底部弹跳，并死于箱底。中蜂中毒后，性情狂躁，初期常常追逐人畜。中毒蜜蜂后期腹部膨大，呕吐，无力飞行，爬行，最后双翅僵直，吻伸出，腹部向前弯曲，前足抱胸，后足伸直而痛苦死亡。有机氯农药中毒，初期尾部拖地，异常凶猛，易蜇人，易死于巢外，很多死于途中和蜂场周围。有机磷农药中毒，中蜂全身湿润，腹部肿胀，绕蜂箱飞行，钻进蜂箱，蜂群出现混乱，最后死于巢内，有的落于巢箱底，有的趴附在巢脾上死亡。

中蜂中毒，往往是 15 ～ 25 日龄采集蜂易中毒，24h 以内大批蜜蜂死亡，幼虫因蜂群混乱，抚育失常，间接中毒和饥饿死亡，大幼虫弹出巢房，落于箱底。

3.为害预防

（1）预测花期，规划转场

在中蜂养蜂生产中，对中蜂采集与授粉的农业、林业、果业、药材等蜜源植物的开花期田间管理与病虫害防治进行预测，主动与生产者沟通，规划好小转场养蜂生产方案，避免喷施农药引起中蜂中毒。

（2）幽闭蜂群，临时隔离

定地中蜂养殖场、养殖户，应密切关注周围 5km 范围内林业和农业种植业在植物开花期的田间管理，遇喷施农药防治病虫害时，应在保障蜂群通风基础上，作好蜂群临时幽闭隔离。

（3）严格监管，种养协调

在中蜂养殖区，当地农业、林业部门对防虫治病所施用农药应严格监管，控制与禁止使用对人、畜、蜂有害，对食品安全有隐患的有机磷、有机氯等剧毒农药。协调多部门，做好信息发布，避免人、畜、蜂中毒。

（4）科学施药，错时喷洒

在保障粮食安全和蜜蜂安全前提下，使用低毒高效、残留时间短的药物，并采取错时喷洒。也可在农药中适量加入石炭酸、杂酚油驱避剂等驱避蜜蜂采集，避免蜜蜂中毒。

4. 急救措施

（1）清除毒蜜，撤离现场

中蜂蜂群在小转场采蜜生产初期，发现有轻微中毒现象，尽快清除蜂群中巢脾，更换干净巢脾，补充 30% ~ 40% 糖浆饲料。如遇傍晚，发现极少数发生中毒现象即刻关闭巢门，撤离现场。

（2）对症施药，及时解毒

发现中蜂有轻微中毒症状，应及时采取解毒措施。一是有机磷农药中毒，用 0.055% ~ 0.1% 硫酸阿托品或磺解磷啶按每千克蜂量 10 ~ 20mg 加入到 200 ~ 300mL 的 20% ~ 40% 糖液中，喷雾巢脾，蜜蜂吸食解磷糖浆，解除有机磷农药的毒性。二是有机氯农药中毒，也可用 0.1% 食用碱（苏打粉）加入到 200 ~ 300mL 的 20% ~ 30% 糖液中，饲喂中毒蜂群，解除有机氯的毒性。用 0.1% 食用碱或 1 ~ 2 片大黄苏打片，加入到 200 ~ 300mL 的 20% ~ 30% 糖液中，饲喂中毒蜂群，促进排泄，同时对蜂群补充糖分。

三、茶花花蜜中毒

1. 茶花花蜜中毒

油茶（*Camellia oleifra*）和茶（*Camellia sinensis*）都属于茶科植物，在中蜂养殖区，油茶开花与茶树开花接近，故统称茶花。中蜂采集其花蜜和花粉，统称为茶花蜜和茶花粉。茶花花蜜中，含有大量半乳糖、寡糖、三糖、四糖，寡糖在蜜蜂消化道中经酶解后产生半乳糖，半乳糖不易被蜜蜂消化吸收。茶花蜂蜜中含有半乳糖 17.14%，半乳糖造成蜜蜂消化不良和代谢障碍。另外，茶花花蜜中还含有少量的咖啡碱、茶花苷、茶叶碱等，造成中蜂幼虫中毒死子、烂子。中蜂采集茶花花蜜造成中毒和幼虫烂子，称为茶花蜜

中毒。

武陵山区广泛分布油茶和青茶，有的几万亩、几十万亩连成一片。还有分布在山林灌木丛中野生油茶，同人工油茶、青茶开花时间接近，每年10—12月大面积开花，连续花期长达50 ~ 60d。在盛花期，只要天气晴朗，气候适宜，油茶花和茶花泌蜜供粉量大，也是山区中蜂采集的对象。

在农业上，油茶生产区利用中蜂授粉，可增产20% ~ 35%。中蜂养蜂生产方面，可以利用每年冬季茶花开花泌蜜供粉季节，在中蜂采集期做好茶花蜜引起中蜂中毒的预防工作。

2. 症状

中蜂采集的茶花花蜜中，总糖含量为63% ~ 67%，除葡萄糖、果糖这些单糖外，其中还含有10% ~ 17.14%的半乳糖、寡糖（三糖、四糖）和少量茶苷、茶碱等物质。当成蜂食用后，引起消化不良，腹部膨胀，出现半透明状，无法飞行，全身颤抖，直至死亡。中蜂幼虫食用茶花蜜后，出现死亡烂子，虫体呈现白色或浊白色，子脾上大面积幼虫和封盖子死亡，蜡盖下陷，死亡幼虫沉于房底，腐烂发臭。这就是中蜂采集茶花花蜜中毒表现的症状特征。中蜂因采集茶花花蜜而造成越冬蜂群群势大减，每日骤下，无法成为优质的越冬蜂群，也无法安全度过越冬期。

3. 防治方法

（1）分区饲喂与生产管理

在茶花开花流蜜季节，也是中蜂秋繁中后期，即将进入越冬前的时期，弱群采集茶花花蜜，可利用茶花花粉进一步秋繁。为了不误蜂群繁殖，7脾以上生产蜂群，可进行分区饲喂与生产。出现茶花蜜中毒，施用解毒方法。即将巢箱用竖式铁纱网隔离成两个小区，一个为繁殖区，另一个为生产区。将蜂王隔在繁殖区，繁殖区内放进两张非茶花蜜粉脾，一张空脾，供蜂王产卵；而另一生产区放进适量的空巢脾用于贮蜜，采集蜂采集的茶花蜜放置在生产区。在繁殖区开一巢门，巢门上装一漏斗式巢门孔，工蜂能出不能进，这样就不会有茶花蜜进入繁殖区。把巢箱内纱盖中间木档的下面与装有铁纱网隔板上木梁档之间略留缝隙，工蜂可以通过上梁空隙穿越生产区和繁殖区，饲喂蜂王和幼虫，而蜂王则不能进入生产区。另外，在繁殖区内放一槽式饲喂器，用于饲喂解毒的柠檬酸蜂蜜水或其他酸性糖浆水。

强势生产群，可以在巢箱上加继箱，巢箱分成繁殖区和通道，继箱同样作为生产区。继箱与巢箱之间加平面栅式隔王板，在栅式隔王板上放半边覆布，盖在繁殖区上方，以防采集蜂将茶花蜜送进繁殖区。繁殖区内放置槽式饲喂器，饲喂柠檬酸蜂蜜水或其他酸性糖浆水。

（2）饲喂酸性饲料解毒

中蜂蜂群在缺少其它花粉时，利用茶花粉繁殖越冬蜂，茶花花蜜是不能直接作为中蜂饲料使用。在茶花开花期间，可以饲喂酸性蜂蜜水和柠檬酸糖浆，缓解茶花花蜜中毒。按糖：水比例 1:1 或 1:0.8 配制糖浆，在每 1 000mL 糖浆中加入 1 ~ 2g 柠檬酸和 2mg 维生素 C，充分搅拌，配制成酸性糖浆。按每群每次 300 ~ 500mL 酸性糖浆装进蜜蜂出入巢箱内的饲喂器中，每 2 ~ 3d 饲喂 1 次，直至茶花花期结束前。

在茶花大流蜜期，饲喂酸性饲料当日可分两次饲喂酸性糖浆，上午 9:00 以后饲喂 1 次，下午 18:00—19:00 饲喂 1 次。饲喂酸性糖浆，也可以采用灌脾、浇梁框的方法进行饲喂。灌脾时不要让糖浆流出巢箱外，以防盗蜂产生。

（3）保障优质蛋白粉源供给

植物花粉是繁殖区幼虫生长发育的蛋白质营养来源。繁殖期尽量减少茶花粉的使用，应用补充饲喂优质蜂花粉。在确实没有其他花粉时，也可临时少量使用茶花粉，即每两天打开繁殖区巢门 1 ~ 2h，每次在当日上午 10:00—12:00 取下巢箱漏斗式巢门，让蜜蜂送进繁殖区少量茶花粉，1 ~ 2h 后，还原并安装巢箱繁殖区漏斗式巢门。

中蜂采集茶花蜜和茶花粉，应在茶花开花初期，提前进场，先进茶花粉，后进茶花蜜，保存巢箱内适当花粉存量，也可安装脱粉器脱出茶花粉，更换其他优质花粉饲喂。在大流蜜期间，可以适当关王停产 10 ~ 12d，减少大幼虫对花粉的需求，减少工蜂对幼虫饲喂。

（4）适时取出茶花花蜜

强群生产茶花花蜜时，发现有大量封盖蜜，便可以提出，适时摇出较好的茶花蜂蜜，并向巢箱繁殖区适时加入其他优质中蜂蜂蜜，以保证幼虫食用的是优质蜂粮。

四、枣花蜜中毒

1. 枣花蜜中毒

中蜂在缺水条件下，采集与食用大量枣花蜜，包括山枣、酸枣、大枣、小枣等在内的花蜜，会引起中毒。枣花蜜中含有一定量的生物碱类物质，中蜂食用后，引起生物碱中毒。也有人认为枣花花蜜中毒，是因为枣花花蜜中含有较高的钾离子，引起蜜蜂中毒，而且这些钾离子以游离的形式存在。

枣花每年 5—6 月开花，花期长达 20 余天，流蜜量大，中蜂易采集。中蜂

采集枣花花蜜发生中毒的轻重，与枣花花期气候有密切关系，在枣花开花泌蜜期，天气连续无雨，中蜂中毒较重，若枣花开花泌蜜期，隔天下小雨、阵雨，中蜂采集和食用后，中毒则较轻。

2. 症状

中蜂采集枣花花蜜，采集蜂开始腹部膨大，飞行困难，常常在巢门前爬行、跳跃。之后，中毒病情逐渐加重，经常倒卧在地，腹部开始痉挛，六足抽搐，直至死亡。死亡蜂双翅展开，腹部不停地向前弯曲收缩，吻伸出。蜂群严重中毒，蜂箱前死蜂遍地，蜂群群势迅速下降，比春季繁殖后的蜂群群势下降30%以上。

3. 治疗方法

①在枣花开花期，每天早晚清理蜂场时，向地面或蜂箱洒水，以降低温度，每天饲喂0.5%～1%淡盐水，增加中蜂体内代谢和对钠离子的需求。

②在大宗枣花蜜源开花期，使用分区饲喂与生产（方法同分区采集茶花花蜜）。

③用柠檬酸或醋酸配制酸性饲料进行饲喂，即在50%糖浆200～300mL中，加入0.1%柠檬酸或醋酸，充分搅拌，饲喂蜂群，以解除枣花花蜜中生物碱的危害。

④中蜂采集枣花花蜜时，一是保持蜂箱内通风，补水增湿，减轻枣花花蜜中毒程度；二是可在中蜂进场前，贮足优质蜂粮，贮备好蜂群花粉，供蜂群夏季繁殖期采集枣花花蜜时抚育幼虫用。

五、其他有毒花蜜、花粉中毒

1. 花蜜、花粉中毒

中蜂采集与食用有毒蜜源植物花蜜和花粉，引起中毒（第七章第四节已介绍有毒蜜源）。有毒蜜粉源植物很多，武陵山区目前发现有10科30余种，最常见的有毒蜜源植物有雷公藤、博落回、钩吻、曼陀罗、藜芦、毛茛、羊踯躅、狼毒草、八角枫、高山杜鹃等。这些植物的花蜜和花粉中含有生物碱、毒蛋白、萜类、苷类、皂苷及其他毒素成分和不易分解的多糖等，对蜜蜂毒害较大，严重致死。

2. 中毒症状

中蜂因采集与食用有毒蜜源植物花蜜、花粉后，产生中毒，并出现中毒症状。

轻微中毒，蜜蜂消化不良、排泄困难、腹部较大、行动缓慢，蜂群抚育力下降，部分幼虫死亡。中度中毒，蜂群初期异常兴奋，继而混乱，采集蜂腹部膨大，飞行困难，部分采集蜂在巢门前爬行，出现少量死亡，死蜂吻伸出。严重中毒，蜂群出现大量采集蜂腹部膨胀，翅膀僵硬，无法飞行，中毒成蜂在箱外四处爬行，乱窜，继而死亡，吻伸出。揭开蜂盖，可见蜂群秩序混乱，箱底有死蜂和爬行蜂。有些幼虫食用有毒花粉，从巢脾内爬出，滚落在箱底而死亡。也有的中蜂蜂群出现不明原因飞逃，巢脾留有灰暗、深绿颜色或异样色泽的蜂蜜，疑似毒蜜。

3. 防治措施

（1）先调研、先铲除、先避让

在中蜂养蜂生产中，无论是定地放蜂，还是转场放蜂采集花蜜，蜂群进场前都应对放蜂场所周围 4～5km 范围内的蜜源植物和有毒蜜源植物进行现场调查，对于极少量有毒蜜源，可以人工先清理铲除。对大量有毒蜜源分布，特别是雷公藤、博落回、钩吻等，应先调查其开花期，根据开花期，采取提前退场，安全避让。转场至 4.5km 以外场所，安全避开有毒蜜源。

（2）早发现、早清脾、早解毒

每年6—8月，外界蜜源较缺乏，应经常观察蜂群采集情况，发现少数工蜂出现轻微中毒症状，及时开箱检查，发现有异样颜色蜂蜜，及时清除贮毒蜜巢脾，如蜂蜜颜色黄色（除黄柏蜜白色略带淡黄色为正常外）、深绿色（除五倍子蜂蜜偏绿为正常外）、深紫色或灰色，用舌尖尝试，能感觉到苦、麻、辣、涩的感觉，应及时抽出清除蜜脾，更换优质巢脾。并尽快用 20%～30% 的稀薄糖浆加入柠檬酸、醋酸，配制成酸性饲料，进行抢救饲喂。

（3）补措施、补蜜源、补饲喂

中蜂蜂场特别是定地蜂场，尽可能地利用蜂场周围的坡岗、荒山、闲置抛荒地和道路两旁培育人工蜜源，规划好错季蜜粉源植物，特别是粉源，能保障蜂群繁育的粉源供应。若在 7—8月缺蜜源、蜂粮不足情况下，又无栽培地补充种植蜜源，应在 5—6 月蜂蜜生产时，留足后期 2 个月贮备蜂粮。当蜂粮严重不足时，及时补充饲喂蜂饲料，保证蜂群有足够的贮备蜂粮。

六、甘露蜜中毒

1. 甘露蜜

甘露蜜是指植物叶片、芽尖、花蕾上分泌出来的甘露或者植物寄生的蚜虫、介壳虫等分泌的蜜露，也称为虫露，统称甘露蜜。蜜蜂采集与食用甘露蜜后引起消化不良和无法排泄。甘露蜜含有甘露糖、松三糖、棉籽糖、麦芽糖、

大分子寡糖，还含有糊精、灰分、矿物质、无机盐等成分，含单糖成分低，只含少量的果糖等单糖。甘露蜜是中蜂无法消化的植物分泌物和昆虫分泌物。一般在气候反常、低温、干旱情况下，柳树、松树、杉树、毛榉、栓栎、柞树、黄柏、楸树、玉米和有些蔬菜、瓜果等植物分泌出甘露或侵害植物昆虫分泌出甘露蜜。甘露蜜对中蜂吸引力很强，特别是外界无蜜源时，中蜂会采集甘露蜜，而造成甘露蜜中毒。每年秋季9月以后，连续高温25℃以上，玉米、高粱溢出甜汁，对中蜂有吸引力。每年春季榆树叶溢出甘露，中蜂也会采集。

2. 为害症状

在缺乏蜜源季节，中蜂采集甘露蜜，贮存在蜂巢，混存于其他蜂蜜中。当中蜂食用甘露蜜，出现腹肚肿胀、膨大，中肠内充满着甘露糖形成的混浊物，后肠内出现暗黑色的粪便，排泄物为褐色稀薄黏性物。严重时中蜂不能飞行，只能爬行，死于巢内和巢门前，蜂群群势出现突然下降。

中蜂采集甘露蜜时，表现兴奋，在采集树上发出"嗡嗡"的声音，树下地面上能见到少量死亡蜂。

3. 防治方法

①每年在秋季缺蜜源的季节，保证巢内充足蜂粮。在松树林、杉树林、柏树林及玉米、高粱周边的中蜂群应饲喂蜂蜜水或糖浆，可在糖浆中加几滴花香香精，吸引蜜蜂吸食，转移中蜂采集目标，减少中蜂采集甘露蜜。

②在缺蜜源季节，经常观察中蜂采集飞行路线、采集场所与采集环境，一旦发现中蜂采集甘露蜜时，及时转场，离开分泌甘露蜜的植物场所3.5～4.0km，避开原场所。

③当蜂群贮蜜中发现甘露蜜时，应及时清除甘露蜜，用优质蜜脾更换甘露蜜脾，缺蜜脾时用水配制50%糖浆，将糖浆加热溶化，冷却至30℃时灌脾或饲喂。

④进入冬季之前，越冬中蜂蜂巢内不得有甘露蜜脾，发现越冬蜂群巢内有甘露蜜脾，及时抽出，用优质蜜脾或糖浆灌脾替换甘露蜜脾，避免越冬蜂群遭遇甘露蜜中毒，确保越冬蜂群的安全。

主要参考文献

薛运波，2019.长白山中蜂饲养技术［M］.北京：中国农业出版社.

葛凤晨，1987.蜜蜂饲养管理技术［M］.长春：吉林科技出版社.

杨冠煌，2013.中华蜜蜂的保护和利用［M］.北京：科学技术文献出版社.

徐祖荫，2017.中蜂饲养实战宝典［M］.北京：中国农业出版社.

龚凫羌，宁守容，2006.中蜂饲养原理与方法［M］.成都：四川科学技术出版社.

张中印，2007.现代养蜂法［M］.北京：中国农业出版社.

罗术东，吴杰，2018.主要有毒蜜粉源植物识别与分布［M］.北京：化学工业出版社.

周冰峰，2002.蜜蜂饲养管理学［M］.厦门：厦门大学出版社.

王颖，马兰婷，刘振国，等，2020.三种蜂花粉在西方蜜蜂消化道内排空时间的测定［J］.应用昆虫学报，57（5）：1111-1119.

附　图

一、武陵山区自然面貌与资源环境

武陵山典型地貌特征（柴埠溪国家森林公园 提供）

长江三峡宜昌西陵峡段（东南、东北为武陵山，西北为巴巫山）（张新军 摄）

武陵山贵州梵净山国家自然保护区（张新军 摄）

武陵山乌江江畔重庆市彭水县城一角（张新军 摄）

武陵山寒冬雪天红柿果（肖泽忠 摄）

武陵山恩施州清江两岸花开季节（薛月鹏 摄）

武陵山珙桐花（江明喜 摄）

武陵山野生百合花（江明喜 摄）　　　　武陵山猕猴（张新军 摄）

五峰县政协主席文牧、原畜牧局长张杰山、副局长罗立波等陪同在
后河自然保护区和牛庄蜂桶崖为期 4d 的野生中蜂资源调查团队合影

二、传统中蜂饲养现状

传统三峡圆桶养中蜂（张新军 摄）

传统三峡圆桶养中蜂（张新军 摄）

传统三峡方桶养中蜂（张新军 摄）

传统中蜂三峡桶圆桶（张新军 摄）

小型传统圆桶养中蜂蜂场（张新军 摄）

小型传统方箱养中蜂蜂场（张新军 摄）

武陵山山岗养中蜂
（李卫红 摄）

秦巴山悬崖吊养中蜂（张新军 摄）

秦巴山墙体养中蜂（张新军 摄）

十堰市房县悬崖吊箱割蜜（张新军 摄）

十堰市房县中蜂技术培训班学员观摩现场
（张新军 摄）

三、中蜂蜜源资源调查

调研湖北恩施州利川市山桐子结果情况

调研长江三峡两岸山区五倍子蜜源

在重庆市万州区及云阳县调研冬季蜜源枇杷开花与中蜂生产情况时与养蜂员合影

调研长江三峡两岸山区乌桕蜜源

同华中农业大学李翔教授、刘睿教授一起在五峰县政协主席文牧陪同下作林、药、蜂产业基地作技术指导

在甘肃定西市中药材种植基地作党参、半枝莲等中药材蜜源调研

调研五峰林、药、蜂立体产业玄参开花泌蜜情况

五峰县原畜牧局局长张杰山一行陪同调研国家后河自然保护区壶瓶山北部高山秋季蜜源荞麦开花与中蜂秋繁情况

同武汉市蜜蜂所宋桥生研究员、刘晓华研究员一起调研秦巴山区竹溪县林、药、蜂立体产业黄连蜜源生长情况

四、中蜂技术服务与技术培训

在北京香山参加中国养蜂学会召开的二十一世纪首届全国蜂业科技与产业发展论坛，图为在大会上作报告

宁夏固原农民丰收节暨六盘山蜂收节活动受邀专家、领导合影。亚洲蜂联主席 Siriwat Wongsiri（中）、中国养蜂学会理事长吴杰研究员（左三）及薛运波研究员（左一）、陈黎红研究员（左二）、青海省蜂业协会会长张敬群（右二）、蜜蜂文化专委员仇志强主任（右一）、张新军（右三）

五峰中蜂产业发展规划评审会议专家合影（评审专家右四吴杰、右三张复兴、右二周冰蜂，右一仇志强，左三陈黎红，左二方兵兵，左一李翔，左四张新军）

在泾六盘蜂业参观时同吉林密蜂所薛运波研究员（右二）、青海省蜂业协会会长张敬群（左一）、固原市蜂业管理站站长李勇（右一）合影（受邀参加宁夏回族自治区固原市六盘山农民丰收节暨蜂蜜节）

受邀参加固原市 2019"蜜蜂与乡村振兴"蜂业发展论坛。作蜜蜂产业与乡村振兴报告

参加科技部、自然资源部、生态环境部、国家林草局等组织的"科技列车甘肃行"活动，在西秦岭甘肃省陇西县开展三天中蜂饲养技术指导与讲座

湖南省新晃侗族自治县副县长刘召东（左二）陪同，在新晃县作中蜂产业技术指导时合影

《鹤峰县中蜂产业发展规划》评审会县领导同评审专家合影照片

在湖北省恩施州鹤峰县走马坪镇调研中蜂产业时，同原畜牧局局长滕有昆（右三）及技术骨干合影

重庆市畜科院蜜蜂所所长罗文华研究员（左二）陪同在重庆市武隆区、南川区及彭水县调研中蜂产业，在彭水县中蜂蜂场合影

与五峰土家族自治县 **2018** 年中蜂技术培训班全体学员合影

在神农架林区科技助力精准扶贫中蜂技术培训班授课现场

与大洪山钟祥市中蜂技术培训班全体学员合影

在湖北省恩施土家族自治州建始县小漂村作中蜂技术培训现场

在罗霄山区湖北省咸宁市崇阳县中蜂技术培训班上培训现场

在湖南怀化市鹤城、新晃、通道等县市作林下中蜂产业技术指导

同薛运波等专家、领导一起在宁夏固原市泾六盘蜂场观察北方中蜂秋繁情况

怀化市鹤城区凉亭坳乡作现场技术咨询后同养蜂场蜂农合影

在怀化市鹤城区凉亭坳乡中蜂养蜂扬现场开展面对面技术咨询

在五峰土家族自治县长乐坪镇同养蜂员一起观察中蜂蜂群

在五峰县仁和坪镇老虎坑中蜂养殖场作中蜂春繁技术指导

五、中蜂蜂场与山区养蜂人

图为湖南省怀化市鹤城区板栗坪蜜蜂庄园中蜂蜂场（张新军 摄）

图为神农架林区徐家庄林场中蜂养殖场（张新军 摄）

湖北省五峰县仁和坪中蜂养殖场（陈丹平 摄）

湖北省五峰县国家后河国家自然保护区七娘子山下中蜂蜂场（张新军　黄宇航　摄）

湖北省五峰县仁和坪茶旅融合中蜂蜂场（张青松　提供）

宜昌市秭归县中蜂养蜂人王大林
（王大林　提供）

武陵山养蜂人检查蜂群场景（陈丹平　摄）

武陵山养蜂人简继群检查蜂群（张新军　摄）

幕阜山养蜂人任桐韵检查蜂群（张新军　摄）

宜昌市秭归县养蜂人表演"蜂人穿蜂衣"
（王大林　提供）

幕阜山养蜂人刘晓红检查蜂群（张新军　摄）

宜昌市夷陵区分乡中蜂格子蜜生产蜂箱
（张新军 摄）

养蜂人员检查格子蜜生产情况
（张新军 摄）

恩施州建始县梁坪镇黄岩坪村村民在
培训现场领取蜂箱（张新军 摄）

湖北秭归县中蜂养殖场使用的浅继箱蜂箱
（张新军 摄）

秦巴山区原居民用方箱盖板收捕分蜂团
（张新军 摄）

湖北省远安县养蜂人员检查传统木箱
中蜂蜂群（张新军 摄）

湖北省鹤峰县原居民三峡圆桶养中蜂
（张新军　摄）

湖南省怀化市鹤城区板栗坪蜜蜂庄园
继箱生产的封盖蜂蜜（尹文山　提供）

三峡圆桶中蜂蜂群（张新军　摄）

三峡圆桶养中蜂（张新军　摄）

武陵山区原居民屋檐桶养中蜂
（张新军　摄）

重庆市彭水县中蜂蜂场养蜂员检查蜂群
（张新军　摄）

中蜂卧式高箱中子
蜜连脾（张新军 摄）

十五脾中蜂卧式高箱中子蜜连脾（张新军 摄）

自制十五脾中蜂卧式高箱（张新军 摄）　　中蜂超高箱蜂群巢脾（王学领 提供）

六、中蜂资源与中蜂土蜂蜜

武陵山区中蜂蜂群中（中间黑色）蜂王（张新军 摄）

武陵山区中蜂蜂群中（中间黑色）蜂王（张新军 摄）

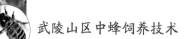

蜂群中加巢础（张新军 摄）

工蜂在巢础脾上泌蜡造新脾（张新军 摄）　　　　中蜂蜂群已造好的巢脾（张新军 摄）

蜂群中巢脾（上部贮蜜为蜜环，中部贮粉为粉环，下部封盖子为子环）（张新军 摄）

中蜂土蜂蜜（百花蜜）（张新军 摄）

中蜂土蜂蜜（百花蜜）（张新军 摄）

中蜂封盖蜜脾（赵德海 摄）

不同色泽中蜂蜂蜜评选样品（张新军 摄）

中蜂蜂蜜评选样品（张新军 摄）

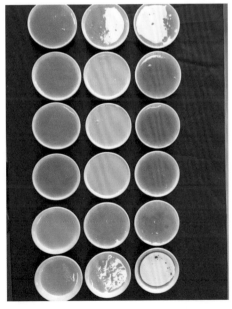

不同色泽中蜂蜂蜜评选样品（张新军 摄）

七、部分蜜粉源植物

粉源植物水稻开花（尹文山 摄）

粉源植物玉米开花（张新军 摄）

蜜源植物川牛膝开花（张定财 摄）

蜜源植物紫苏开花（张新军 摄）

蜜源植物洋槐开花（张新军　摄）

蜜源植物木姜子开花（张新军　摄）

蜜源植物柑桔开花（张新军　摄）

蜜粉源植物蚕豆开花（张新军　摄）

湖北利川市"林＋黄连＋何首乌"林、药、
蜂种养结合模式（张新军　摄）

紫花香薷开花
（张新军　摄）

蜜源植物猕猴桃（雌性）开花（刘晓华 摄）

蜜源植物猕猴桃（雄性）开花
（张新军 摄）

蜜粉源植物板栗开花（张新军 摄）

蜜源植物杜英开花（张新军 摄）

蜜粉源植物葱木开花（张新军 摄）

辅助蜜源植物玄参开花（张新军 摄）

蜜源植物拐枣开花（张新军　摄）

蜜源植物青肤杨开花（张新军　摄）

蜜源植物木瓜海棠开花（贾宁　摄）

蜜粉源植物向日葵开花（张新军　摄）

蜜源植物十大功劳开花（阮丽华　摄）

冬季蜜源枇杷开花（张新军　摄）